高等学校化学实验教材

物理化学实验

（第 3 版）

主　编　张洪林　杜　敏　魏西莲
　　　　姬泓巍　孙海涛
副主编　秦　梅　刘　杰　殷保华
　　　　杨仲年　孙晓日　王　文
　　　　刘冬梅　张培青　曹晓荣
　　　　蒋秀燕　游歌云

中国海洋大学出版社
·青岛·

图书在版编目(CIP)数据

物理化学实验 / 张洪林等主编. —3 版. —青岛：
中国海洋大学出版社，2018.1 （2021.12 重印）

ISBN 978-7-5670-1923-2

Ⅰ．①物…　Ⅱ．①张…　Ⅲ．①物理化学－化学实验－
高等学校－教材　Ⅳ．①O64－33

中国版本图书馆 CIP 数据核字(2018)第 185383 号

出版发行	中国海洋大学出版社		
社　　址	青岛市香港东路 23 号	邮政编码	266071
网　　址	http://www.ouc-press.com		
电子信箱	xianlimeng@gmail.com		
订购电话	0532—82032573(传真)		
丛书策划	孟显丽		
责任编辑	孟显丽	电　　话	85901092
印　　制	日照日报印务中心		
版　　次	2018 年 8 月第 3 版		
印　　次	2021 年 12 月第 4 次印刷		
成品尺寸	170 mm×230 mm		
印　　张	20.75		
字　　数	373 千		
印　　数	1～2000		
定　　价	48.00 元		

发现印装质量问题,请致电 18663037500,由印刷厂负责调换。

总　序

　　化学是一门重要的基础学科,与物理、信息、生命、材料、环境、能源、地球和空间等学科有紧密的联系、交叉和渗透,在人类进步和社会发展中起到了举足轻重的作用。同时,化学又是一门典型的以实验为基础的学科。在化学教学中,思维能力、学习能力、创新能力、动手能力和专业实用技能是培养创新人才的关键。

　　随着化学教学内容和实验教学体系的不断改革,高校需要一套内容充实、体系新颖、可操作性强、实验方法先进的实验教材。

　　由中国海洋大学、曲阜师范大学、聊城大学和烟台大学等 12 所高校编写的《无机及分析化学实验》、《无机化学实验》、《分析化学实验》、《仪器分析实验》、《有机化学实验》、《物理化学实验》和《化工原理实验》7 本高等学校化学实验系列教材,现在与读者见面了。本系列教材既满足通识和专业基本知识的教育,又体现学校特色和创新思维能力的培养。纵览本套教材,有五个非常明显的特点:

　　1. 高等学校化学实验教材编写指导委员会由各校教学一线的院系领导组成,编指委成员和主编人员均由教学经验丰富的教授担当,能够准确把握目前化学实验教学的脉搏,使整套教材具有前瞻性。

　　2. 所有参编人员均来自实验教学第一线,基础实验仪器设备介绍清楚、药品用量准确;综合、设计性实验难度适中,可操作性强,使整套教材具有实用性。

　　3. 所有实验均经过不同院校相关教师的验证,具有较好的重复性。

　　4. 每本教材都由基础实验和综合实验组成,内容丰富,不同学校可以根据需要从中选取,具有广泛性。

　　5. 实验内容集各校之长,充分考虑到仪器型号的差别,介绍全面,具有可行性。

　　一本好的实验教材,是培养优秀学生的基础之一,"高等学校化学实验教材"的出版,无疑是化学实验教学的喜讯。我和大家一样,相信该系列教材对进一步提高实验教学质量、促进学生的创新思维和强化实验技能等方面将发挥积极的作用。

高从堦

2009 年 5 月 18 日

总 前 言

实验化学贯穿于化学教育的全过程,既与理论课程密切相关又独立于理论课程,是化学教育的重要基础。

为了配合实验教学体系改革和满足创新人才培养的需要,编写一套优秀的化学实验教材是非常必要的。由中国海洋大学、曲阜师范大学、聊城大学、烟台大学、潍坊学院、泰山学院、临沂师范学院、德州学院、菏泽学院、枣庄学院、济宁学院、滨州学院 12 所高校组成的高等学校化学实验教材编写指导委员会于2008 年 4 月至 6 月,先后在青岛、济南和曲阜召开了 3 次编写研讨会。以上院校以及中国海洋大学出版社的相关人员参加了会议。

本系列实验教材包括《无机及分析化学实验》、《无机化学实验》、《分析化学实验》、《仪器分析实验》、《有机化学实验》、《物理化学实验》和《化工原理实验》,涵盖了高校化学基础实验。

中国工程院高从堦院士对本套实验教材的编写给予了大力支持,对实验内容的设置提出了重要的修改意见,并欣然作序,在此表示衷心感谢。

在编写过程中,中国海洋大学对《无机及分析化学实验》、《无机化学实验》给予了教材建设基金的支持,曲阜师范大学、聊城大学、烟台大学对本套教材编写给予了支持,中国海洋大学出版社为该系列教材的出版做了大量组织工作,并对编写研讨会提供全面支持,在此一并表示衷心感谢。

由于编者水平有限,书中不妥和错误在所难免,恳请同仁和读者不吝指教。

高等学校化学实验教材编写指导委员会
2009 年 7 月 10 日

序

化学是一门以实验为基础的学科，物理化学实验则是化学实验的重要组成部分，是培养学生动手能力、实验技能和创新意识的重要课程。

近年来，随着教学改革的深入发展，物理化学实验教学在内容、方法和设备方面都有了很大的改善和变化。为充分反映近年来实验教学改革的成果，充分发挥师生的能动性，提高学生分析问题、解决问题和动手操作的能力，培养学生的实践能力和创新意识，迫切需要对物理化学实验教学进行改革。

科学技术突飞猛进的发展，积累了许多科研成果，如果能将这些成果适当地转化为学生实验的内容，就可使学生从实验中领会科学探索和研究方法，创新意识和创新能力会得到更好的培养。

鉴于以上认识，由张洪林教授等为主编并联合八所院校几十位长期从事物理化学教学的教师，经过多年辛勤劳动，精心选材，精心设计，编写了这本很有特色的《物理化学实验》。

综观全书，该书具有如下特点：采取按实验测定专题内容为线索的编写方式，有助于学生全面掌握实验；在实验前集中介绍相关专题的基本概念、基础理论和实验方法，以利于解决理论课和实验课时间安排不同步的矛盾；在基础实验内容的安排上注意了内容的可选性，以利于教师可根据不同学科专业的要求进行选择；设计性实验是该书的创新点和重要组成部分，让学生在基本原理的提示下自行设计并完成专题实验，有助于培养学生的实践能力和创新能力。此外，该书还在仪器选择与专题内容的结合上，充分考虑常规仪器和近代大型仪器的结合，以利于体现教学促进科研、科研提升教学的理念。

该教材的编写符合"高等教育需要从以单纯的知识传授为中心转向以创新能力培养为中心"的教学改革理念。该书在编写上还具有思路清晰、方式新颖、内容丰富的特点，是一本值得推荐的物理化学实验教材。该书的出版将使物理化学实验教学的改革前进一大步，使实验教学水平不断提高，并对促进物理化学教学也会有重要贡献。

谨在此对该书的出版表示祝贺。

印永嘉

2009 年 2 月

前　言

近年来,随着教学改革的深入发展,物理化学实验在教学内容、教学方法及教学设备等方面均有了很大的变化。为适应物理化学实验教学改革的需要,充分反映近年来实验教学改革的成果,充分发挥师生的能动性,提高学生分析问题、解决问题和动手操作的能力,以培养学生的实践能力和创新意识,注重物理化学的设计性实验训练为指导思想编写了《物理化学实验》。本书内容由浅入深,由易到难,既有传统实验,也有反映现代物理化学的新进展、新技术和应用密切结合的设计实验,体现了基础性、应用性、综合性与设计性特点。

(1)在编写思路上,改变了一般物理化学实验书中以实验项目为线索的编写方式,而采取了按实验测定专题内容为主线的方式。本书共编写了热效应的测定、化学反应平衡常数的测定、电化学参数测定及其应用、相图的绘制、化学反应的速率常数的测定、活度因子的测定、表面与胶体化学参数的测定、摩尔质量的测定、物质结构参数的测定、热分析测定十个实验专题。

(2)在实验内容的安排上,包括三个方面的内容:第一,对每章中实验测定专题首先介绍基本理论和实验方法,使学生对这部分内容有一个全面系统的了解,有助于学生全面掌握实验理论和方法。这样可以解决理论课与实验课时间安排不同步的矛盾,就是说理论课还没有讲到的内容,通过这部分内容的学习,可以很顺利地完成实验内容。第二,对基础实验,选取了有代表性的常规典型实验30多个,在实验项目的安排上,注意了内容的可选性,教师可以根据不同学科专业的要求选择所做的实验项目,作为基本理论与性能的培养,这部分内容也可以单独作为物理化学实验教材用。第三,设计性实验是培养学生的实践能力和创新能力的实验,把科研内容渗透到设计实验中,强调开放式教学。设计性实验包括了一些常规参数测定和与本学科科研方面有关的设计实验。设计性实验只列出题目、设计要求、设计思路和参考文献,具体的实施方案由学生在查阅文献的基础上写出开题报告、设计报告,经教师批准后,在教师指导下完成。

(3)在实验手段的介绍上,强调知识的完整性。在实验项目的安排上,加强了内容的可选性,学生可以在完成要求的基础实验项目前提下,根据自身的能力和兴趣,选做不同的设计性实验。

本书由曲阜师范大学负责绪论和第一、二、八、九章;中国海洋大学负责第

三、五、十章;聊城大学负责第四、六、七章;另外五所院校分工情况为:菏泽学院负责基础实验四、十七、十八,潍坊学院负责基础实验十三、二十八、三十二,枣庄学院负责基础实验三、九、十五,滨州学院负责基础实验五、十六、二十三,济宁学院负责基础实验一、二、六。最后由张洪林统稿、定稿。

本书由长期从事物理化学实验教学的教师结合多年的教学经验,并参考国内外有关的实验教材编写而成。由于我们水平所限,书中难免存在不足和错误,敬请读者批评指正。

编者
2009 年 7 月

目　次

第三部分　常用仪器

第一部分

绪 论

第一章　实验数据的测量和误差

一、测量误差

由于实验方法的可靠程度、所用仪器的精密度和实验者感官的限度等方面条件的限制,使得测量均带有误差——测量值与真值之差。因此,必须对误差产生的原因及其规律进行研究,方可在合理的人力物力条件下,获得可靠的实验数据,再通过列表、作图、建立数学关系式等处理步骤,使实验数据变为有参考价值的资料,这在科学研究中是必不可少的。

1. 误差的分类

误差按其性质可分为如下三种:

(1)系统误差(恒定误差):系统误差是指在相同条件下,多次测量同一物理量时,绝对值和符号保持恒定的误差,或在条件改变时,按某一确定规律变化的误差。其产生的原因有:实验方法方面的缺陷,如使用了近似公式;仪器药品的不良,如电表零点偏差、温度计刻度不准、药品纯度不高等;操作者的不良习惯,如观察视线偏高或偏低。通过改变实验条件可以发现系统误差的存在,针对产生原因可采取措施将其消除。

(2)过失误差(或粗差):这是一种明显歪曲实验结果的误差。它无规律可循,是由操作者读错、记错所致,只要加强责任心,此类误差可以避免。发现有此种误差产生时,所得数据应予以剔除。

(3)偶然误差(随机误差):在相同条件下多次测量同一量时,误差的绝对值时大时小,符号时正时负,但随测量次数的增加,其平均值趋近于零,即具有抵偿性,此类误差称为偶然误差。它产生的原因并不确定,一般是由环境条件的改变(如大气压、温度的波动)、操作者感官分辨能力的限制(如对仪器最小分度以内的读数难以读准确等)所致。

2. 误差的表达方法

误差一般用以下三种方法表达:

(1)平均误差:

$$\delta = \frac{\sum |d_i|}{n}$$

其中，d_i 为测量值 x_i 与算术平均值 $\bar{x}$ 之差，n 为测量次数，且 $\bar{x} = \dfrac{\sum x_i}{n}$，$i = 1, 2, \cdots, n$。以下同上。

（2）标准误差（或称均方根误差）：

$$\sigma = \sqrt{\frac{\sum d_i^2}{n-1}}$$

平均误差的优点是计算简便，但用这种误差表示时，可能会把质量不高的测量掩盖住。标准误差对一组测量中的较大误差或较小误差感觉比较灵敏，因此它是表示精度的较好方法，在近代科学中多采用标准误差。

为了表达测量的精度，误差又分绝对误差、相对误差两种表达方法。①绝对误差：它表示了测量值与真值的接近程度，即测量的准确度。其表示法为 $\bar{x} \pm \delta$ 或 $\bar{x} \pm \sigma$，其中 δ 和 σ 分别为平均误差和标准误差，一般以一位数字（最多两位）表示。②相对误差：它表示测量值的精密度，即各次测量值相互靠近的程度。其表示法有：平均相对误差 $= \pm \dfrac{\delta}{\bar{x}} \times 100\%$；标准相对误差 $= \pm \dfrac{\sigma}{\bar{x}} \times 100\%$。

二、测量的准确度与测量的精密度

准确度是指测量结果的准确性，即测量结果偏离真值的程度。而真值是指用已消除系统误差的实验手段和方法进行多次的测量所得的算术平均值或者文献手册中的公认值。

精密度是指测量结果的可重复性及测量值有效数字的位数。因此测量的准确度和精密度是有区别的，高精密度不一定能保证有高准确度，但高准确度必须有高精密度来保证。

三、偶然误差的统计规律和可疑值的舍弃

偶然误差符合正态分布规律，即正、负误差具有对称性。所以，只要测量次数足够多，在消除了系统误差和过失误差的前提下，测量值的算术平均值趋近于真值：

$$\lim_{n \to \infty} \bar{x} = x_{真}$$

但是，一般测量次数不可能有无限多次，所以一般测量值的算术平均值也不等于真值。于是人们又常把测量值与算术平均值之差称为偏差。

如果以某一误差出现次数 N 对标准误差的数值 σ 作图，得一对称曲线（如图 1-1-1）。统计结果表明测量结果的偏差大于 3σ 的概率不大于 0.3%。因此根据小概率定理，凡误差大于 3σ 的点，均可以作为粗差剔除。严格地说，这是指测量达到 100 次以上时方可如此处理，粗略的可用于 15 次以上的测量，对于 10

~15 次时可用 2σ,若测量次数再少,应酌情递减。

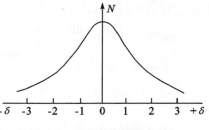

图 1-1-1 正态分布误差曲线

四、误差传递——间接测量结果的误差计算

测量分为直接测量和间接测量两种,一切简单易得的量均可直接测量,如用米尺量物体的长度、用温度计测量体系的温度等。对于较复杂不易直接测得的量,可通过直接测定简单量,而后按照一定的函数关系将它们计算出来。如在溶解热实验中,测得温度变化 ΔT 和样品重量 W,代入公式 $\Delta H = C\Delta T\dfrac{M}{W}$ 就可求出溶解热 ΔH,从而使直接测量值 T,W 的误差传递给 ΔH。

误差传递符合一定的基本公式。通过间接测量结果误差的求算,可以知道哪个直接测量值的误差对间接测量结果影响最大,从而可以有针对性地提高测量仪器的精度,获得好的结果。

1. 间接测量结果的平均误差和相对误差的计算

设有函数 $u = F(x, y)$,其中 x, y 为可以直接测量的量,则

$$du = \left(\frac{\partial F}{\partial x}\right)_y dx + \left(\frac{\partial F}{\partial y}\right)_x dy$$

此为误差传递的基本公式。若 $\Delta u, \Delta x, \Delta y$ 为 u, x, y 的测量误差,且设它们足够小,可以代替 du, dx, dy,则得到具体的简单函数及其误差的计算公式,列入表 1-1-1。

表 1-1-1 部分函数的误差

函数关系	绝对误差	相对误差
$y = x_1 + x_2$	$\pm(\lvert\Delta x_1\rvert + \lvert\Delta x_2\rvert)$	$\pm\left(\dfrac{\lvert\Delta x_1\rvert + \lvert\Delta x_2\rvert}{x_1 + x_2}\right)$
$y = x_1 - x_2$	$\pm(\lvert\Delta x_1\rvert + \lvert\Delta x_2\rvert)$	$\pm\left(\dfrac{\lvert\Delta x_1\rvert + \lvert\Delta x_2\rvert}{x_1 - x_2}\right)$
$y = x_1 x_2$	$\pm(x_1\lvert\Delta x_2\rvert + x_2\lvert\Delta x_1\rvert)$	$\pm\left(\dfrac{\lvert\Delta x_1\rvert}{x_1} + \dfrac{\lvert\Delta x_2\rvert}{x_2}\right)$
$y = x_1/x_2$	$\pm\left(\dfrac{x_1\lvert\Delta x_2\rvert + x_2\lvert\Delta x_1\rvert}{x_2^2}\right)$	$\pm\left(\dfrac{\lvert\Delta x\rvert}{x_1} + \dfrac{\lvert\Delta x_2\rvert}{x_2}\right)$
$y = x^n$	$\pm(nx^{n-1}\Delta x)$	$\pm\left(n\dfrac{\lvert\Delta x\rvert}{x}\right)$
$y = \ln x$	$\pm\left(\dfrac{\Delta x}{x}\right)$	$\pm\left(\dfrac{\lvert\Delta x\rvert}{x\ln x}\right)$

例如,计算函数 $x = \dfrac{8LRP}{\pi(m - m_0)rd^2}$ 的误差,其中 L, R, P, m, r, d 为直接测量值。

对上式取对数：$\ln x = \ln 8 + \ln L + \ln R + \ln P - \ln \pi - \ln(m - m_0) - \ln r - 2\ln d$

微分得：$\dfrac{\mathrm{d}x}{x} = \dfrac{\mathrm{d}L}{L} + \dfrac{\mathrm{d}R}{R} + \dfrac{\mathrm{d}P}{P} - \dfrac{\mathrm{d}(m - m_0)}{m - m_0} - \dfrac{\mathrm{d}r}{r} - \dfrac{2\mathrm{d}(d)}{d}$

考虑到误差积累，对每一项取绝对值得：

相对误差：$\dfrac{\Delta x}{x} = \pm\left(\dfrac{\Delta L}{L} + \dfrac{\Delta R}{R} + \dfrac{\Delta P}{P} + \dfrac{\Delta(m - m_0)}{m - m_0} + \dfrac{\Delta r}{r} + \dfrac{2\Delta d}{d} \right)$

绝对误差：$\Delta x = \left(\dfrac{\Delta x}{x} \right) \cdot \dfrac{8LRP}{\pi(m - m_0)rd^2}$

根据 $\dfrac{\Delta L}{L}$，$\dfrac{\Delta R}{R}$，$\dfrac{\Delta P}{P}$，$\dfrac{\Delta(m - m_0)}{m - m_0}$，$\dfrac{\Delta r}{r}$，$\dfrac{2\Delta d}{d}$ 项的大小，可以判断间接测量值 x 的最大误差来源。

2. 间接测量结果的标准误差计算

若 $u = F(x, y)$，则函数 u 的标准误差为

$$\sigma_u = \sqrt{\left(\dfrac{\partial u}{\partial x} \right)^2 \sigma_x^2 + \left(\dfrac{\partial u}{\partial y} \right)^2 \sigma_y^2}$$

部分函数的标准误差列入表 1-1-2。

表 1-1-2　部分函数的误差

函数关系	绝对误差	相对误差
$u = x \pm y$	$\pm \sqrt{\sigma_x^2 + \sigma_y^2}$	$\pm \dfrac{1}{\lvert x \pm y \rvert} \sqrt{\sigma_x^2 + \sigma_y^2}$
$u = xy$	$\pm \sqrt{y^2 \cdot \sigma_x^2 + x^2 \cdot \sigma_y^2}$	$\pm \sqrt{\dfrac{\sigma_x^2}{x^2} + \dfrac{\sigma_y^2}{y^2}}$
$u = \dfrac{x}{y}$	$\pm \dfrac{1}{y} \sqrt{\sigma_x^2 + \dfrac{x^2}{y^2} \sigma_y^2}$	$\pm \sqrt{\dfrac{\sigma_x^2}{x^2} + \dfrac{\sigma_y^2}{y^2}}$
$u = x^n$	$\pm n x^{n-1} \sigma_y^2$	$\pm \dfrac{n}{x} \sigma_x$
$u = \ln x$	$\pm \dfrac{\sigma_x}{x}$	$\pm \dfrac{\sigma_x}{x \ln x}$

第二章　物理化学实验数据的表示法

物理化学实验数据的表示法主要有如下三种方法:列表法、作图法和数学方程式法。

一、列表法

将实验数据列成表格,排列整齐,使人一目了然,这是数据处理中最简单的方法。列表时应注意以下几点:

(1)表格要有名称。

(2)每行(或列)的开头一栏都要列出物理量的名称和单位,并把二者表示为相除的形式。因为物理量的符号本身是带有单位的,除以它的单位,即等于表中的纯数字。

(3)数字要排列整齐,小数点要对齐,公共的乘方因子应写在开头一栏与物理量符号相乘的形式。

(4)表格中表达的数据顺序为由左到右,由自变量到因变量。可以将原始数据和处理结果列在同一表中,但应以一组数据为例,在表格下面列出算式,写出计算过程。

二、作图法

1. 作图法及注意事项

作图法可更形象地表达出数据的特点,如极大值、极小值、拐点等,并可进一步用图解求积分、微分、外推、内插值。作图应注意如下几点:

(1)图要有图名,如"$\ln K_p$-$1/T$ 图"、"V-t 图"等。

(2)要用市售的正规坐标纸,并根据需要选用坐标纸种类:直角坐标纸、三角坐标纸、半对数坐标纸、对数坐标纸等。物理化学实验中一般用直角坐标纸,只有三组分相图使用三角坐标纸。

(3)在直角坐标中,一般以横轴代表自变量,纵轴代表因变量,在轴旁须注明变量的名称和单位(二者表示为相除的形式),10 的幂次以相乘的形式写在变量旁。

(4)适当选择坐标比例,以表达出全部有效数字为准,即最小的毫米格内表示有效数字的最后一位。每厘米格代表 1,2,5 为宜,切忌 3,7,9。如果作直线,应正确选择比例,使直线呈 45°倾斜为好。

(5)坐标原点不一定选在零,应使所作直线与曲线匀称地分布于图面中。在两条坐标轴上每隔 1 cm 或 2 cm 均匀地标上所代表的数值,而图中所描各点的具体坐标值不必标出。

(6)描点时,应用细铅笔将所描的点准确而清晰地标在其位置上,可用〇、△、□、×等符号表示,符号总面积表示了实验数据误差的大小,所以不应超过 1 mm 格。同一图中表示不同曲线时,要用不同的符号描点,以示区别。

(7)作曲线要用曲线板,描出的曲线应平滑均匀;应使曲线尽量多地通过所描的点,但不要强行通过每一个点,对于不能通过的点,应使其等量地分布于曲线两边,且两边各点到曲线的距离之平方和要尽可能相等。

作图示例如图 1-2-1 所示。

2.图解微分

图解微分的关键是作曲线的切线,而后求出切线的斜率值,即图解微分值。作曲线的切线可用两种方法:镜像法和平行线段法。

(1)镜像法:取一平面镜,使其垂直于图面,并通过曲线上待作切线的点 P(图 1-2-2),然后让镜子绕 P 点转动,注意观察镜中曲线的影像,当镜子转到某一位置,使得曲线与其影像刚好平滑地连为一条曲线时,过 P 点沿镜子作一直线即为 P 点的

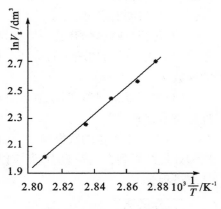

图 1-2-1　$\ln V_g$-$1/T$ 曲线

法线,过 P 点再作法线的垂线,就是曲线上 P 点的切线。若无镜子,可用玻璃棒代替,方法相同。

(2)平行线段法:如图 1-2-3,在选择的曲线段上作两条平行线 AB 及 CD,然后连接 AB 和 CD 的中点 PQ 并延长相交曲线于 O 点,过 O 点作 AB、CD 的平行线 EF,则 EF 就是曲线上 O 点的切线。

三、数学方程式法

将一组实验数据用数学方程式表达出来是最为精练的一种方法。它不但方式简单而且便于进一步求解,如积分、微分、内插等。此法首先要找出变量之间的函数关系,然后将其线性化,进一步求出直线方程的系数——斜率 m 和截距 b,即可写出方程式。也可将变量之间的关系直接写成多项式,通过计算机曲线

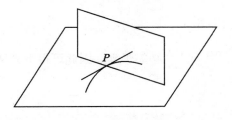

图 1-2-2　镜像法示意图

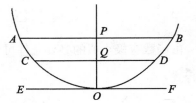

图 1-2-3　平行线段法示意图

拟合求出方程系数。

求直线方程系数一般有三种方法:图解法、平均法和最小二乘法。

1. 图解法

将实验数据在直角坐标纸上作图,得一直线,此直线在 y 轴上的截距即为 b 值(横坐标原点为零时),直线与轴夹角的正切值即为斜率 m。或在直线上选取两点(此两点应远离)(x_1,y_1) 和 (x_2,y_2),则

$$m = \frac{\Delta y}{\Delta x} = \frac{y_2 - y_1}{x_2 - x_1}$$

$$b = \frac{y_1 x_2 - y_2 x_1}{x_2 - x_1}$$

2. 平均法

若将测得的 n 组数据分别代入直线方程式,则得 n 个直线方程:

$$y_1 = mx_1 + b$$
$$y_2 = mx_2 + b$$
$$\vdots$$
$$y_n = mx_n + b$$

将这些方程分成两组,分别将各组的 x,y 值累加起来,得到两个方程:

$$\sum_{i=1}^{k} y_i = m \sum_{i=1}^{k} x_i + kb$$

$$\sum_{i=k+1}^{n} y_i = m \sum_{i=k+1}^{n} x_i + (n-k)b$$

解此联立方程,可得 m,b 值。

3. 最小二乘法

最小二乘法是准确的处理方法,其根据是偏差的平方和为最小,即

$$\Delta = \sum_{i=1}^{n} \delta_i^2 = 最小$$

设直线方程 $y = a + bx$,则按上式可写为

$$\Delta = \sum_{i=1}^{n} \left[y_i - (a + bx_i) \right]^2 = 最小$$

由函数有极小值的必要条件可知，$\frac{\partial \Delta}{\partial a}$ 和 $\frac{\partial \Delta}{\partial b}$ 必等于零。因此可得下列两个方程式：

$$\frac{\partial \Delta}{\partial a} = \frac{\partial}{\partial a} \sum \left[y_i - (a + bx_i) \right]^2 = -2(y_1 - a - bx_1) - 2(y_2 - a - bx_2) - \cdots\cdots$$
$$-2(y_n - a - bx_n) = 0$$

即

$$\sum y_i - na - b \sum x_i = 0$$

$$\frac{\partial \Delta}{\partial b} = -2x_1(y_1 - a - bx_1) - 2x_2(y_2 - a - bx_2) - \cdots - 2x_n(y_n - a - bx_n) = 0$$

即

$$\sum x_i y_i - a \sum x_i - b \sum x_i^2 = 0$$

解上述 $\frac{\partial \Delta}{\partial a} = 0$ 与 $\frac{\partial \Delta}{\partial b} = 0$ 的联立方程式，得

$$a = \frac{\sum xy \sum x - \sum y \sum x^2}{(\sum x)^2 - n \sum x^2}$$

$$b = \frac{\sum x \sum y - n \sum xy}{(\sum x)^2 - n \sum x^2}$$

直线方程 $y = a + bx$ 中常数 a, b 已确定，故直线方程就确定了。

第三章　实验数据的处理

在物理化学实验中经常会遇到各种类型的实验数据,要从这些数据中找到有用的化学信息,得到可靠的结论,就必须对实验数据进行认真的整理和必要的分析和检验。除上一节中提到的分析方法以外,化学、数学分析软件的应用大大减少了处理数据的麻烦,提高了分析数据的可靠程度。经验告诉我们,数据信息的处理与图形表示在物理化学实验中有着非常重要的地位。用于图形处理的软件非常多,部分已经商业化,如微软公司的 Excel 和 OriginLab 公司的 Origin 等。下面我们以 Origin 软件为例,简单介绍该软件在数据处理中的应用。

Origin 软件从它诞生以来,由于强大的数据处理和图形化功能,已被化学工作者广泛应用。它的主要功能和用途包括:对实验数据进行常规处理和一般的统计分析,如计数、排序、求平均值和标准偏差、快速傅立叶变换、比较两列均值的差异、进行回归分析等;此外还可用数据作图、用图形显示不同数据之间的关系、用多种函数拟合曲线等等。

一、数据的统计处理

当把实验的数据输入之后,打开 Origin 数据(data)栏,可以做如下的工作:数据按照某列进行升序(Asending)或降序(Decending)排列;按照列求和(Sum)、平均值(Mean)、标准偏差(sd)等;按照行求平均值、标准偏差;对一组数据(如一列)进行统计分析,可以得到如下的检验结果:平均值、方差 s^2(variance)、数据量(N)、t 的计算值、t 分布和检验的结论等信息;比较两组数据(如两列)的相关性;进行多元线性回归(Multiple Regression)得到回归方程,得到定量结构性质关系(Quantitative Structure-Properties Relationship, QSPR),同时可以得到该组数据的偏差、相关系数等数据。

二、数据关系的图形表示

数据准备完之后,除了可以进行上面的统计处理以外,还可以进行二维图形的绘制。Origin 5.0 以上的版本还可以绘制三维图形,以及各种图形的排列等可视化操作。用图形方法显示数据的关系比较直观、容易理解,因而在科技论文、实验报告中经常用到。Origin 软件提供了数据分析中常用的绘图、曲线拟合和分辨功能,其中包括:二维数据点分布图(Scatter)、线图(Line)、点线图(Line-

Symbol)；可以绘制带有数据点误差、数据列标准差的二维图；用于生产统计、市场分析等的条形图(Tar)、柱状图(Column)、扇形图(Pie chart)；表示积分面积的面积图(Area)、填充面积图(Fill area)、三组分图(Ternary)等；在同一张图中表示两套 X 或 Y 轴，在已有的图形页中加入函数图形，在空白图形页中显示函数图形等。

另外 Origin 软件还可以提供强大的三维图形，方便而且直观地表示固定某一变量下系列组分变化的程度，如三维格子点图(3D Scatter plot)、三维轨迹图(3D Trajectory)、三维直方图(3D Bars)、三维飘带图(3D Ribbons)、三维墙面图(3D Wall)、三维瀑布图(3D Waterfall)；用不同颜色表示的三维颜色填充图(3D Color fill surface)、固定基色的三维图(3D X or Y constant with base)、三维彩色地图(3D Color map)等。

三、曲线拟合与谱峰分辩

虽然原始数据包含了所有有价值的信息，但是信息质量往往不高。通过以上部分介绍得到的数据图形，仅仅能够通过肉眼来判断不同数据之间的内在逻辑联系，大量的相关信息还需要借助不同的数学方法得以实现。Origin 软件可以进一步对数据图形进行处理，提取有价值的信息，特别是对物理化学实验中经常用到的谱图和曲线的处理具有独到之处。

1. 数据曲线的平滑(去噪声)、谱图基线的校正或去数据背景

使用数据曲线平滑可以去除数据集合中的随机噪声，保留有用的信息。最小二乘法平滑就是用一条曲线模拟一个数据子集，在最小误差平方和准则下估计模型参数。平滑后的数据可以进一步地进行多次平滑或者多通道平滑。

2. 数据谱图的微分和积分

物理化学实验中得到的许多谱图中常常"隐藏"着谱 y 对 x 的响应。如两个难分辨的组分，其组合色谱响应图往往不能明显看出两个组分的共同存在，谱图显示的可能是单峰而不是"肩峰"。微分谱图(dy/dx-x)比原谱图(y-x)对谱特征的细微变化反应要灵敏得多，因此常常采用微分谱对被隐藏的谱的特征加以区分。在光谱和色谱中，对原信号的微分可以检验出能够指示重叠谱带存在的弱肩峰；在电化学中，对原信号的微分处理可以帮助确定滴定曲线的终点。

对谱图的积分可以得到特征峰的峰面积，从而可以确定化学成分的含量比。因此，在将重叠谱峰分解后，对各个谱峰进行积分，就可以得到化学成分的含量比。在 Origin 软件中提供了三种积分方法：梯形公式、Simpson 公式和 Cotes 公式。

3. 对曲线进行拟合、求回归一元或多元函数

对曲线进行拟合，可以从拟合的曲线中得到许多的谱参数，如谱峰的位置、

半峰宽、峰高、峰面积等。但是需要注意的是所用函数数目超过谱线拐点数的两倍就有可能产生较大的误差，采用的非线性最小二乘法也不能进行全局优化，所得到的解与设定的初始值有关。因此，在拟合曲线时，设定谱峰的初始参数要尽可能接近真实解，这就要求采用不同的初始值反复试算。在有些情况下，可以把复杂的曲线模型通过变量变换的方法简化为线性模型进行处理。Origin 软件中能够提供许多的拟合函数，如线性拟合（Linear regression）、多项式拟合（Polynomial regression）、单个或多个 e 指数方式衰减（Exponential decay）、e 指数方式递增（Exponential growth）、S 型函数（Sigmoidal）、单个或多个 Gauss 函数和 Lorentz 函数等，此外用户还可以自定义拟合函数。

第四章　物理化学实验安全知识

在化学实验室里,安全是非常重要的,它常常潜藏着诸如发生爆炸、着火、中毒、灼伤、割伤、触电等事故的危险性。如何来防止这些事故的发生以及万一发生如何来急救,都是每一个化学实验工作者必须具备的素质。这些内容在先行的化学实验课中均已反复地作了介绍。本节主要结合物理化学实验的特点介绍安全用电常识及使用化学药品的安全防护等知识。

一、安全用电常识

物理化学实验使用电器较多,特别要注意安全用电。表 1-4-1 给出了 50 Hz 交流电在不同电流强度时通过人体产生的反应情况。

表 1-4-1　不同电流强度时的人体反应

电流强度/mA	1～10	10～25	25～100	100 以上
人体反应	麻木感	肌肉强烈收缩	呼吸困难,甚至停止呼吸	心脏心室纤维性颤动,死亡

违章用电可能造成仪器设备损坏、火灾,甚至人身伤亡等严重事故。为了保障人身安全,一定要遵守安全用电规则。

1. 防止触电

(1)不用潮湿的手接触电器。

(2)一切电源裸露部分应有绝缘装置,所有电器的金属外壳都应接上地线。

(3)实验时,应先连接好电路再接通电源;修理或安装电器时,应先切断电源;实验结束时,先切断电源再拆线路。

(4)不能用试电笔去试高压电。使用高压电源应有专门的防护措施。

(5)如有人触电,首先应迅速切断电源,然后进行抢救。

2. 防止发生火灾及短路

(1)电线的安全通电量应大于用电功率;使用的保险丝要与实验室允许的用电量相符。

(2)室内若有氢气、煤气等易燃易爆气体,应避免产生电火花。

(3)继电器工作时、电器触点接触不良时及开关电闸时易产生电火花,要特别小心。

（4）如遇电线起火，应立即切断电源，用沙或二氧化碳、四氯化碳灭火器灭火，禁止用水或泡沫灭火器等导电液体灭火。

（5）电线、电器不要被水淋湿或浸在导电液体中；线路中各接点应牢固，电路元件两端接头不要互相接触，以防短路。

3.电器仪表的安全使用

（1）使用前先了解电器仪表要求使用的电源是交流电还是直流电，是三相电还是单相电以及电压的大小（如380 V，220 V，6 V）。须弄清电器功率是否符合要求及直流电器仪表的正、负极。

（2）仪表量程应大于待测量。待测量大小不明时，应从最大量程开始测量。

（3）实验前要检查线路连接是否正确，经教师检查同意后方可接通电源。

（4）在使用过程中如发现异常，如不正常声响、局部温度升高或嗅到焦味，应立即切断电源，并报告教师进行检查。

二、使用化学药品的安全防护

1.防毒

实验前，应了解所用药品的毒性及防护措施。操作有毒性化学药品应在通风橱内进行，避免与皮肤接触；剧毒药品应妥善保管并小心使用。不要在实验室内喝水、吃东西；离开实验室时要洗净双手。

2.防爆

可燃气体与空气的混合物在比例处于爆炸极限时，受到热源（如电火花）诱发将会引起爆炸。一些气体的爆炸极限见表1-4-2。

表1-4-2　与空气相混合的某些气体的爆炸极限（20℃，101 325 Pa）表

气体	爆炸高限/体积%	爆炸低限/体积%	气体	爆炸高限/体积%	爆炸低限/体积%
氢	74.2	4.0	醋酸	—	4.1
乙烯	28.6	2.8	乙酸乙酯	11.4	2.2
乙炔	80.0	2.5	一氧化碳	74.2	12.5
苯	6.8	1.4	水煤气	72	7.0
乙醇	19.0	3.3	煤气	32	5.3
乙醚	36.5	1.9	氨	27.0	15.5
丙酮	12.8	2.6			

因此使用时要尽量防止可燃性气体逸出，保持室内通风良好；操作大量可燃

性气体时,严禁使用明火和可能产生电火花的电器,并防止其他物品撞击产生火花。

另外,有些药品如乙炔银、过氧化物等受震或受热易引起爆炸,使用时要特别小心;严禁将强氧化剂和强还原剂放在一起;久藏的乙醚使用前应除去其中可能产生的过氧化物;进行易发生爆炸的实验,应有防爆措施。

3.防火

许多有机溶剂如乙醚、丙酮等非常容易燃烧,使用时室内不能有明火、电火花等。用后要及时回收处理,不可倒入下水道,以免聚集引起火灾。实验室内不可存放过多这类药品。

另外,有些物质如磷、金属钠及比表面很大的金属粉末(如铁、铝等)易氧化自燃,在保存和使用时要特别小心。

实验室一旦着火不要惊慌,应根据情况选择不同的灭火剂进行灭火。以下几种情况不能用水灭火:

(1)有金属钠、钾、镁、铝粉、电石、过氧化钠等时,应用干沙等灭火。

(2)密度比水小的易燃液体着火,采用泡沫灭火器。

(3)有灼烧的金属或熔融物的地方着火时,应用干沙或干粉灭火器。

(4)电器设备或带电系统着火,用二氧化碳或四氯化碳灭火器。

4.防灼伤

强酸、强碱、强氧化剂、溴、磷、钠、钾、苯酚、冰醋酸等都会腐蚀皮肤,特别要防止溅入眼内。液氧、液氮等低温也会严重灼伤皮肤,使用时要小心,万一灼伤应及时治疗。

三、汞的安全使用

汞中毒分急性和慢性两种。急性中毒多为高汞盐(如 $HgCl_2$)入口所致,$0.1\sim0.3$ g 即可致死。吸入汞蒸气会引起慢性中毒,症状为食欲不振、恶心、便秘、贫血、骨骼和关节疼痛、精神衰弱等。汞蒸气的最大安全浓度为0.1 mg·m^{-3},而 20℃时汞的饱和蒸气压约为 0.16 Pa,超过安全浓度 130 倍,所以使用汞必须严格遵守下列操作规定:

(1)储汞的容器要用厚壁玻璃器皿或瓷器,在表面上加盖一层水,避免直接暴露于空气中,同时应放置在远离热源的地方。一切转移汞的操作,应在装有水的浅瓷盘内进行。

(2)装汞的仪器下面一律放置浅瓷盘,防止汞滴散落到桌面或地面上。万一有汞掉落,要先用吸汞管尽可能将汞珠收集起来,然后把硫黄粉撒在汞溅落的地方,并摩擦使之生成 HgS,也可用 $KMnO_4$ 溶液使其氧化。擦过汞的滤纸等必须放在有水的瓷缸内。

（3）使用汞的实验室应有良好的通风设备；手上若有伤口，切勿接触汞。

四、X 射线的防护

X 射线被人体组织吸收后，对健康是有害的。一般晶体 X 射线衍射分析用的软 X 射线（波长较长、穿透能力较低）比医院透视用的硬 X 射线（波长较短、穿透能力较强）对人体组织伤害更大。轻者造成局部组织灼伤，重者可造成白血球下降，毛发脱落，发生严重的射线病。但若采取适当的防护措施，上述危害是可以防止的。最基本的一条是防止身体各部位（特别是头部）受到 X 射线照射，尤其是直接照射。因此 X 光管窗口附近要用铅皮（厚度在 1 mm 以上）挡好，使 X 射线尽量限制在一个局部小范围内；在进行操作（尤其是对光）时，应戴上防护用具（特别是铅玻璃眼镜）；暂时不工作时，应关好窗口；必要时，人员应尽量离开 X 光实验室。室内应保持良好通风，以减少由于高电压和 X 射线电离作用产生的有害气体对人体的影响。

第五章 物理化学实验的目的和要求

一、实验目的

(1)使学生了解物理化学实验的基本实验方法和实验技术,学会常用仪器的操作,培养学生的动手能力。

(2)通过实验操作、现象观察和数据处理,培养学生分析问题、解决问题的能力。

(3)加深对物理化学基本原理的理解,给学生提供理论联系实际和理论应用于实践的机会。

(4)培养学生勤奋学习、求真、求实、勤俭节约的优良品德和科学精神。

二、实验要求

1. 做好预习

学生在进实验室前必须仔细阅读实验指导书中有关的实验及基础知识,明确实验中测定什么量,最终求算什么量,用什么实验方法,使用什么仪器,控制什么实验条件,在此基础上,将实验目的、操作步骤、记录表和实验时注意事项写在预习笔记本上。

2. 实验操作及注意事项

经指导教师同意方可接通仪器电源进行实验。仪器的使用要严格按照规定的操作规程进行,不可盲动。对于实验步骤,通过预习应做到心中有数。

实验过程中要仔细观察实验现象,发现异常现象应仔细查明原因,或请指导教师帮助分析处理。实验结果必须经教师检查,数据不合格的应重做,直至获得满意结果。实验数据应随时记录在预习笔记本上,记录数据要实事求是、详细准确,且注意整洁清楚,不得任意涂改。记录尽量采用表格形式,要养成良好的记录习惯。实验完毕,经指导教师同意后,方可离开实验室。

3. 实验报告

学生应独立完成实验报告,并在下次实验前及时送指导教师批阅。实验报告的内容包括实验目的、实验原理、实验装置简图(有时可用方块图表示)、简单操作步骤、数据处理、结果讨论和思考题。数据处理应有原始数据记录表和计算结果表(有时可合二为一),需要计算的数据必须列出算式,对于多组数据,可列出其中一组数据的算式。作图时必须按数据处理部分所要求的去做,实验报告的数据处理中不仅包括表格、作图和计算,还应有必要的文字叙述。例如:"所得数据列入××表"、"由表中数据作××～××图"等,以便使写出的报告更加清晰、明了,逻辑性强,便于批阅和留作以后参考。结果讨论应包括对实验现象的分析解释、查阅文献的情况、对实验结果误差的定性分析或定量计算、对实验的改进意见和做实验的心得体会等,这是锻炼学生分析问题的重要一环,应予重视。

4. 实验室规则

(1)实验时应遵守操作规则,遵守一切安全措施,保证实验安全进行。

(2)遵守纪律,不迟到,不早退,保持室内安静,不大声说话。

(3)使用水、电、煤气、药品试剂等应本着节约原则。

(4)未经指导教师允许不得乱动精密仪器,使用时要爱护仪器,如发现仪器损坏,立即报告指导教师。

(5)随时注意室内整洁卫生,火柴杆、纸张等废物只能丢入废物缸内,不能随地乱丢,更不能丢入水槽,以免堵塞。实验完毕将玻璃仪器洗净,把实验桌打扫干净,公用仪器、试剂药品等都整理整齐。

(6)实验时要集中注意力、认真操作、仔细观察、积极思考,实验数据要及时如实详细地记在预习报告本上,不得涂改和伪造,如有记错可在原数据上划一杠,再在旁边记下正确值。

(7)实验结束后,由同学轮流值日,负责打扫整理实验室,检查水、煤气、门窗是否关好,电闸是否拉掉,以保证实验室的安全。

实验室规则是长期从事化学实验工作的总结,它是保持良好环境和工作秩序、防止意外事故、做好实验的重要前提,也是培养学生优良素质的重要措施。

参考文献

[1] 叶卫平,方安平,于本方. Origin 7.0 科技绘图及数据分析[M]. 北京:机械工业出版社,2003

[2] 缪强. 化学信息学导论[M]. 北京:高等教育出版社,2002

[3] 周秀银. 误差理论与实验数据处理[M]. 北京:北京航空学院出版社,1986

[4] 孟尔熹,曹尔茅. 实验误差与数据处理[M]. 上海:上海科技出版社,1988

[5] 肖明耀. 实验误差估计与数据处理[M]. 北京:科学出版社,1980

第二部分

实验部分

第一章　热效应的测定

第一节　概　述

一、热效应及盖斯定律

当体系发生了变化(包括物理变化、化学反应和生物代谢过程)之后,使发生变化的温度恢复到变化前起始的温度,体系放出或吸收的热量称为该体系的热效应,即热量。热量的大小与变化过程有关。产生热变化的过程有两大类:一类是物质的分子构成发生变化;另一类是物质的物理状态发生变化。前者产生的热量称化学反应热,后者产生的热量称状态变化热。

1. 状态变化热

状态变化热又分为显热和潜热。显热指状态伴随着温度的变化,是显现的热量。而潜热是相变时无温度变化。固体融解为液体所吸收的热量作为潜伏在液体中的热量,当液体凝固时将全部释放出来。相变热又分为融化热(凝固热)、蒸发热(凝结热)和升华热。

2. 化学反应热

化学反应热又分为吸热反应热和放热反应热,包括燃烧热、生成热、中和热、混合热、水解热、溶解热、稀释热、结晶热、浸润热、脱附热、代谢热、呼吸热、发酵热等。

由量热仪所测量的化学反应热量有两种。一种是等容下测定的,在等容条件下,若体系不做功,则 $\Delta U = Q_v$,式中 Q_v 是等容过程中反应体系所获得的热量,如弹式量热仪所测量的热就是等容过程的热效应;另一种是等压条件下测定的,则 $\Delta H = Q_p$,式中 Q_p 是等压过程中的热量,如测定中和反应的量热仪所测量的热效应就是等压过程的热效应。

3. 等压热效应与等容热效应的关系

对一化学反应,它既可以在等压条件下进行,也可以在等容条件下进行,而二者反应后的状态不同,则这两种过程的反应热效应 Q_p,Q_v 不同,Q_p 与 Q_v 的关系为:

$$\Delta_r H = \Delta_r U + \Delta nRT \qquad Q_p = Q_V + \Delta nRT$$

式中，Δn 是生成物与反应物气体物质的摩尔量之差。

4. 盖斯定律(Hess's Law)

1840 年，盖斯从大量实验中总结出的一条规律叫盖斯定律。其内容为：在等压或等容条件下，任意反应不管是一步完成还是几步完成，其热效应总是相同。

虽然热效应是一过程量，但在上述条件下 Q_p，Q_V 就成了只由始终态决定。因此，一个反应不论是一步完成还是几步完成，其热效应均为定值，故此定律是热力学第一定律的必然结果。

盖斯定律的作用和意义：(1)能使热化学方程式像普通代数式一样运算，即可以相加减；(2)可根据已经准确测定的反应热来计算另一难于测量的反应的反应热；(3)还能预言尚未实现的反应热效应，故盖斯定律是进行热化学运算的根据。

二、几种热效应

1. 化合物的生成焓

化合物的生成焓：指定温度和标准压力下，由最稳定的单质生成标准状态下 1 mol 物质的等压热效应称该化合物的标准生成焓，以 $\Delta_f H_m^{\ominus}$ 表示。反应的生成焓等于产物的生成焓的总和减去反应物的生成焓的总和。

2. 燃烧焓

指定温度下，1 mol 的有机化合物完全燃烧所产生的热效应称为标准摩尔燃烧焓，用 $\Delta_c H_m^{\ominus}$ 表示。反应的燃烧焓等于反应物燃烧焓的总和减去产物燃烧焓的总和。

3. 离子生成焓

从稳定单质生成溶于大量水中的 1 mol 离子时所产生的热效应称离子生成焓，以 $\Delta_f H_m^{\ominus}(\infty aq)$ 表示。由于溶液中正负离子同时存在，总是电中性的，因此测不到单独一种离子的生成焓。一般规定：氢离子的生成焓为零，可求出其他离子的生成焓。

对于有离子参加的反应，如果能知道每种离子的生成焓，可以计算离子反应的热效应。

4. 溶解热和稀释热

(1)溶解热：一定量的物质溶于一定量的溶剂中所产生的热效应称为该物质的溶解热，溶解热的数值不仅与溶剂量及溶质量有关，还与体系所处的温度及压力有关。通常不注明则均指 298.15 K 和 100 kPa。溶解热又分为积分溶解热和微分溶解热。

积分溶解热:在等温等压条件下,1 mol 溶质在溶解过程中,溶液浓度由零逐渐变为指定浓度时,体系所产生的总热效应。

微分溶解热:在等温等压下,在大量的组成一定的溶液中,加入 1 mol 组分溶质所产生的热效应。微分溶解热不能从实验直接测定,可由做图法求得。

(2)稀释热:一定量的溶剂加到一定量的溶液中,使之冲稀。此种热效应称稀释热。稀释热又分为两种:积分稀释热和微分稀释热。

积分稀释热:在指定温度和压力下,将 1 mol 溶剂加到一定量的溶液中,使之稀释所产生的热效应。

微分稀释热:在恒温恒压下,把 n_1 的溶剂加在一定浓度的有限量的溶液中,所产生的热效应与 dn_1 的比值。

5. 相变热

纯物质由一个相变成另外的相时所产生的热效应为相变热。一般相变热又可分为汽化热、熔化热和升华热。

对于有气体参加的两相平衡体系,固体和液体的体积与气体相比,前者可忽略不计。当测定出不同温度的饱和蒸气压时,可以通过克拉贝龙方程式得到汽化热或升华热;对于熔化热可以通过克拉修斯-克拉贝龙方程式间接得到。

三、反应热与温度的关系——基尔霍夫定律

在等压条件下,若使同一反应分别在两个不同的温度下进行时,所产生的热效应一般不同。要获得另外温度下的反应热时,必须用基尔霍夫公式来计算。

根据热容的定义,可直接得到基尔霍夫方程的微分式:设等压下某反应 $\left[\dfrac{\partial \Delta_r H}{\partial T}\right]_p = \Delta_r C_p$ 的 $\Delta_r C_p = \sum\limits_B \nu_B C_{p,m}(B)$,$\Delta_r H_m^{\ominus}(T_1)$ 为已知,要求 $\Delta_r H_m^{\ominus}(T_2)$ 时,要用下面积分式(基尔霍夫公式)来计算:

1. 若 $\Delta_r C_p$ 为常数

$$\Delta_r H_m(T_2) = \Delta_r H_m(T_1) + \int_{T_1}^{T_2} \Delta_r C_p dT$$

2. 若 $\Delta_r C_p = \Delta a + \Delta b T + \Delta c T^2 + \cdots$

$$\Delta_r H_m(T_2) = \Delta_r H_m(T_1) + \int_{T_1}^{T_2} \Delta_r C_p dT$$

$$= \Delta_r H_m(T_1) + \Delta a(T_2 - T_1) + \frac{1}{2}\Delta b(T_2^2 - T_1^2) + \frac{1}{3}\Delta c(T_2^3 - T_1^3) + \cdots$$

3. 若 $\Delta_r C_p = \Delta a + \Delta b T + \Delta c T^2 + \cdots$

$$\Delta_r H_m(T) = \int (\Delta a + \Delta b T + \Delta c T^2 + \cdots) dT + I$$

使用上述公式时要三点注意：(1)公式有一定的温度适用范围；(2)适用压力不变的变温过程；(3)适用于没有相变化发生的过程，若有相变化时要分段积分。

四、量热仪简介

量热仪是根据不同情况下的测定设计而制造的，根据不同情况量热仪分为许多类型。

1. 常量量热仪有以下几种

(1)弹式量热仪，又称氧弹式量热仪；(2)等温量热仪，分为相变等温、热电补偿等温和环境等温三类；(3)绝热量热仪；(4)热导式量热仪；(5)跌落式量热仪也称接收量热仪；(6)脉冲式量热仪；(7)火焰量热仪。

2. 常见的几种微量量热仪

(1)美国 TA 公司生产的微量量热仪(TAM)；(2)法国 Setaram 公司生产的微量量热仪(Micro DSC 111)；(3)美国 Calorimery Science Corporation 公司生产的微量量热仪(IMC)；(4)中国核工业部生产的微量量热仪(RD496)。

由于各种过程的热效应差异很大，热效应出现的形式不同，出现了各种形式的量热仪和各种测量方式。测量方式有：样品池方式、流动测量方式、滴定测量方式。

五、热效应测定的实验方法

热力学数据的一个重要来源是量热实验、物质的生成热、燃烧热、溶解热、相变热等许多热力学数据，大都是通过量热实验得到的。

量热以热力学第一定律为基础，在量热仪中进行一种以热为能量转换形式的能量测量。当一定量的物质发生化学变化时，则由状态 A 变化至状态 B，其热效应为 $Q = C \cdot \Delta t$。C 称为量热仪的能当量，Δt 为温度差。

热效应的实验方法有两种：一是直接测定法，二是间接测定法。

1. 直接测定法

用仪器可直接测量出某种过程的热量 Q_V 或 Q_P。属于这类方法的有氧弹式量热仪测定燃烧热和电补偿法测定溶解热。

2. 间接测定法

通过测定与热量有关的某些物理量，间接计算出热效应。如通过饱和蒸气压的测定而求出汽化热；通过平衡常数的测定而求出反应热；通过电动势的测定而求出的反应热等就属于这类方法。

六、量热分析的特点

自然界中所发生的变化，包括物理、化学和生命过程都会伴随着热效应的产生。通过量热技术可以测定这些过程中的热效应,乃至于非常小的热效应。

量热法是热化学研究中的重要方法,它不仅能提供热力学数据,还可以提供动力学数据,因而成为一种新的、很有前途的量热分析的方法。它具有以下特点:

(1)应用的广泛性:从无机物到有机物,从无生命体系到有生命体系都可以用它来进行研究,因此,具有广阔的应用领域和应用前景。也不限制分析试样的物态(固体、液体、气体),透明和不透明的体系都可以作为研究体系。

(2)它能直接监测化学、生物体系所固有的热力学过程,不需要添加任何试剂,所以不会引入干扰化学、生物体系正常活动的因素。

(3)它不需要制成任何透明的澄清溶液,可直接检测化学体系、生物体系(微生物的组织和悬浮液)。

(4)热测量完毕之后,并没有影响到研究对象,这样还可以补充必要的后继分析。

七、热效应测量的研究进展和发展趋势简介

自然界中所发生的变化都会伴随着热效应的产生,从无生命体系到有生命体系都可以用它来进行研究,因此具有广阔的应用领域和应用前景。

1. 热力学数据的获得

纯物质的热力学数据的测定是量热法最重要的应用研究领域之一。各种物质的物理性质的数据的一个重要来源是量热实验。

2. 微生物生长的量热分析的研究

通过微量量热仪可以测得细菌生长的指纹图;可以确定细菌生长的最佳温度、最佳酸度,求出生长速率常数,进而计算出活化能、活化焓、活化吉布斯自由能和活化熵。

3. 中西药物的生物活性研究

微量热法应用于组织细胞的研究,为细胞生物学的研究、癌症的诊断和探索理想的抗菌药物提供了一个强有力的工具。该研究将在指导药物合成与药物筛选,揭示药物与细菌相互作用机理等方面有重大的意义。

4. 振荡反应体系研究

振荡反应(化学振荡、微生物振荡、萃取振荡、中草药振荡体系)由于其奇异的动力学行为以及作为一种探索生命体内周期性现象的重要途径而备受关注。研究生命体系中物质参与的化学振荡对探索生命振荡规律,推动医药学的发展起着十分重要的作用。

5. 酶催化及胶束酶催化研究

近几年来,许多学者用量热计研究酶促反应动力学,并对酶促反应的热动力学研究法进行了探索,获得了酶反应的热动力学信息。反胶束体系中的非水酶学研究取得了较大的进展,这方面的研究更为活跃。因此,确定影响有机溶剂中酶活性因素,提高有机溶剂中酶活性表达成为当今酶学的重要课题。

6. 非水溶液中表面活性剂性质研究

对人体低毒无毒的、可生物降解的环保型绿色表面活性剂研制和开发的呼声越来越高。目前,表面活性剂的研究和生产利用正在向绿色化和功能化方向发展。表面活性剂在非水溶液中的 CMC 及热力学性质,这是表面活性剂性质研究的新课题,研究表面活性剂在非水溶液中的性质可以为进一步研究这些反应奠定理论基础,有重要的理论意义和广阔的应用前景。

7. 溶液中溶质-溶剂、溶质-溶质焓相互作用研究

近年来,水和非水溶液中的溶质-溶剂、溶质-溶质相互作用的热力学研究已成为热门课题。这方面研究的体系都是与生命活动有关。此研究对于认识复杂的生物体系的行为具有指导意义。

8. 化学工程方面的应用研究

量热技术可以在化工、冶金等工业生产中用来测试多种物质材料的质量、安全性和储藏寿命。还可用来检测非常慢的物理或化学变化过程,这些变化在产品长期储藏过程中具有重要的作用。

第二节 基础实验

基础实验一 燃烧热的测定

一、目的要求

(1) 掌握氧弹式量热计的原理、构造、使用方法及高压钢瓶的正确使用方法。

(2) 了解恒压燃烧热与恒容燃烧热的区别。

(3) 测定苯甲酸、萘的燃烧热,学会用雷诺图解法校正温度变化。

二、实验原理

物质的燃烧热是指 1 mol 物质在氧气中完全燃烧时的热效应,它是热化学中重要的基本数据。若燃烧在等容下进行称为等容燃烧热(Q_V),在等压下进行则称为等压燃烧热(Q_p)。许多物质的燃烧热和反应热已经精确测定。测定燃烧热的氧弹式量热计是重要的热化学仪器,在热化学、生物化学以及某些工业部门中被广泛应用。

由热力学第一定律可知,在不做非膨胀功的情况下,等容反应热 $Q_V = \Delta U$,等压反应热 $Q_p = \Delta H$。用氧弹式量热计测得的燃烧热是等容燃烧热(Q_V),而一般热化学计算用的值为 Q_p,这两者可通过下式进行换算:

$$Q_p = Q_V + \Delta nRT \tag{1}$$

式中,Δn 为反应前后生成物与反应物中气体的物质的量之差;R 为摩尔气体常数;T 为反应温度(K)。

在盛有定量水的容器中,放入内装有一定量样品和氧气的密闭氧弹,然后使样品完全燃烧,放出的热量通过氧弹传给水及仪器,引起温度升高。通过测量介质在燃烧前后温度的变化值,可计算出恒容燃烧热,其计算公式为

$$Q_V = -K \cdot (t_{终} - t_{始}) = -K \cdot \Delta T \tag{2}$$

式中,负号是指系统放出热量,放热时系统内能降低,K,ΔT 均为正值。K 为样品等物质燃烧放热使水及仪器每升高 1℃所需的热量,称为水当量。

水当量的求法是用已知燃烧热的物质(如苯甲酸)放在量热计中燃烧,测定其始、终态温度,用公式(2)计算。一般来说,对不同样品,只要每次的水量相同,水当量就是定值。除样品燃烧放出热量引起系统温度升高以外,其他因素如燃烧丝的燃烧、氧弹内 N_2 和 O_2 化合并溶于水形成硝酸等都会引起系统温度变化,在精确实验测定中,这些因素必须进行校正。

环境恒温量热计是实验室中常用的仪器,其构造如图 2-1-1 所示。

当氧弹中的样品开始燃烧时,内筒与外筒之间有少许热交换,因此不

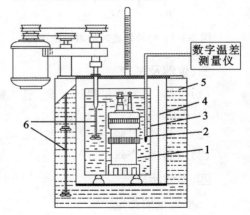

1—氧弹;2—温度传感器;3—内筒;
4—空气隔层;5—外筒;6—搅拌器

图 2-1-1 环境恒温式氧弹量热计

能直接测出初温和最高温度,需要由温度-时间曲线(即雷诺曲线)进行确定,详细步骤如下:将样品燃烧前后观察的水温对时间作图,联成 $FHIDG$ 折线,如图2-1-2所示。图中 H 相当于开始燃烧之点,D 为观察到的最高温度读数点,作 A,C 的中线交中点于 I(I 点为反应温度),过 I 点作 ab 垂线,然后将 FH 线和 GD 线外延交 ab 线于 A,C 两点,A,C 线段所代表的温度差即为所求的 ΔT。图中 AA' 为燃烧前由环境辐射进来和搅拌引进的能量而造成体系温度的升高值,故必须扣除,CC' 为体系向环境辐射出能量而造成体系温度的变化。由此可见 AC 两点的温差较客观地表示了由于样品燃烧致使量热计温度升高的数值。

　　有时量热计的绝热情况良好、热漏小,而搅拌器功率大,稍微引进能量就会使得燃烧后的最高点不出现,如图 2-1-3 所示。这种情况下 ΔT 仍然可以按照同样方法校正。

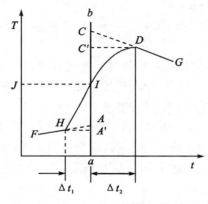

图 2-1-2　绝热较差时的雷诺校正图　　　　图 2-1-3　绝热良好时的雷诺校正图

三、仪器及试剂

　　(1)仪器:氧弹式量热计 1 套;氧气钢瓶(带氧气表)1 个;台称 1 只;电子天平 1 台(0.001 g)。

　　(2)试剂:苯甲酸(A. R.);萘(A. R.)或十六醇。

　　(3)用品:燃烧丝;棉线。

四、实验步骤

1. 水当量的测定

　　(1)仪器预热:将量热计及其全部附件清理干净,将有关仪器通电预热。

　　(2)样品压片:在电子台秤上粗称 0.9～1.0 g 苯甲酸,在压片机中压成片状;取约 10 cm 长的燃烧丝和棉线各一根,分别在电子天平上准确称重;用棉线把燃烧丝绑在苯甲酸片上,准确称重。

　　(3)氧弹充氧:将氧弹的弹头放在弹头架上,把燃烧丝的两端分别紧绕在氧弹头上的两根电极上;在氧弹中加入 10 mL 蒸馏水,把弹头放入弹杯中拧紧,充入 1 MPa 氧气,氧弹放入量热计中,接好点火线。

　　(4)准备一桶自来水,用 1 000 mL 容量瓶量取 3 000 mL 水注入内筒,水面盖过氧弹。

　　(5)测定水当量:打开搅拌器,待温度稳定后开始记录温度,每隔 30 s 记录一次,连续记录 5 min 水温。开启"点火"按钮,当温度明显升高时,说明点火成功,继续每 30 s 记录一次;到温度升至最高点后,再记录 10 次,停止实验。

(6)停止搅拌,取出氧弹,放出余气,打开氧弹盖,若氧弹中无灰烬,表示燃烧完全,将剩余燃烧丝称重,待处理数据时用。

2.测量萘的燃烧热

称取 0.4~0.5 g 萘,重复上述步骤进行测定。

五、注意事项

(1)内筒中加一定体积的水后若有气泡逸出,说明氧弹漏气,要设法排除。

(2)搅拌时不得有摩擦声。

(3)往水桶内添水时,应注意避免把水溅湿氧弹的电极,使其短路。

(4)氧气瓶在开总阀前要检查减压阀是否关好;实验结束后要关上钢瓶总阀,注意排净余气,使指针回零。

六、数据处理

(1)将实验条件和原始数据列表记录。记录的数据包括燃烧丝的重量、残丝重量、棉线重量、苯甲酸重。

	前期温度每30 s读数	燃烧期温度每30 s读数	后期温度每分钟读数
1			
2			
3			

(2)由实验数据分别用作图法求出苯甲酸、萘燃烧前后的 $T_{始}$ 和 $T_{终}$。

(3)由苯甲酸数据用式(2)求出水当量 K。

(4)求出萘的燃烧热 Q_V,换算成 Q_p。

(5)将所测萘的燃烧热值与文献值比较,求出误差,并分析误差产生的原因。

七、思考题

(1)在氧弹里加 10 mL 蒸馏水起什么作用?

(2)本实验中,哪些为体系?哪些为环境?实验过程中有无热损耗,如何降低热损耗?

(3)欲测定液体样品的燃烧热,你能想出测定方法吗?

八、讨论

(1)量热计的类型很多,常用的为环境恒温式和绝热式量热计两种。绝热式量热计的外筒中有温度控制系统,在实验过程中,内筒与外筒温度始终相同或始终略低 0.3℃,热损失可以降低到极微小程度,因此可以直接测出初始温度和最高温度。

(2)在燃烧过程中,当氧弹内存在微量空气时,N_2 的氧化会产生热效应,在精确的实验中,这部分热效应应予校正。方法如下:用 $0.1\ mol \cdot dm^{-3}$ NaOH 溶液滴定洗涤氧弹内壁的蒸馏水,每毫升 $0.1\ mol \cdot dm^{-3}$ NaOH 溶液相当于 5.983 J(放热)。

(3)在精确的实验中,要考虑到燃烧丝和棉线的影响,其数值为 $Q_{铁丝}=-6\,695\ J \cdot g^{-1}$,$Q_{镍铬丝}=-1\,400\ J \cdot g^{-1}$,$Q_{棉线}=-17\,479\ J \cdot g^{-1}$。

基础实验二　溶解热的测定

一、目的要求

(1)掌握量热装置的基本组合及电热补偿法测定热效应的基本原理。

(2)用电热补偿法测定 KNO_3 在不同浓度水溶液中的积分溶解热。

(3)用作图法求 KNO_3 在水中的微分冲淡热、积分冲淡热和微分溶解热。

二、实验原理

1. 在热化学中,关于溶解过程的热效应的几个基本概念

(1)溶解热:在恒温恒压下,n_2 mol 溶质溶于 n_1 mol 溶剂(或溶于某浓度溶液)中产生的热效应,用 Q 表示。溶解热可分为积分(或称变浓)溶解热和微分(或称定浓)溶解热。

(2)积分溶解热:在恒温恒压下,1 mol 溶质溶于 n_0 mol 溶剂中产生的热效应,用 Q_s 表示。

(3)微分溶解热:在恒温恒压下,1 mol 溶质溶于某一确定浓度的无限量的溶液中产生的热效应,以 $\left(\dfrac{\partial Q}{\partial n_2}\right)_{T,p,n_1}$ 表示,简写为 $\left(\dfrac{\partial Q}{\partial n_2}\right)_{n_1}$。

(4)冲淡热:在恒温恒压下,1 mol 溶剂加到某浓度的溶液中使之冲淡所产生的热效应。冲淡热也可分为积分(或变浓)冲淡热和微分(或定浓)冲淡热两种。

(5)积分冲淡热:在恒温恒压下,把原含 1 mol 溶质及 n_{01} mol 溶剂的溶液冲淡到含溶剂为 n_{02} mol 时的热效应,亦即为某两浓度溶液的积分溶解热之差,以 Q_d 表示。

(6)微分冲淡热:在恒温恒压下,1 mol 溶剂加入某一确定浓度的无限量的溶液中产生的热效应,以 $\left(\dfrac{\partial Q}{\partial n_1}\right)_{T,p,n_2}$ 表示,简写为 $\left(\dfrac{\partial Q}{\partial n_1}\right)_{n_2}$。

2. 热效应测定

积分溶解热 Q_s 可由实验直接测定,其他三种热效应则通过 Q_s-n_0 曲线求

得:设纯溶剂和纯溶质的摩尔焓分别为 $H_m(1)$ 和 $H_m(2)$,当溶质溶解于溶剂变成溶液后,在溶液中溶剂和溶质的偏摩尔焓分别为 $H_{1,m}$ 和 $H_{2,m}$,对于由 n_1 mol 溶剂和 n_2 mol 溶质组成的体系,在溶解前体系总焓为 H,则

$$H = n_1 H_m(1) + n_2 H_m(2) \tag{1}$$

设溶液的焓为 H',则

$$H' = n_1 H_{1,m} + n_2 H_{2,m} \tag{2}$$

因此溶解过程热效应 Q 为

$$Q = \Delta_{mix} H = H' - H = n_1 [H_{1,m} - H_m(1)] + n_2 [H_{2,m} - H_m(2)] \tag{3}$$
$$= n_1 \Delta_{mix} H_m(1) + n_2 \Delta_{mix} H_m(2)$$

式中,$\Delta_{mix} H_m(1)$ 为微分冲淡热;$\Delta_{mix} H_m(2)$ 为微分溶解热。根据上述定义,积分溶解热 Q_s 为

$$Q_s = \frac{Q}{n_2} = \frac{\Delta_{mix} H}{n_2} = \Delta_{mix} H_m(2) + \frac{n_1}{n_2} \Delta_{mix} H_m(1) = \Delta_{mix} H_m(2) + n_0 \Delta_{mix} H_m(1) \tag{4}$$

在恒压条件下,$Q = \Delta_{mix} H$,对 Q 进行全微分:

$$dQ = \left(\frac{\partial Q}{\partial n_1} \right)_{n_2} dn_1 + \left(\frac{\partial Q}{\partial n_2} \right)_{n_1} dn_2 \tag{5}$$

式(5)在比值 n_1/n_2 恒定下积分,得

$$Q = \left(\frac{\partial Q}{\partial n_1} \right)_{n_2} n_1 + \left(\frac{\partial Q}{\partial n_2} \right)_{n_1} n_2 \tag{6}$$

式(6)以 n_2 除之,得

$$\frac{Q}{n_2} = \left(\frac{\partial Q}{\partial n_1} \right)_{n_2} \frac{n_1}{n_2} + \left(\frac{\partial Q}{\partial n_2} \right)_{n_1} \tag{7}$$

因

$$\frac{Q}{n_2} = Q_s \qquad \frac{n_1}{n_2} = n_0$$

$$Q = n_2 Q_s \qquad n_1 = n_2 n_0 \tag{8}$$

则

$$\left(\frac{\partial Q}{\partial n_1} \right)_{n_2} = \left[\frac{\partial (n_2 Q_s)}{\partial (n_2 n_0)} \right]_{n_2} = \left(\frac{\partial Q_s}{\partial n_0} \right)_{n_2} \tag{9}$$

将式(8)、式(9)代入式(7)得

$$Q_s = \left(\frac{\partial Q}{\partial n_2} \right)_{n_1} + n_0 \left(\frac{\partial Q_s}{\partial n_0} \right)_{n_2} \tag{10}$$

对比式(3)与式(6)或式(4)与式(10):

$$\Delta_{mix} H_m(1) = \left(\frac{\partial Q}{\partial n_1} \right)_{n_2} \quad 或 \quad \Delta_{mix} H_m(1) = \left(\frac{\partial Q_s}{\partial n_0} \right)_{n_2}$$

$$\Delta_{mix} H_m(2) = \left(\frac{\partial Q}{\partial n_2} \right)_{n_1}$$

以 Q_s 对 n_0 做图,可得如图 2-1-4 的曲线。在图 2-1-4 中,AF 与 BG 分别为将 1 mol 溶质溶于 n_{01} 和 n_{02} mol 溶剂时的积分溶解热 Q_s,BE 表示在含有 1 mol 溶质的溶液中加入溶剂,使溶剂量由 n_{01} mol 增加到 n_{02} mol 过程的积分冲淡热 Q_d。

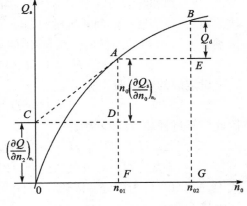

图 2-1-4 Q_s-n_0 关系图

$$Q_d = (Q_s)_{n_{02}} - (Q_s)_{n_{01}} = BG - EG$$

(11)

图 2-1-4 中曲线 A 点的切线斜率等于该浓度溶液的微分冲淡热:

$$\Delta_{mix} H_m(1) = \left(\frac{\partial Q_s}{\partial n_0}\right)_{n_2} = \frac{AD}{CD}$$

切线在纵轴上的截距等于该浓度的微分溶解热:

$$\Delta_{mix} H_m(2) = \left(\frac{\partial Q}{\partial n_2}\right)_{n_1} = \left[\frac{\partial (n_2 Q_s)}{\partial n_2}\right]_{n_1} = Q_s - n_0 \left(\frac{\partial Q_s}{\partial n_0}\right)_{n_2}$$

即

$$\Delta_{mix} H_m(2) = \left(\frac{\partial Q}{\partial n_2}\right)_{n_1} = OC$$

由图 2-1-4 可见,欲求溶解过程的各种热效应,首先要测定各种浓度下的积分溶解热,然后做图计算。

3. 电热补偿法测定溶解热简介

本实验采用绝热式测温量热计,它是一个包括杜瓦瓶、搅拌器、电加热器和测温部件等的量热系统。装置及电路图如图 2-1-5 所示。因本实验测定 KNO_3 在水中的溶解热是一个吸热过程,可用电热补偿法,即先测定体系的起始温度 T,溶解过程中体系温度随吸热反应进行而降低,再用电加热法使体系升温至起始温度,根据所消耗电能求出热效应 Q:

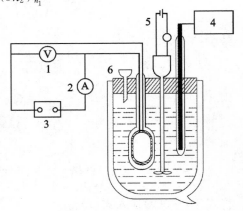

1—伏特计;2—直流毫安表;3—直流稳压电源;4—测温部件;5—搅拌器;6—漏斗

图 2-1-5   量热器及其电路图

$$Q = I^2 R t = UIt$$

式中,I 为通过电阻为 R 的电热器的电流强度(A);U 为电阻丝两端所加电压

（V）；t 为通电时间（s）。

利用电热补偿法，测定 KNO_3 在不同浓度水溶液中的积分溶解热，并通过图解法求出其他三种热效应。

三、仪器及试剂

（1）仪器：实验装置 1 套（包括杜瓦瓶、搅拌器、加热器、测温部件、漏斗）；直流稳压电源 1 台；直流毫安表 1 只；直流伏特计 1 只；秒表 1 只；干燥器 1 只；研钵 1 只；称量瓶 8 个。

（2）试剂：KNO_3（A. R.；研细，在 110℃烘干，保存于干燥器中）。

四、实验步骤

（1）将 8 个称量瓶编号，在台秤上称量，依次加入干燥好并在研钵中研细的 KNO_3，其重量分别为 2.5 g，1.5 g，2.5 g，2.5 g，3.5 g，4 g，4 g 和 4.5 g，再用分析天平称出准确数据。称量后将称量瓶放入干燥器待用。

（2）在台秤上直接称取 200.0 g 蒸馏水或用移液管移取 200 mL 蒸馏水于杜瓦瓶中，按图 2-1-5 装好量热器，连好线路（杜瓦瓶用前需干燥）。

（3）经教师检查无误后接通电源，调节稳压电源，使加热器功率约为 2.5 W。开动搅拌器进行搅拌，当水温恒定后读取准确温度，按下秒表开始计时，同时从加样漏斗处加入第一份样品，并将残留在漏斗上的少量 KNO_3 全部掸入杜瓦瓶中，然后用塞子堵住加样口。记录电压和电流值，在实验过程中要一直搅拌液体。加入 KNO_3 后，温度会很快下降，然后再慢慢上升，待上升至起始温度时，记下时间（读准至秒，注意此时切勿把秒表按停），并立即加入第二份样品，按上述步骤继续测定，直至 8 份样品全部加完为止。

（4）测定完毕后，切断电源，打开量热计，检查 KNO_3 是否溶完，如未全溶，则必须重做。溶解完全，可将溶液倒入回收瓶中，把量热器等器皿洗净放回原处。

（5）用分析天平称量已倒出 KNO_3 样品的空称量瓶，求出各次加入 KNO_3 的准确重量。

五、注意事项

（1）实验过程中要求 I,U 值恒定，故应随时注意调节。

（2）本实验应确保样品充分溶解，因此实验前加以研磨，实验时需有合适的搅拌速度，加入样品时要迅速。

（3）实验过程中加热时间与样品的量是累计的，切不可在中途停止实验。

（4）整个测量过程要尽可能保持绝热，减少热损失。因量热器绝热性能与盖上各孔隙密封程度有关，实验过程中要注意盖严。

六、数据处理

(1)根据溶剂的重量和加入溶质的重量,求算溶液的浓度,以 n_0 表示:

$$n_0 = \frac{n_{H_2O}}{n_{KNO_3}} = \frac{200.0}{18.02} \cdot \frac{m_累}{101.1} = \frac{1\,122}{m_累}$$

式中,$m_累$ 表示累加的质量。

(2)按 $Q=IUt$ 公式计算各次溶解过程的热效应。

(3)按每次累积的浓度和累积的热量,求各浓度下溶液的 n_0 和 Q_s。

(4)将以上数据列表并作 Q_s-n_0 图,并从图中求出 $n_0 = 80, 100, 200, 300$ 和 400 处的积分溶解热和微分冲淡热,以及 n_0 从 $80 \rightarrow 100, 100 \rightarrow 200, 200 \rightarrow 300,$ $300 \rightarrow 400$ 的积分冲淡热。

七、思考题

(1)本实验装置是否适用于放热反应的热效应测定?

(2)试设计一个测定强酸(HCl)与强碱(NaOH)中和反应的实验方法。如何计算弱酸(HAc)的解离热?

(3)影响本实验结果的因素有哪些?

八、讨论

(1)本实验装置除测定溶解热外,还可以用来测定中和热、水化热、生成热、液体的比容及液态有机物的混合热等热效应,但要根据需要,设计合适的反应池。如中和热的测定,可将溶解热装置的漏斗部分换成一个碱贮存器,以便将碱液加入(酸液可直接从瓶口加入),碱贮存器下端可为一胶塞,混合时用玻璃棒捅破;也可为涂凡士林的毛细管,混合时用洗耳球吹气压出。在溶解热的精密测量实验中,也可以采用合适的样品容器将样品加入。

(2)本实验用电热补偿法测量溶解热时,整个实验过程要注意电热功率的检测准确,但实验过程中电压常在变化,很难得到一个准确值。如果实验装置使用计算机控制技术,采用传感器收集数据,使整个实验自动化完成,则可以提高实验的准确度。

基础实验三 液体饱和蒸气压的测定

一、目的要求

(1)了解真空泵、恒温槽及气压计的使用。

(2)了解纯液体的饱和蒸气压与温度的关系、克劳修斯-克拉贝龙(Clausius-Clapeyron)方程式的意义。

（3）掌握静态法测定液体饱和蒸气压的原理及操作方法；学会由图解法求其平均摩尔气化热和正常沸点。

二、实验原理

通常温度下（距离临界温度较远时），纯液体与其蒸气达平衡时的蒸气压称为该温度下液体的饱和蒸气压，简称为蒸气压。蒸发 1 mol 液体所吸收的热量称为该温度下液体的摩尔汽化热。液体的蒸气压随温度而变化，温度升高时，蒸气压增大；温度降低时，蒸气压降低。当蒸气压等于外界压力时，液体便沸腾，此时的温度称为沸点。外压不同时，液体沸点将相应改变，当外压为 101.325 kPa 时，液体的沸点称为该液体的正常沸点。

液体的饱和蒸气压与温度的关系可用克劳修斯-克拉贝龙方程式表示：

$$\frac{\mathrm{d}\ln p}{\mathrm{d}T} = \frac{\Delta_{vap}H_m}{RT^2} \tag{1}$$

式中，R 为摩尔气体常数；T 为热力学温度；$\Delta_{vap}H_m$ 为在温度 T 时纯液体的摩尔汽化热；p 为液体的饱和蒸气压。

假定 $\Delta_{vap}H_m$ 与温度无关，或因温度范围较小，$\Delta_{vap}H_m$ 可以近似作为常数，积分上式，得

$$\ln p = -\frac{\Delta_{vap}H_m}{R} \cdot \frac{1}{T} + C \tag{2}$$

其中，C 为积分常数。由上式可见，以 $\ln p$ 对 $1/T$ 作图，应为一直线，直线的斜率为 $-\dfrac{\Delta_{vap}H_m}{R}$，由斜率可求算液体的 $\Delta_{vap}H_m$。

静态法测定液体饱和蒸气压，是指在某一温度下，直接测量饱和蒸气压，此法一般适用于蒸气压比较大的液体。静态法测量不同温度下纯液体饱和蒸气压有升温法和降温法两种。本实验采用升温法测定不同温度下纯液体的饱和蒸气压，所用仪器是纯液体饱和蒸气压测定装置，如图 2-1-6 所示。平衡管由 A 球和 U 型管 B，C 组成。平衡管上接一冷凝管，以橡皮管与压力计相连。A 球内装待测液体，当 A 球的液面上纯粹是待测液体的蒸气，而 B 管与 C 管的液面处于同一水平时，则表示 B 管液面上（即 A 球液面上的蒸气压）的压力与加在 C 管液面上的外压相等。此时，体系气液两相平衡的温度称为液体在此外压下的沸点。

三、仪器及试剂

（1）仪器：恒温水浴；平衡管；压力计；真空泵及附件。

（2）试剂：纯水。

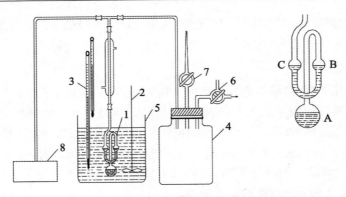

1—平衡管;2—搅拌器;3—温度计;4—缓冲瓶;5—恒温水浴;
6—三通活塞;7—直通活塞;8—精密数字压力计

图 2-1-6 液体饱和蒸气压测定装置图

四、实验步骤

(1)装置仪器:将待测液体装入平衡管,A 球液体约 2/3 体积,B 和 C 球部液体各 1/2 体积,然后按图装好各部分。

(2)系统气密性检查:关闭直通活塞 7,旋转三通活塞 6 使系统与真空泵连通,开动真空泵,抽气减压至压力计显示压差为 53 kPa 时,旋转三通活塞 6 停止系统抽气,使真空泵与大气相通。观察压力计的示数,如果压力计的示数能在 3~5 min 内维持不变,则表明系统不漏气,否则应逐段检查,直到不漏气为止。

(3)排除 AB 弯管空间内的空气:将恒温槽温度调至比室温高 3℃,接通冷凝水,抽气降压至液体轻微沸腾,此时 AB 弯管内的空气不断随蒸气经 C 球逸出,如此沸腾 3~5 min,可认为空气被排除干净。

(4)饱和蒸气压的测定:当空气被排除干净,且体系温度恒定后,旋转直通活塞 7 缓缓放入空气,直至 AB,AC 弯管中液面平齐,关闭直通活塞 7,记录温度与压力。然后,将恒温槽温度升高 3℃,当待测液体再次沸腾,体系温度恒定后,放入空气使 AB,AC 弯管液面再次平齐,记录温度和压力。依次测定,共测 8 个值。

五、注意事项

(1)减压系统不能漏气,否则抽气时达不到本实验要求的真空度。

(2)抽气速度要合适,必须防止平衡管内液体沸腾过于激烈,致使 AB 管内液体快速蒸发。

(3)实验过程中,必须充分排除 AB 弯管空间中全部空气,使 AB 管液面上空间只含液体的蒸气分子。AB 弯管必须放置于恒温水浴中的水面以下,否则其温度与水浴温度不同。

（4）测定中，打开进空气活塞时，切不可太快，以免空气倒灌入 AB 弯管的空间中。如果发生倒灌，则必须重新排除空气。

六、数据处理

（1）数据记录表：自行设计数据记录表，包括室温、大气压、实验温度及对应的压力差等。

（2）绘出水的蒸气压-温度曲线，并求出指定温度下的系数 $\dfrac{\mathrm{d}p}{\mathrm{d}T}$。

（3）以 $\ln p$ 对 $1/T$ 作图，求出直线的斜率，并由斜率算出此温度范围内水的平均摩尔汽化热 $\Delta_{\mathrm{vap}}H_{\mathrm{m}}$，由图求算纯水的正常沸点。

七、思考题

（1）试分析引起本实验误差的因素有哪些？

（2）为什么 AB 弯管中的空气要排干净？怎样操作？怎样防止空气倒灌？

（3）本实验方法能否用于测定溶液的饱和蒸气压？为什么？

（4）试说明压力计中所读数值是否是纯液体的饱和蒸气压？

（5）为什么实验完毕后必须使体系和真空泵与大气相通才能关闭真空泵？

八、讨论

降温法测定不同温度下纯水的饱和蒸气压：接通冷凝水，调节三通活塞使系统降压 13 kPa，加热水浴至沸腾，此时 A 球管中的水部分汽化，水蒸气夹带 AB 弯管内的空气一起从 C 管液面逸出，继续维持 10 min 以上，以保证彻底驱尽 AB 弯管内的空气。

停止加热，控制水浴冷却速度在 1℃·min⁻¹内，此时液体的蒸气压（即 AB 管上空的压力）随温度下降而逐渐降低，待降至与 C 管的压力相等时，则 AB，AC 两管液面应平齐，立即记下此瞬间的温度（精确至 1/100 摄氏度）和压力计之压力。读数后立即旋转三通活塞抽气，使系统再降压 10 kPa 并继续降温，待 AB，AC 两管液面再次平齐时，记下此瞬间的温度和压力。如此重复 10 次（注意实验中每次递减的压力要逐渐减小），分别记录一系列的 AB，AC 两管液面平齐时对应的温度和压力。

在降温法测定中，当 AB，AC 两管中的液面平齐时，读数要迅速，读毕应立即抽气减压，防止空气倒灌。若发生倒灌现象，必须重新排净 AB 弯管内之空气。

第三节　设计实验

设计实验一　弱酸或弱碱的解离热测定

一、设计要求

(1)掌握中和热的测定方法。

(2)测定强酸与强碱、弱酸(或弱碱)与强碱(或强酸)发生中和反应的中和热。

(3)通过中和热的测定计算弱酸或弱碱的解离热。

二、设计原理

酸碱发生中和反应时会有热量放出,在一定的温度和压力下,1 mol H^+ 和 1 mol OH^- 水溶液起反应生成 1 mol H_2O 的过程中所放出的热量,就是酸碱中和反应的中和热,也是生成 1 mol H_2O 的生成热:

$$\Delta H = -57.320 \text{ kJ} \cdot \text{mol}^{-1}$$

在水溶液中,强酸、强碱是全部电离的,因此中和反应的实质是 $H^+ + OH^-$ ═══H_2O,与酸的阴离子和碱的阳离子无关。

但是,弱酸(或弱碱)在水溶液中只是部分电离,因此,当弱酸(或弱碱)与强碱(或强酸)发生中和反应时还有弱酸(或弱碱)的不断电离(吸收热量,即电离热)。所以,总的热效应比强碱强酸中和时的热效应要小些,二者的差即相当于弱酸(或弱碱)的电离热。

例如,强碱(NaOH)中和弱酸(HAc)时,则与上述强碱的中和反应不同,在中和反应前,首先要进行弱酸的电离。反应式为

$$HAc \longrightarrow H^+ + Ac^- \qquad \Delta H_{电离}$$

$$H^+ + OH^- ═══ H_2O \qquad \Delta H_{中和}$$

总反应:$HAc + OH^- ═══ H_2O + Ac^- \qquad \Delta H_{总}$

根据盖斯定律:$\Delta H_{电离} = \Delta H_{总} - \Delta H_{中和}$

测量热效应是在量热计中进行的,它包括量热容器、搅拌器、电加热器和温度计,用通电加热法获得量热体系的热容(C),公式为

$$C = Q_{电} / \Delta T_{电} = TVt / \Delta T_{电}$$

测得中和反应体系温度变化值 ΔT,并计算出酸或碱的摩尔数 n,则中和热可用下式计算:

$$\Delta H = C\Delta T / n$$

三、参考文献

(1)东北师范大学,等. 物理化学实验[M]. 北京:高等教育出版社,1989

(2)武汉大学. 物理化学实验[M]. 武汉:武汉大学出版社,2004

(3)孙尔康,徐维清,邱金恒. 物理化学实验[M]. 南京:南京大学出版社,1998

(4)顾月姝. 物理化学实验[M]. 北京:化学工业出版社,2004

设计实验二　苯分子的共振能测定

一、设计要求

(1)掌握氧弹式量热计测定液体燃烧热的方法。

(2)测定苯、环己烷、环己烯的燃烧热。

(3)求算苯分子的共振能。

二、设计原理

可燃液体样品既无固定形状又容易挥发,可将其放在特制的可以燃烧的带盖塑料容器中(如药用胶囊),用燃烧丝绕在塑料容器上点火后燃烧,可得到该样品和塑料容器一块燃烧的恒容燃烧热,然后再使塑料容器单独燃烧,可得到该塑料容器的恒容燃烧热,两者之差即为样品液体的燃烧热,进而计算可得到该样品的恒容摩尔燃烧热。

苯分子是一个典型的共轭分子,形成大 π 键。共振能 E 可以用来衡量一种共轭分子的稳定性,通过热化学实验可求得苯的共振能。

苯、环己烯和环己烷三种分子都含有碳六元环,环己烯和环己烷的燃烧热 ΔH 的差值 ΔE 与环己烯上的孤立双键结构有关,它们之间存在下述关系:

$$| \Delta E | = | \Delta H_{环己烷} | - | \Delta H_{环己烯} | \tag{1}$$

如将环己烷与苯的经典定域结构相比较,两者燃烧热的差值似乎应等于 $3\Delta E$。事实证明: $|\Delta H_{环己烷}| - |\Delta H_{苯}| > 3|\Delta E|$

显然,这是因为共轭结构导致苯分子的能量降低,其差额正是苯分子的共振能 E,即满足

$$| \Delta H_{环己烷} | - | \Delta H_{苯} | - 3|\Delta E| = E \tag{2}$$

将(1)式代入(2)式,再根据 $\Delta H = Q_p = Q_V + \Delta nRT$,经整理可得到苯的共振能与恒容燃烧热的关系式

$$E = 3|Q_{V,环己烯}| - 2|Q_{V,环己烷}| - |Q_{V,苯}| \tag{3}$$

苯分子共振能的获得也可以通过测定一组物质的燃烧热来求算,如邻苯二

甲酸酐、四氢邻苯二甲酸酐和六氢邻苯二甲酸酐都是可选用的物质,而且因它们都是固体,测定更为方便。

三、参考文献

(1)顾月姝.物理化学实验[M].北京:化学工业出版社,2004

(2)复旦大学,等.蔡显鄂,项一非,刘衍光,修订.物理化学实验[M].北京:高等教育出版社,1993

(3)孙尔康,徐维清,邱金恒.物理化学实验[M].南京:南京大学出版社,1998

(4)Shoemaker D P,Garland C W,Nibler J W. Experiments in Physical Chemistry[M]. 5th ed. McGraw-Hill Book Company,1989

(5)Gao Zi. Experiments Physical Chemistry[M]. Shanghai:Higher Education Press,2005

(6)Salzberg H W,et al. Physical Chemistry Laboratory. Principles and Experiments[M]. New York:Macmillan Publishing Press,1978

设计实验三　化学反应的反应热测定

一、设计要求

用不同实验方法测定下列化学反应的反应热:$CH_3OH (l) + \dfrac{3}{2}O_2(g) \Longrightarrow CO_2(g) + 2H_2O(g)$。

二、设计原理

对于反应体系 $CH_3OH (l) + \dfrac{3}{2}O_2(g) \Longrightarrow CO_2(g) + 2H_2O(g)$,要测定其反应的反应热,可采取量热法及蒸气压法来实现。先用氧弹卡计测出 $CH_3OH(l)$ 的燃烧热 Q_V,即反应 $CH_3OH(l) + \dfrac{3}{2}O_2(g) \Longrightarrow CO_2(g) + 2H_2O(l)$ 的等容燃烧热。关于液体样品在氧弹卡计中如何处理后再燃烧见设计实验二。再用公式 $Q_p = Q_V + \Delta nRT$ 算出 Q_p,即为该反应体系的等压燃烧热 $\Delta_c H_m$。根据水的饱和蒸气压的测定方法,测出不同温度下水的饱和蒸气压,按公式 $\ln p = -\dfrac{\Delta_r H_m}{R} \cdot \dfrac{1}{T} + C$,用图解法求得水的平均摩尔汽化热。再按照化学热力学原理,从公式 $\Delta H = Q_p + \Delta_r H_m$,可以计算出该反应体系的反应热。

三、参考文献

(1)邓景发. 物理化学学习思考题[J]. 化学通报,1983,(3):55

(2)韩德刚,傅献彩,陈志行,邓景发. 物理化学思考题题解[J]. 化学通报, 1983,(5):60

(3)顾月姝. 物理化学实验[M]. 北京:化学工业出版社,2004

(4)复旦大学,等. 蔡显鄂,项一非,刘衍光,修订. 物理化学实验[M]. 北京:高等教育出版社,1993

(5)傅献彩,等. 物理化学(下册)[M]. 5 版. 北京:高等教育出版社,2006

设计实验四　金属有机化合物的制备与各种热力学函数的测定

一、设计要求

(1)在水溶液中合成 5-氨基间苯二甲酸钠固态样品。

(2)低温热容的测定。

(3)标准摩尔燃烧焓的测定。

(4)标准摩尔生成焓的测定。

(5)标准摩尔溶解焓的测定。

二、设计原理

当体系发生了物理变化、化学反应和生物代谢过程之后,体系就放出或吸收热量。热量的大小与变化过程有关。产生的热量包括燃烧热、生成热、中和热、混合热、水解热、溶解热、稀释热、代谢热、呼吸热、发酵热、融化热(凝固热)、蒸发热(凝结热)和升华热等。

精确的热数据原则上都可通过量热学实验获得,量热学实验是通过量热仪进行测定的。由于各种过程的热效应差异很大,热效应出现的形式不同,出现了各种形式的量热仪和各种测量方式。

用记录系统连续地记录出热电势随时间变化曲线或热电势随温度变化曲线,作为研究该过程的热化学和热动力学依据。对热力学性质进行研究,可获得样品的相关热力学和动力学函数。

(1)按文献要求合成 5-氨基间苯二甲酸钠固态样品。用元素分析仪确定有机元素含量;利用色谱分析样品纯度。

(2)样品低温热容的测定,利用大连化物所热化学实验室的精密自动绝热量热装置测定。测定在 78 K～400 K 区域的低温热容,绘出摩尔热容-温度曲线,将实验值用最小二乘法拟合,得到热容随温度变化的多项式。

（3）通过 RBC-Ⅱ型精密转动弹量热计测定。燃烧反应的起始温度为（25.000 0±0.000 5）℃，初始氧压为 2.5 MPa，终态产物分析采用文献方法，热交换校正值采用 Linio-Pyfengdelel-Wsava 公式。使用前用热值基准苯甲酸进行标定样品的恒容燃烧热，计算样品标准摩尔燃烧焓，根据热化学方程式，利用盖斯定律可得标准摩尔生成焓。

（4）样品标准溶解焓的测定，用 RD496-2000 型微量量热计测定。量热实验采用固-液试样分开填装在体积 15 mL 的不锈钢试样池中，热平衡后推下试管，使反应物混合，记录量热曲线，可得样品标准溶解焓。

三、参考文献

（1）冯英，屈松生. 武汉大学学报，1995，42（2）：190

（2）王竹君，陈三平，杨奇，杨旭武，高胜利. 中国科学化学，2010，40（9）：1378

第二章　化学反应平衡常数的测定

第一节　概　述

一、化学反应的平衡条件

设有一任意无非膨胀功的封闭化学反应体系,反应方程式为

$$dD + eE \rightarrow fF + gG$$

由于反应方程式的限制,各物质的数量变化之间不是独立无关的。根据反应进度的定义,可以得到:

$$d\xi = \frac{dn_B}{\nu_B} \quad 或 \quad dn_B = \nu_B d\xi$$

设反应体系发生了微小的变化(包括温度、压力和化学反应的变化),体系内各物质的量相应地也应有微小的变化,根据热力学基本公式,此时体系吉布斯自由能的变化为

$$dG = -SdT + Vdp + \sum_B \mu_B dn_B$$

等温、等压条件下, $(dG)_{T,p} = \sum_B \mu_B dn_B = \sum_B \nu_B \mu_B d\xi$, 或$(\frac{\partial G}{\partial \xi})_{T,p} = \sum_B \nu_B \mu_B$。当 $\xi = 1 \text{ mol}$ 时,$(\Delta_r G_m)_{T,p} = \sum_B \nu_B \mu_B$。

根据吉布斯自由能 $(\Delta_r G_m)_{T,p}$ 判据, 因$(\frac{\partial G}{\partial \xi})_{T,p} = \sum_B \nu_B \mu_B = (\Delta_r G_m)_{T,p}$, 所以用 $(\frac{\partial G}{\partial \xi})_{T,p}$, $\sum_B \nu_B \mu_B$或 $(\Delta_r G_m)_{T,p}$ 判断都是等效的。

若$(\frac{\partial G}{\partial \xi})_{T,p} < 0$,也即 $\sum_B \nu_B \mu_B < 0$ 或 $(\Delta_r G_m)_{T,p} < 0$,则表示正向反应能自发进行;反之,若$(\frac{\partial G}{\partial \xi})_{T,p} > 0$,也即 $\sum_B \nu_B \mu_B > 0$ 或 $(\Delta_r G_m)_{T,p} > 0$,则表示正向反应不能自发进行;若$(\frac{\partial G}{\partial \xi})_{T,p} = 0$,也即 $\sum_B \nu_B \mu_B = 0$ 或 $(\Delta_r G_m)_{T,p} = 0$,则表示反应体系达到平衡状态。

二、各类化学反应平衡常数的表示方法

1. 气相反应的平衡常数

（1）理想气体反应的平衡常数：

①理想气体反应的标准平衡常数：

当反应达到平衡时：$\sum \nu_B \mu_B = 0$，由 $\mu_B = \mu_B^{\ominus}(T) + RT\ln\dfrac{p_B}{p^{\ominus}}$，且达到平衡时

$p_B = p_B^{eq}$（平衡分压），代入上式，经整理得：$\ln\dfrac{(p_G^{eq}/p^{\ominus})^g (p_F^{eq}/p^{\ominus})^f}{(p_D^{eq}/p^{\ominus})^d (p_E^{eq}/p^{\ominus})^e} = -\dfrac{1}{RT}$

$[g\mu_G^{\ominus}(T) + h\mu_H^{\ominus}(T) - d\mu_D^{\ominus}(T) - e\mu_E^{\ominus}(T)]$，等温下，即 $\dfrac{(p_G^{eq}/p^{\ominus})^g (p_F^{eq}/p^{\ominus})^f}{(p_D^{eq}/p^{\ominus})^d (p_E^{eq}/p^{\ominus})^e} = $ 常

数 $= K_p^{\ominus}(T)$。

$K_p^{\ominus}(T)$ 称为理想气体反应的标准（热力学）平衡常数，仅是温度的函数，无量纲。

②理想气体反应的经验平衡常数：

$K_p = \prod_B (p_B)^{\nu_B}$，其中，$p_B = p_B^{eq}$（平衡分压）

$K_c = \prod_B (c_B)^{\nu_B}$，其中，$c_B = c_B^{eq}$（平衡量浓度）

$K_x = \prod_B (x_B)^{\nu_B}$，其中，$x_B = x_B^{eq}$（平衡量分数）

理想气体反应的标准平衡常数与经验平衡常数的关系：

$$K_p^{\ominus} = K_p (p^{\ominus})^{-\sum_B \nu_B} = K_x \left(\frac{p}{p^{\ominus}}\right)^{\sum_B \nu_B} = K_c \left(\frac{RT}{p^{\ominus}}\right)^{\sum_B \nu_B}$$

（2）实际气体反应的平衡常数：实际气体反应的标准平衡常数与经验平衡常数分别为

$K_f^{\ominus} = \prod_B \left(\dfrac{f_B}{p^{\ominus}}\right)^{\nu_B}$，其中，$f_B = f_B^{eq}$（平衡分逸度）

$K_f = \prod_B (f_B)^{\nu_B}$，其中，$f_B = f_B^{eq}$（平衡分逸度）

2. 液相反应的平衡常数

（1）若参与反应的各个组分不能区分为溶剂和溶质，各组分可同等对待。

①若参与反应的各组分组成为理想混合物：

$$\Delta_r G_m = \sum_B \nu_B \mu_B$$

因为 $\mu_B = \mu_B^*(T, p^{\ominus}) + RT\ln x_B$，所以 $\Delta_r G_m = \sum_B \nu_B \mu_B^*(T, p^{\ominus}) +$

$RT\ln \prod_B x_B^{\nu_B}$。平衡时，$\Delta_r G_m = 0$，故有 $\sum_B \nu_B \mu_B^*(T, p^{\ominus}) = -RT\ln\{\prod_B x_B^{\nu_B}\}_{平衡}$。

令 $K_x^{\ominus} = \{\prod\limits_{B} x_B^{\nu_B}\}_{平衡}$ 即为此种反应体系的标准平衡常数。

令 $K_x = \{\prod\limits_{B} x_B^{\nu_B}\}_{平衡}$ 即为此种反应体系的经验平衡常数。

②若参与反应的各组分组成为非理想混合物：

因为 $\mu_B = \mu_B^*(T, p^{\ominus}) + RT\ln a_B$，所以 $\Delta_r G_m = \sum\limits_{B} \nu_B \mu_B = \sum\limits_{B} \nu_B \mu_B^*(T, p^{\ominus}) + RT\ln\prod\limits_{B} a_B^{\nu_B}$，平衡时有 $\sum\limits_{B} \nu_B \mu_B^*(T, p^{\ominus}) = -RT\ln\{\prod\limits_{B} a_B^{\nu_B}\}_{平衡}$ 。

令 $K_a^{\ominus} = \{\prod\limits_{B} a_B^{\nu_B}\}_{平衡}$ 即为此种反应体系的标准平衡常数。

令 $K_a = \{\prod\limits_{B} a_B^{\nu_B}\}_{平衡}$ 即为此种反应体系的经验平衡常数。

(2)若参与反应的物质需区分为溶剂和溶质：

①参与反应的物质均溶于同一溶剂,并且均与溶剂构成"稀溶液",而溶剂本身不参与反应：

因为 $\Delta_r G_m = \sum\limits_{B} \nu_B \mu_B$，若物质的浓度用物质的量浓度表示,则 $\mu_B = \mu_B^*(T, p^{\ominus}) + RT\ln\frac{c_B}{c^{\ominus}}$，平衡时 $\sum\limits_{B} \nu_B \mu_B^*(T, p^{\ominus}) = -RT\ln\{\prod\limits_{B} \{\frac{c_B}{c^{\ominus}}\}^{\nu_B}\}$。

令 $K_c^{\ominus} = \prod\limits_{B} \{\frac{c_B}{c^{\ominus}}\}^{\nu_B}$ 即为此种稀溶液反应的标准平衡常数。

令 $K_c = \prod\limits_{B} \{c_B\}^{\nu_B}$ 即为此种稀溶液反应的经验平衡常数。

若物质的浓度用其他浓度表示,同理可得到用其他浓度表示的此种稀溶液反应的其他浓度形式的标准平衡常数和经验平衡常数。

②溶剂和溶质均参与反应,且彼此构成非理想的体系：

溶剂和溶质的化学势均要用修正的化学势表达式,即

$$溶液：\mu_A = \mu_A^*(T, p^{\ominus}) + RT\ln a_A$$
$$溶质：\mu_B = \mu_B^*(T, p^{\ominus}) + RT\ln a_{B,C}$$

代入 $\Delta_r G_m = \sum\limits_{B} \nu_B \mu_B$，从而可得 $\sum\limits_{B} \nu_B \mu_B^{标} = -RT\ln\{\prod\limits_{B} a_B^{\nu_B}\}_{平衡}$。

令 $K_a^{\ominus} = \{\prod\limits_{B} a_B^{\nu_B}\}$ 即为此种反应体系的标准平衡常数,习惯上称它为"杂平衡常数"。这是因为溶剂和溶质的标准态是完全不同的。

3.复相反应的平衡常数

若参与反应的物质处于不同的相态,这种反应称为多相反应或复相反应。

设有一复相反应,已知其平衡条件为 $\sum\limits_{B} \nu_B \mu_B = 0$。

在参加复相反应的物质中,设有气体(可当作理想气体),其余的是凝聚相

(纯液体或纯固体,均不构成溶液或固溶体,且忽略压力对凝聚相的影响),达平衡时则应有:$\sum\limits_{B=1}^{n}\nu_B\mu_B(T,p)+\sum\limits_{B=n+1}^{N}\nu_B\mu_B^*(T,p)=0$,代入各组分化学势的表达式则得 $\sum\limits_{B=1}^{n}\nu_B\mu_B^{\ominus}+RT\ln[\prod\limits_{B=1}^{n}(\dfrac{p_B}{p^{\ominus}})^{\nu_B}]+\sum\limits_{B=n+1}^{N}\nu_B\mu_B^{\ominus}=0$,合并得 $\sum\limits_{B=1}^{N}\nu_B\mu_B^{\ominus}+RT\ln[\prod\limits_{B=1}^{n}(\dfrac{p_B}{p^{\ominus}})^{\nu_B}]=0$,即 $\sum\limits_{B=1}^{n}\nu_B\mu_B^{\ominus}=-RT\ln[\prod\limits_{B=1}^{n}(\dfrac{p_B}{p^{\ominus}})^{\nu_B}]$。

令 $K_p^{\ominus}=[\prod\limits_{B=1}^{n}(\dfrac{p_B}{p^{\ominus}})^{\nu_B}]$ 即为复相反应的标准平衡常数。

令 $K_p=[\prod\limits_{B=1}^{n}(p_B)^{\nu_B}]$ 即为复相反应的经验平衡常数。

可见,在上述情况下复相反应的平衡常数仅出现气态物质的分压,而不出现凝聚相(纯液体或纯固体)的物质的量。

复相化学反应中,固体分解反应的分解压力(或离解压力)是一个重要的概念。一般来说,所谓分解压力是指纯固体物质在一定温度下分解达到平衡时产物中气体的总压力。若分解产物中不止一种气体,则平衡时各气体产物分压之和才是分解压力。分解压力等于外界总压时的温度,称为分解温度。

分解压力 $p=p(NH_3,g)+p(H_2S,g)$

如果反应起始时,只有 $NH_4HS(s)$ 一种固体物质而无气体,达到平衡时有

$$p(NH_3,g)=p(H_2S,g)=\frac{1}{2}p$$

$$K_p^{\ominus}=\frac{p(NH_3,g)}{p^{\ominus}}\cdot\frac{p(H_2S,g)}{p^{\ominus}}=\frac{1}{4}(\frac{p}{p^{\ominus}})^2$$

$$K_p=p(NH_3,g)\cdot p(H_2S,g)=\frac{1}{4}p^2$$

需要注意的是,分解压力与物质本性有关,而与其数量无关,对于指定的物质,其值取决于温度。一般来说,温度升高分解压力增加,因而不指明反应温度的分解压力是无意义的。分解压力可以作为能够发生分解反应的化合物的量度。

三、温度对化学平衡的影响——Vant Hoff 的等压方程式

将 $\Delta_r G_m^{\ominus}=-RT\ln K^{\ominus}$ 代入公式 $\dfrac{d\left(\dfrac{\Delta_r G_m^{\ominus}}{T}\right)}{dT}=-\dfrac{\Delta_r H_m^{\ominus}}{T^2}$,得 $\dfrac{d\ln K^{\ominus}}{dT}=\dfrac{\Delta_r H_m^{\ominus}}{RT^2}$(微分式)。

若温度区间不大,$\Delta_r H_m^{\ominus}$ 可视为常数,积分得

$$\ln K^{\ominus}=-\frac{\Delta_r H_m^{\ominus}}{RT}+C\text{(不定积分式)}$$

$$\ln\frac{K_p^{\ominus}(T_2)}{K_p^{\ominus}(T_1)}=\frac{\Delta_rH_m^{\ominus}}{R}\left(\frac{1}{T_1}-\frac{1}{T_2}\right)（定积分式）$$

四、化学反应平衡常数的测定

所谓平衡常数的测定,是指通过实验方法测定出化学平衡体系中各物质的组成(浓度或压力),然后代入平衡常数的表达式去计算平衡常数。

不论平衡体系的组成如何测定,首先应从宏观上判断反应体系是否确已达到平衡状态。判明反应是否平衡,常用的方法有三种:(1)体系若已达平衡状态,各物质的组成则不应随时间改变,为此,可将反应体系放置在恒定的温度下,只要外界条件不变,无论经历多长时间,各物质的组成均保持不变。(2)从反应物开始正向进行反应,或在相同的温度下从生成物开始逆向进行反应,达平衡时,所得平衡常数相等。(3)在相同的外界条件下,任意改变参加反应的各物质的初始浓度,达到平衡后所得平衡常数相等。

根据测定平衡体系浓度或压力的方法,平衡常数的测定可以分为化学和物理方法两种。

(1)化学方法:平衡时反应体系中各组分的浓度直接利用化学分析的方法来测定,但是这种化学分析的方法,往往由于加入试剂而导致平衡受到扰乱,使所测得的浓度并非平衡时的真实浓度。因此,必须设法在分析前就采取"冻结"手段。

(2)物理方法:物理方法的优点是不扰乱平衡,不需"冻结"反应,因此应用非常广泛,如平衡常数测定的基础实验与设计实验几乎都采用物理方法。该法具体为根据反应体系的性质,通过测定反应体系中与浓度有关的物理性质(在反应过程中这种物理性质随其浓度的增减而改变),如折光率、电导(率)、对光的吸收等性能,一旦测得该物理性质不再随时间改变,即说明体系已达平衡状态。对于反应前后分子数不同的气相反应,若在恒容下反应,必然导致体系压力改变,而在恒压下反应,则改变体系的容积,因此通过测定压力或容积也可以计算平衡常数。

第二节　基础实验

基础实验四　甲基红溶液的电离平衡常数的测定
（分光光度法）

一、目的要求

(1)掌握分光光度计及 pH 计的正确使用方法。

(2)掌握分光光度法测定甲基红电离常数的基本原理。

(3)用分光光度法测定弱电解质的电离常数。

二、实验原理

弱电解质的电离常数测定方法很多,如电导法、电位法、分光光度法等。甲基红(对-二甲氨基-邻-羧基偶氮苯)是一种弱酸型的染料指示剂,具有酸(HMR)和碱(MR^-)两种形式,它在溶液中部分电离,在碱性溶液中呈黄色,酸性溶液中呈红色。本实验测定甲基红的电离常数,是根据甲基红在电离前后具有不同颜色和对单色光的吸收特性,借助于分光光度法的原理,测定其电离常数。甲基红在溶液中的电离可表示为

酸式(HMR)红色

碱式(MR^-)黄色

简写为 $HMR \Longrightarrow H^+ + MR^-$,则其电离平衡常数 K 表示为

酸式　　　　碱式

$$K_c = \frac{[H^+][MR^-]}{[HMR]} \tag{1}$$

或

$$pK = pH - \log\frac{[MR^-]}{[HMR]} \tag{2}$$

由于 HMR 和 MR^- 两者在可见光谱范围内具有强的吸收峰,溶液离子强度的变化对它的酸离解平衡常数没有显著的影响,而且在简单 CH_3COOH-CH_3COONa 缓冲体系中就很容易使颜色在 pH=4~6 范围内改变。根据分光光度法(多组分测定方法)测得$[MR^-]$和$[HMR]$值,由(2)式可知,再测定甲基红溶液的 pH 值,即可求得 pK 值。

根据朗伯-比耳(Lanbert-Bear)定律,溶液对单色光的吸收遵守下列关系式:

$$A = -\lg\frac{I}{I_0} = \lg\frac{1}{T} = kcl \tag{3}$$

式中,A 为吸光度;I/I_0 为透光率 T;c 为溶液浓度;l 为溶液的厚度;k 为消光系

数。溶液中如含有一种组分,其对不同波长的单色光的吸收程度,如以波长(λ)为横坐标、吸光度(A)为纵坐标可得一条曲线,如图 2-2-1 中单组分 a 和单组分 b 的曲线均称为吸收曲线,亦称吸收光谱曲线。根据公式(3),当吸收槽长度一定时,则

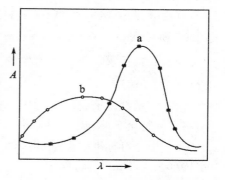

$$A^a = k^a c_a \tag{4}$$

$$A^b = k^b c_b \tag{5}$$

如在该波长时,溶液遵守朗伯-比耳定律,可选用此波长进行单组分的测定。

图 2-2-1　部分重合的光吸收曲线

溶液中如含有两种组分(或两种组分以上)的溶液,又具有特征的光吸收曲线,并在各组分的吸收曲线互不干扰时,可在不同波长下,对各组分进行吸光度测定。

当溶液中两种组分 a,b 各具有特征的光吸收曲线,且均遵守朗伯-比耳定律,但吸收曲线部分重合,如图 2-2-1 所示,则两组分(a+b)溶液的吸光度应等于各组分吸光度之和,即吸光度具有加和性。当吸收槽长度一定时,则混合溶液在波长分别为 λ_a 和 λ_b 时的吸光度 $A_{\lambda_a}^{a+b}$ 和 $A_{\lambda_b}^{a+b}$ 可表示为

$$A_{\lambda_a}^{a+b} = A_{\lambda_a}^a + A_{\lambda_a}^b = k_{\lambda_a}^a c_a + k_{\lambda_a}^b c_b \tag{6}$$

$$A_{\lambda_b}^{a+b} = A_{\lambda_b}^a + A_{\lambda_b}^b = k_{\lambda_b}^a c_a + k_{\lambda_b}^b c_b \tag{7}$$

由光谱曲线可知,组分 a 代表[HMR],组分 b 代表[MR$^-$],根据(6)式可得到[MR$^-$],即

$$c_b = \frac{A_{\lambda_a}^{a+b} - k_{\lambda_a}^a c_a}{k_{\lambda_a}^b} \tag{8}$$

将式(8)代入式(7),则可得[HMR],即

$$c_a = \frac{A_{\lambda_b}^{a+b} k_{\lambda_a}^b - A_{\lambda_a}^{a+b} k_{\lambda_b}^b}{k_{\lambda_a}^a k_{\lambda_a}^b - k_{\lambda_b}^b k_{\lambda_a}^a} \tag{9}$$

式中,$k_{\lambda_a}^a$,$k_{\lambda_a}^b$,$k_{\lambda_b}^a$ 和 $k_{\lambda_b}^b$ 分别表示单组分在波长为 λ_a 和 λ_b 时的 k 值。而 λ_a 和 λ_b 可以通过测定单组分的光吸收曲线,分别求得其最大吸收波长。如在该波长下,各组分均遵守朗伯-比耳定律,则其测得的吸光度与单组分浓度应为线性关系,直线的斜率即为 k 值,再通过两组分的混合溶液可以测得 $A_{\lambda_a}^{a+b}$ 和 $A_{\lambda_b}^{a+b}$,根据(8),(9)两式可以求出[MR$^-$]和[HMR]值。

三、仪器及试剂

(1)仪器:分光光度计 1 台;酸度计 1 台;饱和甘汞电极(217 型,1 支);玻璃电极 1 支;容量瓶 100 mL(5 个),50 mL(2 个),25 mL(6 个);量筒(50 mL,1只);烧杯(50 mL,4 个);移液管 10 mL(1 支),5 mL(1 支)。

（2）试剂：95％乙醇（A. R.）；HCl（0.1 mol·dm⁻³）；甲基红（A. R.）；醋酸钠（0.05 mol·dm⁻³，0.01 mol·dm⁻³）；醋酸（0.02 mol·dm⁻³）。

四、实验步骤

1. 制备溶液

（1）甲基红溶液：称取 0.400 g 甲基红，加入 300 mL 95％的乙醇，待溶后，用蒸馏水稀释至 500 mL 容量瓶中。

（2）甲基红标准溶液：取 10.00 mL 上述溶液，加入 50 mL 95％乙醇，用蒸馏水稀释至 100 mL 容量瓶中。

（3）溶液 a：取 10.00 mL 甲基红标准溶液，加入 0.1 mol·dm⁻³盐酸 10 mL，用蒸馏水稀释至 100 mL 容量瓶中。

（4）溶液 b：取 10.00 mL 甲基红标准溶液，加入 0.05 mol·dm⁻³ 醋酸钠 20 mL，用蒸馏水稀释至 100 mL 容量瓶中。将溶液 a、b 和空白液（蒸馏水）分别放入三个洁净的比色皿内。

2. 吸收光谱曲线的测定

接通电压，预热仪器。测定溶液 a 和溶液 b 的吸收光谱曲线，求出最大吸收峰的波长 λ_a 和 λ_b。波长从 380 nm 开始，每隔 20 nm 测定一次，在吸收高峰附近，每隔 5nm 测定一次，每改变一次波长都要用空白溶液校正，直至波长为 600 nm 为止。作 A-λ 曲线，求出波长 λ_a 和 λ_b 值。

3. 验证朗伯-比耳定律，并求出 $k_{\lambda_a}^a$，$k_{\lambda_b}^a$，$k_{\lambda_a}^b$ 和 $k_{\lambda_b}^b$

（1）分别移取溶液 a 5.00 mL，10.00 mL，15.00 mL，20.00 mL 于 4 个 25 mL 容量瓶中，然后用 0.01 mol·dm⁻³盐酸稀释至刻度，此时甲基红主要以［HMR］形式存在。

（2）分别移取溶液 b 5.00 mL，10.00 mL，15.00 mL，20.00 mL 于 4 个 25 mL 容量瓶中，用 0.01 mol·dm⁻³醋酸钠稀释至刻度，此时甲基红主要以［MR⁻］形式存在。

（3）在波长为 λ_a，λ_b 处分别测定上述各溶液的吸光度 A。如果在 λ_a，λ_b 处，上述溶液符合朗伯-比耳定律，则可得四条 A-c 直线，由此可求出 $k_{\lambda_a}^a$，$k_{\lambda_b}^a$，$k_{\lambda_a}^b$ 和 $k_{\lambda_b}^b$ 值。

4. 测定混合溶液的总吸光度及其 pH 值

（1）取 4 个 100 mL 容量瓶，分别配制含甲基红标准液、醋酸钠溶液和醋酸溶液的 4 种混合溶液，用蒸馏水稀释至所需的各溶液毫升数，列入下表。

编号	试剂用量/mL		
	甲基红标准液	醋酸钠溶液(0.05 mol·dm^{-3})	醋酸溶液(0.02 mol·dm^{-3})
A	10	20	50
B	10	20	25
C	10	20	10
D	10	20	5

(2)分别用 λ_a 和 λ_b 波长测定上述四个溶液的总吸光度。

(3)测定上述 4 个溶液的 pH 值。

五、注意事项

(1)使用分光光度计时,先接通电源,预热 20 min。为了延长光电管的寿命,在不测定时,应将暗盒盖打开。

(2)使用酸度计前应预热半小时,使仪器稳定。

(3)玻璃电极使用前需在蒸馏水中浸泡一昼夜。

(4)使用饱和甘汞电极时应将上面的小橡皮塞及下端橡皮套取下来,以保持液位压差。

六、数据处理

(1)将实验步骤 3 和 4 中的数据分别列入以下两个表中:

溶液相对浓度	$A_{\lambda_a}^a$	$A_{\lambda_b}^a$	$A_{\lambda_a}^b$	$A_{\lambda_b}^b$

编号	$A_{\lambda_a}^{a+b}$	$A_{\lambda_b}^{a+b}$	pH

(2)根据实验步骤 2 测得的数据作 A-λ 图,绘制溶液 a 和溶液 b 的吸收光谱曲线,求出最大吸收峰的波长 λ_a 和 λ_b。

(3)实验步骤 3 中得到四组 A-c 关系图,从图上可求得单组分溶液 a 和溶液 b 在波长各为 λ_a 和 λ_b 时的 4 个吸光系数 $k_{\lambda_a}^a$,$k_{\lambda_b}^a$,$k_{\lambda_a}^b$ 和 $k_{\lambda_b}^b$。

(4)由实验步骤 4 所测得的混合溶液的总吸光度,根据(8),(9)两式,求出各混合溶液中[MR$^-$],[HMR]值。

(5)根据测得的 pH 值,按(2)式求出各混合溶液中甲基红的电离平衡常数。

七、思考题

(1)测定的溶液中为什么要加入盐酸、醋酸钠和醋酸?

(2)在测定吸光度时,为什么每个波长都要用空白液校正零点? 理论上应该用什么溶液作为空白溶液? 本实验用的是什么溶液?

(3)本实验应怎样选择比色皿?

(4)在本实验中,温度对测定结果有何影响? 采取哪些措施可以减少由此而引起的实验误差?

基础实验五 难溶盐 AgCl 溶度积的测定

一、目的要求

(1)学会银电极、银-氯化银电极的制备方法。

(2)掌握电动势法测定难溶盐 AgCl 溶度积的原理及操作方法。

(3)学会如何利用测得电动势值计算 AgCl 溶度积。

二、实验原理

电池电动势法是测定难溶盐溶度积的常用方法之一。测定氯化银的溶度积,可以设计下列电池:

Ag(s)-AgCl(s) | HCl(0.100 0 mol · kg^{-1}) ‖ AgNO$_3$(0.100 0 mol · kg^{-1}) | Ag(s)

银电极反应 $\qquad\qquad$ Ag$^+$ + e $\longrightarrow$ Ag

银-氯化银电极反应 $\quad$ Ag + Cl$^-$ $\longrightarrow$ AgCl + e

总的电池反应 $\qquad\quad$ Ag$^+$ + Cl$^-$ $\longrightarrow$ AgCl

$$E = E^{\ominus} - \frac{RT}{F}\ln\frac{1}{\alpha_{Ag^+}\alpha_{Cl^-}} \tag{1}$$

$$E^{\ominus} = E + \frac{RT}{F}\ln\frac{1}{\alpha_{Ag^+}\alpha_{Cl^-}} \tag{2}$$

又

$$\Delta_r G_m^{\ominus} = -nFE^{\ominus} = -RT\ln\frac{1}{K_{sp}} \tag{3}$$

式(3)中 $n=1$,在纯水中 AgCl 溶解度极小,所以活度积就等于溶度积。所以

$$-E^{\ominus} = \frac{RT}{F}\ln K_{sp} \tag{4}$$

将(4)代入(2)化简为

$$\ln K_{sp} = \ln\alpha_{Ag^+} + \ln\alpha_{Cl^-} - \frac{EF}{RT} \tag{5}$$

若已知银离子和氯离子的活度,测得了电池电动势值,即可求得氯化银K_{sp}。

三、仪器及试剂

(1)仪器:电势差计及附件 1 套;精密稳压电源(或蓄电池)1 台;Pt 电极 4 支;恒温夹套烧杯 2 个;毫安表 1 只;滑线电阻 1 只;盐桥 1 只;超级恒温槽 1 台。

(2)试剂:HCl(0.100 0 mol·kg^{-1});AgNO$_3$(0.100 0 mol·kg^{-1});镀银溶液;HCl(1 mol·dm^{-3});稀 HNO$_3$ 溶液(1:3);KNO$_3$ 饱和溶液;琼脂(C. P.)。

四、实验步骤

1.电极的制备

(1)银电极的制备:将欲镀之银电极 2 支用细砂纸轻轻打磨至露出新鲜的金属光泽,再用蒸馏水洗净。将欲用的 2 支 Pt 电极浸入稀硝酸溶液片刻,取出用蒸馏水洗净。将洗净的电极分别插入盛有镀银液的小瓶中,按图 2-2-2 接好线路,并将两个小瓶串联,控制电流为 0.3 mA,镀 1 h,得白色紧密的镀银电极 2 只。

(2)Ag-AgCl 电极制备:将上面制成的 1 支银电极用蒸馏水洗净,作为正极,以 Pt 电极作负极,在约 1 mol·dm^{-3} 的 HCl 溶液中电镀,线路同图 2-2-2。控制电流为 2 mA 左右,镀 30 min,可得呈紫褐色的 Ag-AgCl 电极。该电极不用时应保存在 KCl 溶液中,贮藏于暗处。

2.电动势的测定

(1) 按有关电位差计使用方法,接好测量电路。

(2) 测定以下原电池的电动势:

Ag(s)-AgCl(s)|HCl(0.100 0 mol·kg^{-1}) ‖ AgNO$_3$(0.100 0 mol·kg^{-1})|Ag(s)

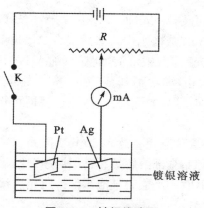

图 2-2-2 镀银线路图

测量时应在夹套中通入 25℃恒温水。为了保证所测电池电动势的正确,必须严格遵守电位差计的正确使用方法。当数值稳定在 ±0.1 mV 之内时即可认为电池已达到平衡。

五、注意事项

制备电极时,防止将正负极接错,并严格控制电镀电流。

六、数据处理

(1)记录上述电池的电动势。

(2)计算时有关电解质的离子平均活度因子 $\gamma_\pm$(25℃)如下:

$0.100\ 0$ mol·kg^{-1} $AgNO_3$ $\gamma_{Ag^+} = \gamma_\pm = 0.734$

(3)t(℃)时 $0.100\ 0$ mol·kg^{-1} HCl 的 $\gamma_\pm$ 可按下式计算:

$-\lg\gamma_\pm = -\lg0.802\ 7 + 1.620\times10^{-4}\times t + 3.13\times10^{-7}\times t^2$

(4)根据公式(5)计算 AgCl 的溶度积。

七、思考题

(1)电位差计、标准电池、检流计及工作电池各有什么作用? 如何保护及正确使用?

(2)若电池的极性接反了有什么后果?

(3)盐桥有什么作用? 选用作盐桥的物质应有什么性质?

八、讨论

电导法测定:难溶盐 AgCl 溶度积的测定也可采用电导法,方法见设计实验:$BaSO_4$ 溶度积的测定

附注:

(1)镀银液的配制:分别将 $AgNO_3$($35\sim45$ g),$K_2S_2O_5$($35\sim45$ g),$Na_2S_2O_3$($200\sim250$ g)溶于 300 mL 蒸馏水中。然后混合 $AgNO_3$ 和 $K_2S_2O_5$ 溶液,并不断搅拌使生成白色的焦亚硫酸银沉淀,此后再加入 $Na_2S_2O_3$ 溶液,并不断搅拌至白色沉淀全部溶解为止,加水稀释至 $1\ 000$ mL。新鲜配制的镀银液略显黄色,或有少量浑浊和沉淀,但只要静置数日,经过滤即可得到非常稳定的澄清镀银液。

(2)盐桥的做法:称取琼脂 1 g 放入 50 mL 饱和 KNO_3 溶液中,浸泡片刻,再缓慢加热至沸腾,待琼脂全部溶解后稍冷,将洗净之盐桥管插入琼脂溶液中,从管的上口将溶液吸满(管中不能有气泡),保持此充满状态冷却到室温,即凝固成冻胶固定在管内,取出擦净备用。

基础实验六　弱电解质溶液的电离常数的测定

一、目的要求

（1）了解溶液电导、电导率的基本概念，学会电导（率）仪的使用方法。

（2）掌握溶液电导（率）的测定及应用，并计算弱电解质溶液的电离常数。

二、实验原理

1. 弱电解质电离常数的测定

AB 型弱电解质在溶液中电离达到平衡时，电离平衡常数 K_c 与原始浓度 c 和电离度 α 有以下关系：

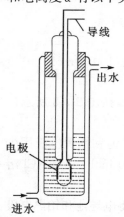

图 2-2-3　电导池

$$K_c = \frac{c\alpha^2}{1-\alpha} \tag{1}$$

在一定温度下 K_c 是常数，因此可以通过测定 AB 型弱电解质在不同浓度时的 α 代入（1）式求出 K_c。

醋酸溶液的电离度可用电导法来测定，图 2-2-3 是用来测定溶液电导的电导池。

将电解质溶液注入电导池内，溶液电导（G）的大小与两电极之间的距离 l 成反比，与电极的面积 A 成正比：

$$G = \kappa A / l \tag{2}$$

式中，l/A 为电导池常数，以 K_{cell} 表示；κ 为电导率，其物理意义为在两平行且相距 1 m，面积均为 1 m^2 的两电极间的该电解质溶液的电导，其单位以 S·m^{-1} 表示。

由于电极的 l 和 A 不易精确测量，因此实验中用一种已知电导率值的溶液，先求出电导池常数 K_{cell}，然后把待测溶液注入该电导池测出其电导值，再根据（2）式求其电导率。

溶液的摩尔电导率是指把含有 1 mol 电解质的溶液置于相距为 1 m 的两平行板电极之间的电导，以 Λ_m 表示，其单位为 S·m^2·mol^{-1}。

摩尔电导率与电导率的关系：

$$\Lambda_m = \kappa / c \tag{3}$$

式中，c 为该溶液的浓度，其单位为 mol·m^{-3}。对于弱电解质溶液来说，可以认为

$$\alpha = \Lambda_m / \Lambda_m^\infty \tag{4}$$

式中，Λ_m^∞ 是溶液在无限稀释时的摩尔电导率。

将式(4)代入式(1)可得

$$K_c = \frac{c\Lambda_m^2}{\Lambda_m^\infty(\Lambda_m^\infty - \Lambda_m)} \tag{5}$$

或

$$c\Lambda_m = (\Lambda_m^\infty)^2 K_c \frac{1}{\Lambda_m} - \Lambda_m^\infty K_c \tag{6}$$

以 $c\Lambda_m$ 对 $1/\Lambda_m$ 作图,其直线的斜率为 $(\Lambda_m^\infty)^2 K_c$,若已知 Λ_m^∞ 值,可求算 K_c。

三、仪器及试剂

(1)仪器:电导(率)仪 1 台;超级恒温水浴 1 套;电导池 1 只;电导电极 1 支;容量瓶(100 mL,5 个);移液管 25 mL(1 支),50 mL(1 支);洗瓶 1 只;洗耳球 1 个。

(2)试剂:KCl(10.0 mol·m^{-3});HAc(100.0 mol·m^{-3})。

四、实验步骤

(1)溶液配制:在 100 mL 容量瓶中配制浓度为原始醋酸(100.0 mol·m^{-3})浓度的 1/4,1/8,1/16,1/32,1/64 的溶液 5 份。

(2)将恒温槽温度调至(25.0±0.1)℃或(30.0±0.1)℃,按图 2-2-3 所示使恒温水流经电导池夹层。

(3)测定电导池常数 K_{cell}:倾去电导池中蒸馏水,将电导池和铂黑电极用少量的 10.00 mol·m^{-3} KCl 溶液洗涤 2~3 次后,装入 10.00 mol·m^{-3} KCl 溶液,恒温后用电导仪测其电导,重复测定 3 次。

(4)测定 HAc 溶液的电导(率):倾去电导池中的液体,将电导池和铂黑电极用少量待测溶液洗涤 2~3 次,最后注入待测溶液。恒温约 10 min,用电导(率)仪测其电导(率),每份溶液重复测定 3 次。按照浓度由小到大的顺序,测定 5 种不同浓度 HAc 溶液的电导(率)。

(5)实验完毕后仍将电极浸在蒸馏水中。

五、注意事项

(1)电导池不用时,应将铂黑电极浸在蒸馏水中,以免干燥致使表面发生改变。

(2)实验中温度要恒定,测量必须在同一温度下进行。恒温槽的温度要控制在(25.0±0.1)℃或(30.0±0.1)℃。

(3)测定前,必须将电导电极及电导池洗涤干净,以免影响测定结果。

六、数据处理

(1)由 KCl 溶液电导率值计算电导池常数。

(2)将实验数据列表并计算醋酸溶液的电离常数。

HAc 原始浓度:＿＿＿＿＿

$c/$ (mol·m^{-3})	G/S	$k/$ (S·m^{-1})	$\Lambda_m/$ (S·m^2·mol^{-1})	$\Lambda_m^{-1}/$ (S^{-1}·m^{-2}·mol)	$c\Lambda_m/$ (S·m^{-1})	α	$K_c/$ (mol·m^{-3})	$\overline{K}_c/$ (mol·m^{-3})

(3)按公式(6)以 $c\Lambda_m$ 对 $1/\Lambda_m$ 作图应得一直线,直线的斜率为$(\Lambda_m^{\infty})^2 K_c$,由此求得 K_c,并与上述结果进行比较。

七、思考题

(1)为什么要测电导池常数? 如何得到该常数?

(2)测电导时为什么要恒温? 实验中测电导池常数和溶液电导,温度是否要一致?

(3)实验中为何用镀铂黑电极? 使用时注意事项有哪些?

基础实验七　氨基甲酸铵分解反应平衡常数的测定

一、目的要求

(1)用等压法测定不同温度下氨基甲酸铵的分解压力,计算各温度下分解反应的平衡常数 K。

(2)熟悉用等压计测定平衡压力的方法。

(3)由不同温度下氨基甲酸铵分解反应的平衡常数,计算热力学函数 $\Delta_r H$,$\Delta_r G$ 及 $\Delta_r S$。

二、实验原理

氨基甲酸铵是合成尿素的中间产物,为白色固体,很不稳定,其分解反应式为

$$NH_2COONH_4(s) \Longrightarrow 2NH_3(g) + CO_2(g)$$

该反应为复相反应,若分解产物 NH_3 和 CO_2 不从系统中移出,在封闭系统中很容易达到平衡,在常压下其标准平衡常数可近似表示为

$$K_p^{\ominus} = \left[\frac{p_{NH_3}}{p^{\ominus}}\right]^2 \left[\frac{p_{CO_2}}{p^{\ominus}}\right] \tag{1}$$

式中,p_{NH_3},p_{CO_2} 分别表示反应温度下 NH_3 和 CO_2 平衡时的分压;$p^{\ominus}$ 为标准气压。在压力不大时,气体的逸度近似为 1,可将气体视为理想气体,且纯固态物质的活度为 1,系统的总压 $p = p_{NH_3} + p_{CO_2}$。如两种气体均由氨基甲酸铵分解

产生,从化学反应计量方程式可知:

$$p_{NH_3} = \frac{2}{3}p, \quad p_{CO_2} = \frac{1}{3}p \tag{2}$$

将(2)式代入(1)式得

$$K_p^{\ominus} = \left(\frac{2p}{3p^{\ominus}}\right)^2 \left(\frac{p}{3p^{\ominus}}\right) = \frac{4}{27}\left(\frac{p}{p^{\ominus}}\right)^3 \tag{3}$$

即在这种情况下,一定温度下系统的总压是一定的,称它为氨基甲酸铵的分解压力(分解压)。

因此,当系统达平衡后,测量其平衡总压(分解压力)p,即可计算出标准平衡常数 $K_p^{\ominus}$。

温度对平衡常数的影响可用下式表示:

$$\frac{d\ln K_p^{\ominus}}{dT} = \frac{\Delta_r H_m^{\ominus}}{RT^2} \tag{4}$$

式中,T 为热力学温度;$\Delta_r H_m^{\ominus}$ 为标准反应热。氨基甲酸铵分解反应是一个热效应很大的吸热反应,温度对平衡常数的影响比较灵敏。当温度在不大的范围内变化时,$\Delta_r H_m^{\ominus}$ 可视为常数,由(4)式积分得:

$$\ln K_p^{\ominus} = -\frac{\Delta_r H_m^{\ominus}}{RT} + C' \quad (C' \text{为积分常数}) \tag{5}$$

若以 $\ln K_p^{\ominus}$ 对 $1/T$ 作图,得一直线,其斜率为 $-\dfrac{\Delta_r H_m^{\ominus}}{R}$,由此可求出 $\Delta_r H_m^{\ominus}$。

由某温度下的平衡常数 $K_p^{\ominus}$ 后,可按下式计算该温度下反应的标准吉布斯自由能变化 $\Delta_r G_m^{\ominus}$:

$$\Delta_r G_m^{\ominus} = -RT \ln K_p^{\ominus} \tag{6}$$

利用实验温度范围内反应的平均等压热效应 $\Delta_r H_m^{\ominus}$ 和 T 温度下的标准吉布斯自由能变化 $\Delta_r G_m^{\ominus}$,可近似计算出该温度下的熵变 $\Delta_r S_m^{\ominus}$:

$$\Delta_r S_m^{\ominus} = \frac{\Delta_r H_m^{\ominus} - \Delta_r G_m^{\ominus}}{T} \tag{7}$$

因此通过测定一定温度范围内某温度的氨基甲酸铵的分解压(平衡总压),就可以利用上述公式分别求出 $K_p^{\ominus}$,$\Delta_r H_m^{\ominus}$,$\Delta_r G_m^{\ominus}(T)$,$\Delta_r S_m^{\ominus}(T)$。

三、仪器及试剂

(1)仪器:实验装置1套;真空泵1台;低真空测压仪1台。

(2)试剂:新制备的氨基甲酸铵;硅油或邻苯二甲酸二壬酯。

四、实验步骤

(1)检漏:按图2-2-4所示安装仪器。将烘干的小球和玻璃等压计相连,将活塞 5,6 放在合适位置,开动真空泵,当测压仪读数约为 53 kPa,关闭三通活塞。检查系统是否漏气,待 10 min 后,若测压仪读数没有变化,则表示系统不漏气;否则说明漏气,应仔细检查各接口处,直到不漏气为止。

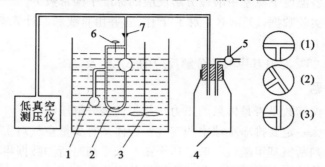

1—装样品的小球;2—玻璃等压计;3—玻璃恒温槽;
4—缓冲瓶;5—三通活塞;6—二通活塞;7—磨口接头
图 2-2-4　实验装置图

(2)装样品:确信系统不漏气后,使系统与大气相通,然后取下小球装入氨基甲酸铵,再用吸管吸取纯净的硅油或邻苯二甲酸二壬酯放入已干燥好的等压计中,使之形成液封,再按图示装好。

(3)测量:调节恒温槽温度为(25.0±0.1)℃。开启真空泵,将系统中的空气排出,15 min 后,关闭二通活塞,然后缓缓开启三通活塞,将空气慢慢分次放入系统,直至等压计两边液面处于水平时,立即关闭三通活塞,若 5 min 内两液面保持不变,即可读取测压仪的读数。

(4)重复测量:为了检查小球内的空气是否已完全排净,可重复步骤(3)操作,如果两次测定结果差值小于 270 Pa,方可进行下一步实验。

(5)升温测量:调节恒温槽温度为(27.0±0.1)℃,在升温过程中小心地调节三通活塞,缓缓放入空气,使等压计两边液面水平,保持 5 min 不变,即可读取测压仪读数,然后用同样的方法继续测定 30.0℃,32.0℃,35.0℃,37.0℃时的压力差。实验过程中不能让等压计中的液体进入装氨基甲酸铵的小球中,否则影响其分解。

(6)复原:实验完毕,将空气放入系统中至测压仪读数为零,切断电源、水源。

五、注意事项

(1)在实验开始前,务必掌握图中两个活塞(5 和 6)的正确操作。

(2)必须充分排净小球内的空气。

(3)体系必须达平衡后,才能读取测压仪读数。

六、数据处理

(1)计算各温度下氨基甲酸铵的分解压。

(2)计算各温度下氨基甲酸铵分解反应的标准平衡常数 $K_p^{\ominus}$。

(3)根据实验数据,以 $\ln K_p^{\ominus}$ 对 $1/T$ 作图,并由直线斜率计算氨基甲酸铵分解反应的 $\Delta_r H_m^{\ominus}$。

(4)计算 25℃时氨基甲酸铵分解反应的 $\Delta_r G_m^{\ominus}$ 及 $\Delta_r S_m^{\ominus}$。

七、思考题

(1)测压仪读数是否是体系的压力?是否代表分解压?

(2)为什么一定要排净小球中的空气?若体系有少量空气对实验有何影响?

(3)如何判断氨基甲酸铵分解已达平衡?未平衡时所测数据将有何影响?

(4)在实验装置中安装缓冲瓶的作用是什么?

八、讨论

(1)等压计法常用于测定纯液体或溶液的平衡蒸气压,也可用于测量固体的分解压和升华压。

(2)氨基甲酸铵极不稳定,需自制。其制备方法为氨和二氧化碳接触后,即能生成氨基甲酸铵。其反应式为

$$2NH_3(g)+CO_2(g)\text{===}NH_2COONH_4(s)$$

如果氨和二氧化碳都是干燥的,则生成氨基甲酸铵;若有水存在时,则还会生成 $(NH_4)_2CO_3$ 或 NH_4HCO_3,因此在制备时必须保持氨、CO_2 及容器都是干燥的。制备氨基甲酸铵的具体操作如下:

①制备氨气:氨气可由蒸发氨水或将 NH_4Cl 和 $NaOH$ 溶液加热得到,这样制得的氨气含有大量水蒸气,应依次经 CaO、固体 NaOH 脱水。也可用钢瓶里的氨气经 CaO 干燥。

②制备 CO_2:CO_2 可由大理石($CaCO_3$)与工业浓 HCl 在启普发生器中反应制得,或用钢瓶里的 CO_2 气体依次经 $CaCl_2$、浓硫酸脱水。

③合成反应在双层塑料袋中进行,在塑料袋一端插入 1 支进氨气管、1 支进二氧化碳气管,另一端有 1 支废气导管通向室外。

④合成反应开始时先通入 CO_2 气体于塑料袋中,约 10 min 后再通入氨气,用流量计或气体在干燥塔中的鼓泡速度控制 NH_3 气流速为 CO_2 两倍,通气 2 h,可在塑料袋内壁上生成固体氨基甲酸铵。

⑤反应完毕,在通风橱里将塑料袋一头橡皮塞松开,将固体氨基甲酸铵从塑料袋中倒出研细,放入密封容器内于冰箱中保存备用。

(3)氨基甲酸铵的分解反应是吸热反应,反应热效应很大,控制温度是实验

的关键之一,实验过程中必须严格调节恒温槽的温度,使温度波动小于 $0.1℃$。

(4)用于测定固体分解压和升华压的等压计封闭液必须是不与被测物反应、不溶解被测物蒸气,并且本身密度较小、蒸气压可被忽略或可从总压扣除的液体。

(5)实验过程中会有残留的氨基甲酸铵及分解产物 NH_3 和 CO_2 黏附在设备的内壁上,可以在实验结束后或下一次实验前用电吹风加热管道并将设备抽空使其残留物除去。

基础实验八　溶液偏摩尔体积的测定

一、目的要求

(1)理解偏摩尔量的物理意义。

(2)掌握用比重瓶测定溶液密度的方法。

(3)测定指定组成的乙醇-水溶液中各组分的偏摩尔体积。

二、实验原理

在多组分体系中,某组分 i 的偏摩尔体积定义:

$$V_{i,m} = \left(\frac{\partial V}{\partial n_i}\right)_{T,p,n_j(i \neq j)} \tag{1}$$

若是二组分体系,则有

$$V_{1,m} = \left(\frac{\partial V}{\partial n_1}\right)_{T,p,n_2} \tag{2}$$

$$V_{2,m} = \left(\frac{\partial V}{\partial n_2}\right)_{T,p,n_1} \tag{3}$$

体系总体积:

$$V_总 = n_1 V_{1,m} + n_2 V_{2,m} \tag{4}$$

将式(4)两边同除以溶液质量 m,得

$$\frac{V_总}{m} = \frac{m_1}{M_1} \cdot \frac{V_{1,m}}{m} + \frac{m_2}{M_2} \cdot \frac{V_{2,m}}{m} \tag{5}$$

令

$$\frac{V_总}{m} = \alpha, \quad \frac{V_{1,m}}{M_1} = \alpha_1, \quad \frac{V_{2,m}}{M_2} = \alpha_2 \tag{6}$$

式中,α 是溶液的比容;α_1,α_2 分别为组分 1,2 的偏质量体积。

将(6)式代入(5)式可得

$$\alpha = w_1\alpha_1 + w_2\alpha_2 = (1-w_2)\alpha_1 + w_2\alpha_2 \tag{7}$$

式中,w_1,w_2 分别为组分 1,2 的质量分数(%)。

将式(7)对 w_2 微分:

$$\frac{\partial \alpha}{\partial w_2} = -\alpha_1 + \alpha_2$$

即

$$\alpha_2 = \alpha_1 + \frac{\partial \alpha}{\partial w_2} \tag{8}$$

将式(8)代入式(7),整理得

$$\alpha = \alpha_1 + w_2 \cdot \frac{\partial \alpha}{\partial w_2} \tag{9}$$

$$\alpha = \alpha_2 - w_1 \cdot \frac{\partial \alpha}{\partial w_2} \tag{10}$$

所以,实验求出不同浓度溶液的比容 α(即密度的倒数),作 α-w_2 关系图,得曲线 CC'(图 2-2-5)。如欲求 M 浓度溶液中各组分的偏摩尔体积,可在 M 点作切线,此切线在两边的截距 AB 和 $A'B'$ 即为 α_1 和 α_2,再由关系式(6)就可求出 $V_{1,m}$ 和 $V_{2,m}$。

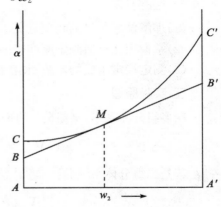

图 2-2-5　比容-质量分数关系图

三、仪器及试剂

(1)仪器:恒温槽 1 台;电子天平 1 台;比重瓶(5 mL 或 10 mL,1 个);磨口三角瓶(50 mL,4 个)。

(2)试剂:无水乙醇(A. R.);蒸馏水。

四、实验步骤

(1)调节恒温槽温度为(25.0±0.1)℃。

(2)配制溶液:以无水乙醇及蒸馏水为原液,在磨口三角瓶中用电子天平称重,配制含乙醇质量分数为 0%,20%,40%,60%,80%,100% 的乙醇水溶液,每份溶液的总质量控制在 15 g(10 mL 比重瓶可配制 25 g)左右。配好后盖紧塞子,以防挥发。

(3)比重瓶体积的标定:用电子天平精确称量洁净、干燥的比重瓶,然后盛满蒸馏水置于恒温槽中恒温 10 min。用滤纸迅速擦去毛细管膨胀出来的水。取出比重瓶,擦干外壁,迅速称重。平行测量两次。

(4)溶液比容的测定:按上法测定每份乙醇-水溶液的比容。

五、注意事项

（1）拿比重瓶时应手持其颈部。

（2）实验过程中毛细管里始终要充满液体,在毛细管口滴加待测液体,注意不得存留气泡。

六、数据处理

（1）根据 25℃时水的密度和称重结果,求出比重瓶的容积。

（2）计算所配溶液中乙醇的准确质量分数。

（3）计算实验条件下各溶液的比容。

（4）以比容为纵轴、乙醇的质量分数为横轴作曲线,并在 30%乙醇处作切线与两侧纵轴相交,即可求得 α_1 和 α_2。

（5）求算含乙醇 30%的溶液中各组分的偏摩尔体积及 100 g 该溶液的总体积。

七、思考题

（1）使用比重瓶应注意哪些问题?

（2）如何使用比重瓶测量粒状固体的密度?

（3）为提高溶液密度测量的精度,可作哪些改进?

八、讨论

密度(ρ)是物质的基本特性常数,其单位为 $kg \cdot m^{-3}$。它可用于鉴定化合物纯度和区别组成相似而密度不同的化合物。常用的方法有以下几种:

（1）比重计法:市售的成套比重计是在一定温度下标定的,根据液体相对密度的大小,选择一支比重计,在比重计所示的温度下插入待测液体中,从液面处的刻度可以直接读出该液体的相对密度。比重计测定液体的相对密度操作简单、方便,但不够精确。

（2）落滴法:此法对于测定很少液体的密度特别有用,准确度比较高,可用来测定溶液中浓度的微小变化,在医院中可用于测定血液组成的改变,在同位素重水分析中是一很有用的方法,它的缺点是液滴滴下来的介质难于选择,因此影响它的应用范围。

（3）比重天平法:比重天平有一个标准体积及质量一定的测锤,浸没于液体之中获得浮力而使横梁失去平衡。然后在横梁的 V 形槽里置相应质量的骑码,使梁恢复平衡,从而能迅速测得液体的比重。

（4）比重瓶法:取一洁净干燥的比重瓶,在分析天平上称重为 m_0,然后用已知密度为 ρ_1 的液体(一般为蒸馏水)充满比重瓶,盖上带有毛细管的磨口塞,置于恒温槽恒温 10 min 后,用滤纸吸去塞子上毛细管口溢出的液体,取出小瓶擦干外臂,再称重得 m_1。

同样,按上述方法测定待测液体的质量 m_2,然后用下式计算待测液体的密度:

$$\rho = \frac{m_2 - m_0}{m_1 - m_0} \cdot \rho_2$$

对固体密度的测定也可用比重瓶法。其方法是首先称出空比重瓶的质量为 m_0,再向瓶内注入已知密度的液体(该液体不能溶解待测固体,但能润湿待测固体),盖上瓶塞。置于恒温槽中恒温 10 min,用滤纸小心吸去比重瓶塞上毛细管口溢出的液体,取出比重瓶擦干,称出质量为 m_1。倒去液体,吹干比重瓶,将待测固体放入瓶内,恒温后称得质量为 m_2。然后向瓶内注入一定量上述已知密度的液体。将瓶放在真空干燥器内,用油泵抽气 3～5 min,使吸附在固体表面的空气全部抽走,再往瓶中注入上述液体,并充满。将瓶放入恒温槽,然后称得质量为 m_3,则固体的密度可由下式计算:

$$\rho_s = \frac{m_2 - m_0}{(m_1 - m_0) - (m_3 - m_2)} \cdot \rho$$

第三节 设计实验

设计实验五 BaSO₄ 溶度积的测定

一、设计要求

(1)了解溶液电导、电导率的基本概念,学会电导(率)仪的使用方法。

(2)掌握电导法测定难溶盐 BaSO₄ 溶度积的原理及操作方法。

二、设计原理

利用电导法能方便地求出难溶盐 BaSO₄ 的溶解度,进而得到难溶盐 BaSO₄ 溶度积的值。难溶盐 BaSO₄ 的溶解平衡可表示为

$$BaSO_4 \rightleftharpoons Ba^{2+} + SO_4^{2-}$$

$$K_{sp} = c(Ba^{2+}) \cdot c(SO_4^{2-})$$

摩尔电导率与电导率的关系:

$$\Lambda_m = \kappa / c \tag{1}$$

难溶盐的溶解度很小,饱和溶液的浓度则很低,所以(1)式中 Λ_m 可以近似

认为就是 Λ_m^∞(盐)，c 为饱和溶液中难溶盐的溶解度。

$$\Lambda_m^\infty(盐) = \frac{\kappa_盐}{c} \tag{2}$$

式中，$\kappa_盐$ 为难溶盐的电导率。实验中所测定的饱和溶液的电导率值为盐和水的电导率之和：

$$\kappa_{溶液} = \kappa_水 + \kappa_盐 \tag{3}$$

这样，可由测得的难溶盐饱和溶液的电导率利用(3)求出 $\kappa_盐$，再利用(2)求出难溶盐的溶解度，最后求出难溶盐的溶度积。

三、参考文献

(1)顾月姝. 物理化学实验[M]. 北京:化学工业出版社,2004

设计实验六　复相反应(气、固相反应)的平衡常数的测定

一、设计要求

(1)掌握测定平衡常数的方法。
(2)掌握高温控制和测量的实验技术及气体的取样和分析的方法。

二、设计原理

$C(s)+CO_2(g)\Longrightarrow2CO(g)$ 是煤气发生炉中 CO_2 上升到还原区与碳作用发生的还原反应,煤气中 CO 主要就是由这个反应产生的。

由气体的分压和分体积定律,可得该反应的平衡常数:

$$K_p = \frac{p_{CO}^2}{p_{CO_2}} = \frac{(x_{CO} \cdot p)^2}{x_{CO_2} \cdot p} = \frac{V_{CO}^2}{V \cdot V_{CO_2}} \cdot p$$

式中,V_{CO},V_{CO_2} 为平衡时 CO,CO_2 分体积;p 为总压;V 为平衡气相的总体积。由上式可知,在一定温度下,若知道平衡时气相总体积 $V(V=V_{CO}+V_{CO_2})$,利用 CO_2 能与 KOH 溶液反应生成 K_2CO_3(先生成 $KHCO_3$ 后,再转变为 K_2CO_3)的特性,把总体积已知的气体用 KOH 溶液吸收,则所剩余的体积就是 V_{CO},而 $V_{CO_2}=V-V_{CO}$,如果是在总压等于外压的条件下进行实验,可以总压 p 就是大气压,这样就可以求得一定温度下的平衡常数 K_p。

这种处理方法对 $CaCO_3(s)\Longrightarrow CaO(s)+CO_2(g)$ 等复相气固相反应体系也适用。

三、参考文献

(1)孙尔康. 物理化学实验[M]. 南京:南京大学出版社,1997
(2)复旦大学,等编. 蔡显鄂,等,修订. 物理化学实验[M]. 北京:高等教育出

版社,1993

(3)顾月姝. 物理化学实验[M]. 北京:化学工业出版社,2004

设计实验七 液相反应平衡常数的测定(分光光度法)

一、设计要求

测定低浓度下铁离子与硫氰酸根离子生成硫氰合铁络离子的液相反应的平衡常数。

二、设计原理

Fe^{3+} 与 SCN^- 在溶液中可生成一系列的络离子,并共存于同一个平衡体系中。当 Fe^{3+} 与浓度很低的 SCN^-(一般应小于 5×10^{-3} mol·L^{-1})只进行如下的反应:

$$Fe^{3+} + SCN^- \Longrightarrow FeSCN^{2+}$$

其平衡常数表示为 $K_c = \dfrac{[FeSCN^{2+}]}{[Fe^{3+}] \cdot [SCN^-]}$。

本实验为离子平衡反应,离子强度对平衡常数有很大影响(离子强度主要影响离子活度因子)。

由于 Fe^{3+} 可与多种阴离子发生络合,所以应考虑到对 Fe^{3+} 离子试剂的选择。当溶液中有 Cl^-,PO_4^{3-} 等阴离子存在时,会明显地降低络离子的浓度,从而溶液的颜色减弱,甚至完全消失,故实验中要避免 Cl^- 的参与,因此 Fe^{3+} 试剂最好选用 $Fe(ClO_4)_3$。

根据朗伯-比尔定律可知光密度与溶液浓度成正比。因此,可借助于分光光度计测定其吸光度,从而计算出平衡时 $FeSCN^{2+}$ 络离子的浓度以及 Fe^{3+} 和 SCN^- 的浓度,进而求出该反应的平衡常数 K_c。

三、参考文献

(1)东北师范大学,等. 物理化学实验[M]. 北京:高等教育出版社,1987

(2)顾月姝. 物理化学实验[M]. 北京:化学工业出版社,2004

第三章　电化学参数测定及其应用

第一节　概　述

　　电化学体系及其反应过程中热力学和动力学等参数的测定对认识电化学体系的性质及电化学反应机理具有重要意义，同时掌握其应用，也有助于加深对物理化学基本原理的理解。对一个电化学体系的热力学进行研究，通过测定可逆电池的电动势等参数，可以了解反应过程的能量转换情况；获得氧化还原体系的标准摩尔熵、反应焓、反应吉布斯自由能等热力学数据，对反应可进行的方向、限度等作出判断，进而可以得到反应平衡常数（如解离常数、溶解度、络合常数等）、溶液中离子的活度等数据。并且，由于电动势能够测得很准确，故常比用其他化学方法得到的结果更精确一些。利用电化学测试技术研究电化学动力学过程特征，通过测试各种极化信号下包含电极过程动力学信息的电位、电流等物理量，可以深入研究电极反应速率及电极过程的动力学机理。测试技术主要有稳态测量技术、暂态测量技术、电化学阻抗谱技术、电化学噪声技术等。近几十年来光谱技术与电化学技术相结合发展起来的光谱电化学取得了长足进步，已成为研究电极表面特性、监测反应中间体、产物、深入研究反应机理的新手段。另外，电化学与电子衍射、X射线衍射、光电子能谱等结合也为电化学研究提供了十分有用的信息。

一、电解质溶液理论

　　法拉第定律：通电于电解质溶液之后，在电极上发生化学变化的物质的物质的量与通入的电量成正比；若将几个电解池串联，通入一定的电量后，在各个电解池的电极上发生反应的物质其物质的量等同，析出物质的量与其摩尔质量成正比。用数学式表达如下：

$$Me^{z+} + ze \longrightarrow Me$$

$$n = \frac{Q}{zF} \qquad Q = nzF$$

$$m = \frac{Q}{zF}M$$

其中，n 为析出物的物质的量；Q 为通过的电量；F 为法拉第常数，96 500 C·mol^{-1}；z 为电子计量系数；M 为析出物的摩尔质量；m 为析出物的质量。

1. 离子的电迁移

将离子 B 所运载的电流与总电流之比称为离子 B 的迁移数（transference number），用符号 t_B 表示，其数值总小于 1。由于正、负离子移动的速率不同，所带的电荷不等，因此它们在迁移电量时所分担的分数也不同。迁移数在数值上还可表示为

$$t_+ = \frac{I_+}{I} = \frac{Q_+}{Q} = \frac{r_+}{r_+ + r_-} = \frac{U_+}{U_+ + U_-}$$

$$t_- = \frac{I_-}{I} = \frac{Q_-}{Q} = \frac{r_-}{r_+ + r_-} = \frac{U_-}{U_+ + U_-}$$

如果溶液中只有一种电解质，则 $t_+ + t_- = 1$。如果溶液中有多种电解质，共有 i 种离子，则 $\sum t_i = \sum t_+ + \sum t_- = 1$。

离子迁移数的测定方法一般有希托夫法和界面移动法。在测定离子迁移数的过程中需要使用电量计，常见的电量计有气体电量计、铜电量计、银电量计。除了浓度之外，温度对离子的迁移也有影响，它主要是影响离子的水合程度。

2. 电解质溶液的电导、电导率、摩尔电导率

电导 G 是电阻的倒数，单位为 Ω^{-1} 或 S。电导 G 与导体的截面积成正比，与导体的长度成反比：$G \propto \frac{A}{l} = \kappa \frac{A}{l}$。比例系数 κ 为电导率，是指长 1 m、截面积为 1 m^2 的导体的电导，单位是 S·m^{-1}。

在相距为单位距离的两个平行电导电极之间，放置含有 1 mol 电解质的溶液，这时溶液所具有的电导称为摩尔电导率 Λ_m，单位为 S·m^2·mol^{-1}。

电导的测定在实验中实际上是测定电阻。目前已有不少测定电导、电导率的仪器，其测量原理和物理学上测电阻的韦斯顿电桥类似。电导池电极通常由两个平行的铂片制成，为了防止极化，一般在铂片上镀上铂黑，增加电极面积，以降低电流密度。

3. 电解质的平均活度和平均活度因子

对任意价型电解质 B，设其化学式为 $M_{\nu_+} A_{\nu_-}$，则应有

$$M_{\nu_+} A_{\nu_-} \longrightarrow \nu_+ M^{z+} + \nu_- A^{z-}$$

定义：

离子平均活度（mean activity of ions）：$a_\pm \overset{def}{=} (a_+^{\nu_+} a_-^{\nu_-})^{\frac{1}{\nu}}$ $\nu = \nu_+ + \nu_-$

离子平均活度因子（mean activity factor of ions）：$\gamma_\pm \overset{def}{=} (\gamma_+^{\nu_+} \gamma_-^{\nu_-})^{\frac{1}{\nu}}$

离子平均质量摩尔浓度（mean molality of ions）：$m_\pm \overset{def}{=} (m_+^{\nu_+} m_-^{\nu_-})^{\frac{1}{\nu}}$

$$a_{\pm} = \gamma_{\pm}\frac{m_{\pm}}{m^{\ominus}}$$

所以，

$$a_{\mathrm{B}} = a_+^{\nu^+}\, a_-^{\nu^-} = a_{\pm}^{\nu} = \left(\gamma_{\pm}\frac{m_{\pm}}{m^{\ominus}}\right)^{\nu}$$

影响离子平均活度因子的主要因素是离子的浓度和价数，而且离子价数比浓度的影响还要大些，且价型越高，影响也越大。

4. 离子强度

离子强度 I 等于溶液中每种离子 i 的质量摩尔浓度乘以该离子的价数的平方所得诸项之和的一半，即

$$I = \frac{1}{2}\sum_i m_i z_i{}^2$$

离子强度 I 是溶液中各种离子电荷所形成的静电场的强度的一种度量，是电解质溶液的重要性质之一。

二、电化学平衡

1. 可逆电池

可逆电池电极上的化学反应可向正反两个方向进行。可逆电池在工作时，不论是充电还是放电，所通过的电流必须十分小，此时电池可在接近平衡状态下工作。

2. 可逆电极的类型

(1)可逆电极由金属浸在含有该金属离子的溶液中构成，如 $M^{z+}(a_M^{z+})\mid M$(s)，还有氢电极 $H^+(a_{H^+})\mid H_2(p)$,Pt，氧电极 $OH^-(a_{OH^-})\mid O_2(p)$,Pt，卤素电极 $Cl^-(a_{Cl^-})\mid Cl_2(p)$,Pt，汞齐电极 $Na^+(a_{Na^+})\mid Na(Hg)(a)$ 等。

(2)电极由金属表面覆盖一薄层该金属的难溶盐，浸入含有该难溶盐的负离子的溶液中所构成，如银-氯化银电极 $Cl^-(a)\mid AgCl(s)\mid Ag(s)$，甘汞电极 $Hg\text{-}Hg_2Cl_2(s)\mid KCl(a)$，以及难溶氧化物电极，如 $OH^-(a)\mid Ag_2O\mid Ag(s)$。

(3)氧化-还原电极，由惰性金属插入含有某种离子的不同氧化态的溶液中构成，如 $Fe^{3+}(a_{Fe^{3+}})$,$Fe^{2+}(a_{Fe^{2+}})\mid Pt$ 和 $Sn^{4+}(a_{Sn^{4+}})$,$Sn^{2+}(a_{Sn^{2+}})\mid Pt$。

3. 可逆电池电动势 E 与参与反应各组分活度的关系——能斯特方程

对于电池反应 $c\mathrm{C}+d\mathrm{D}=g\mathrm{G}+h\mathrm{H}$，电池反应的电动势 E 为

$$E = E^{\ominus}-\frac{RT}{zF}\ln\frac{a_G^g a_H^h}{a_C^c a_D^d} = E^{\ominus}-\frac{RT}{zF}\ln\prod_{\mathrm{B}}\alpha_{\mathrm{B}}^{\nu_{\mathrm{B}}}$$

对于电极反应：氧化态$+ze\longrightarrow$还原态

电极电势的通式为 $\varphi = \varphi^{\ominus}-\dfrac{RT}{zF}\ln\dfrac{\alpha_{\text{还原态}}}{\alpha_{\text{氧化态}}}$ 或 $\varphi = \varphi^{\ominus}+\dfrac{RT}{zF}\ln\dfrac{\alpha_{\text{氧化态}}}{\alpha_{\text{还原态}}}$

在等温等压条件下，当体系发生变化时，体系吉布斯自由能的减少等于对外所做的最大的非膨胀功，如果非膨胀功只有电功一种，则

$$(\Delta_r G)_{T,p,R} = W_{f,max} = -nEF$$

$$(\Delta_r G_m)_{T,p,R} = -\frac{nEF}{\xi} = -zEF$$

标准状态下，可以根据下列方程设计电池反应，测定电池电动势，从标准电动势 E 求反应的平衡常数 K_a：$\Delta_r G_m^{\ominus} = -zE^{\ominus}F = -RT\ln K_a^{\ominus}$。

4. 从电动势 E 及其温度系数 $\left(\dfrac{\partial E}{\partial T}\right)_p$，求反应的 Q_R（可逆热），$\Delta_r H_m$ 和 $\Delta_r S_m$

由于

$$dG = -SdT + Vdp, \quad \left[\frac{\partial G}{\partial T}\right]_p = -S$$

所以

$$\left[\frac{\partial(\Delta G)}{\partial T}\right]_p = -\Delta S$$

而

$$\left[\frac{\partial(-zEF)}{\partial T}\right]_p = -\Delta_r S_m$$

则

$$\Delta_r S_m = zF\left(\frac{\partial E}{\partial T}\right)_p$$

$$Q_R = T\Delta_r S_m = zFT\left(\frac{\partial E}{\partial T}\right)_p$$

$$\Delta_r H_m = \Delta_r G_m + T\Delta_r S_m = -zEF + zFT\left(\frac{\partial E}{\partial T}\right)_p$$

5. 液体接界电势

在两种含有不同溶质的溶液界面上，或者两种溶质相同而浓度不同的溶液界面上，存在着微小的电位差，称为液体接界电势或扩散电势。其产生的原因是由于离子迁移速率不同而引起的。减小液体接界电势的方法是在两个溶液之间插入一个盐桥。

6. 浓差电池

在浓差电池中，净的作用仅是一种物质从高浓度（或高压力）状态向低浓度（或低压力）状态转移，这种电池的标准电动势等于零。典型的浓差电池有两类：一类是由化学性质相同而活度不同的两个电极浸在同一溶液中组成的，如 $Pt|H_2(p_1)|HCl(aq)|H_2(p_2)|Pt, Pt|Cl_2(p_1)|HCl(aq)|Cl_2(p_2)|Pt$。

另一类浓差电池是由两个相同电极浸到两个电解质溶液相同而活度不同的溶液中组成的，如 $Ag(s)|Ag^+(a_1)\parallel Ag^+(a_2)|Ag(s)$，$Ag|AgCl(s)|Cl^-(a_1)\parallel Cl^-(a_2)|AgCl(s)|Ag$。

电动势测定的应用极为广泛，不仅可以求得电池反应的各种热力学参数；借助能斯特方程，判断氧化还原反应可能进行的方向；通过监测在滴定过程中电动

势的变化从而可知滴定的终点等,还可以通过测定电池电动势,测定电解质溶液的平均活度因子、求难溶盐的活度积、测定 pH 值等。

三、电解与极化过程

1. 极化

在有电流通过电极时,电极电势偏离于平衡值的现象称为电极的极化。把某一电流密度下的电势与平衡电势的差值称为超电势。根据极化产生的不同原因,可以简单地把极化分为电化学极化和浓差极化。前者是由于克服电化学反应所需要的超电势所致。后者是由于电解过程中电极附近溶液的浓度和本体溶液浓度发生了差别所致。

2. 金属的电化学腐蚀

当金属表面在介质如潮湿空气、电解质溶液等中,因形成微电池,金属作为阳极发生氧化而使金属发生腐蚀,这种由于电化学作用引起的腐蚀称为电化学腐蚀,是腐蚀最为严重的情况。腐蚀电池电动势的大小影响腐蚀的倾向和速度。常用的防护措施有耐腐蚀合金、涂镀层技术、添加缓蚀剂和电化学保护。电化学保护分为阴极保护和阳极保护。阴极保护是采用外加电源或者牺牲阳极将被保护体的阴极电极电势极化到热力学稳定区,从而达到保护的目的。阳极保护是利用某些金属材料具有的钝化能力,将其阳极极化到钝化区,达到减小腐蚀速率的目的。

金属的钝化:某些金属可以采用化学或者电化学的方法使之处于钝态,即腐蚀速率远比未处理前小的现象。可以用钝化曲线中的特征参数,如临界钝化电流密度、临界钝化电势、钝化电流密度、钝化电势等来表征钝化金属的钝化行为。

3. 化学电源

化学电源是实用的原电池,大致分为以下几类:燃料电池,如氢-氧燃料电池;二次电池,如锂离子二次电池;一次电池,如干电池、锌-空气电池。化学电源的性能通常用电池容量、电池能量密度(比能量)、电池功率密度(比功率)等几个参数来衡量。

第二节　基础实验

基础实验九　离子迁移数的测定

一、希托夫法测定离子迁移数

希托夫法测定离子迁移数可用气体电量计实验装置测定和库仑计实验装置

测定。

(一)气体电量计的测定

1.目的要求

(1)了解电量计的使用原理及方法。

(2)明确迁移数的概念。

(3)掌握希托夫法测定离子迁移数的原理及方法。

2.实验原理

希托夫法测定离子迁移数的示意图如图 2-3-1 所示。

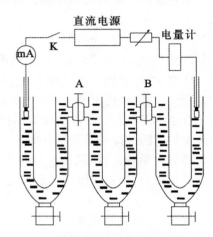

图 2-3-1　希托夫法测定离子迁移数装置图

将已知浓度的硫酸放入迁移管中,若有 Q 库仑电量通过体系,在阴极和阳极上分别发生如下反应:

阳极:$2OH^- \longrightarrow H_2O + \dfrac{1}{2}O_2 + 2e$

阴极:$2H^+ + 2e \longrightarrow H_2$

此时溶液中 H^+ 离子向阴极方向迁移,SO_4^{2-} 离子向阳极方向迁移。电极反应与离子迁移引起的总结果是阴极区的 H_2SO_4 浓度减少,阳极区的 H_2SO_4 浓度增加,且增加与减小的浓度数值相等,因为流过小室中每一截面的电量都相同,因此离开与进入假想中间区的 H^+ 数相同,SO_4^{2-} 数也相同,所以中间区的浓度在通电过程中保持不变。由此可得计算离子迁移数的公式如下:

$$t_{SO_4^{2-}} = \frac{\text{阴极区}\left(\frac{1}{2}H_2SO_4\right)\text{减少的量(mol)} \times F}{Q} = \frac{\text{阳极区}\left(\frac{1}{2}H_2SO_4\right)\text{增加的量(mol)} \times F}{Q}$$

$$t_{H^+} = 1 - t_{SO_4^{2-}}$$

式中，$F = 96\,500\ C \cdot mol^{-1}$ 为法拉第（Farady）常数；Q 为总电量。

图 2-3-1 所示的三个区域是假想分割的，实际装置必须以某种方式给予满足。图 2-3-1 的实验装置提供了这一可能，它使电极远离中间区，中间区的连接处又很细，能有效地阻止扩散，保证了中间区浓度不变的可信度。

通过溶液的总电量可用气体电量计测定，如图 2-3-2 所示，其准确度可达 $\pm 0.1\%$，它的原理实际上就是电解水（为减小电阻，水中加入几滴浓 H_2SO_4）。

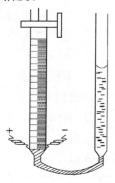

阳极：$2OH^- \longrightarrow H_2O + \dfrac{1}{2}O_2 + 2e^-$

阴极：$2H^+ \longrightarrow H_2 - 2e^-$

根据法拉第定律及理想气体状态方程，据 H_2 和 O_2 的体积得到总电量（库仑）计算公式如下：

$$Q = \frac{4(p - p_w)VF}{3RT}$$

图 2-3-2　气体电量计装置图

式中，p 为实验时大气压；p_w 为温度为 T 时水的饱和蒸气压；V 为 H_2 和 O_2 混合气体的体积；F 为法拉第（Farady）常数。

3.仪器及试剂

(1)仪器：迁移管 1 套；铂电极 2 支；精密稳流电源 1 台；气体电量计 1 套；分析天平 1 台；碱式滴定管（50 mL）1 支；三角瓶（100 mL）3 个；移液管（10 mL）3 支；烧杯（50 mL）3 个；容量瓶（250 mL）1 个。

(2)试剂：浓 H_2SO_4；标准 NaOH 溶液（0.1 mol · dm^{-3}）。

4.实验步骤

(1)溶液的配制及装样：配制 $c\left(\dfrac{1}{2}H_2SO_4\right)$ 为 0.1 mol · dm^{-3} 的 H_2SO_4 的溶液 250 mL，并用标准 NaOH 溶液标定其浓度。然后用该 H_2SO_4 溶液冲洗迁移管后，装满迁移管。

(2)打开气体电量计活塞，移动水准管，使量气管内液面升到起始刻度，关闭活塞，比平后记下液面起始刻度。

(3)按图接好线路，将稳流电源的"调压旋钮"旋至最小处。经教师检查后，接通开关 K，打开电源开关，旋转"调压旋钮"使电流强度为 10～15 mA，通电约 1.5 h 后，立即夹紧两个连接处的夹子，并关闭电源。

(4)将阴极液（或阳极液）放入一个已称重的洁净干燥的烧杯中，并用少量原始 H_2SO_4 液冲洗阴极管（或阳极管）一并放入烧杯中，然后称重。中间液放入另一洁净干燥的烧杯中。

(5)取 10 mL 阴极液(或阳极液)放入三角瓶内,用标准 NaOH 溶液标定。再取 10 mL 中间液标定之,检查中间液浓度是否变化。

(6)轻弹气量管,待气体电量计气泡全部逸出后,比平后记录液面刻度。

5. 注意事项

(1)电量计使用前应检查是否漏气。

(2)通电过程中,迁移管应避免振动。

(3)中间管与阴极管、阳极管连接处不留气泡。

(4)阴极管、阳极管上端的塞子不能塞紧。

6. 数据处理

(1)将所测数据列表:

室温_____;大气压_____;饱和水蒸气压_____;气体电量计产生气体体积 V _____;标准 NaOH 溶液浓度_____。

溶液	烧杯重/g	烧杯+溶液重/g	溶液重/g	V_{NaOH}/mL	$c\left(\frac{1}{2}H_2SO_4\right)/$ $(mol \cdot dm^{-3})$
原始溶液					
中间液					
阴极液					
阳极液					

(2)计算通过溶液的总电量 Q。

(3)计算阴极液通电前后 H_2SO_4 减少的量 n:

$$n = \frac{(c_0 - c)V}{1\,000}$$

式中,c_0 为 H_2SO_4 原始浓度;c 为通电后 H_2SO_4 浓度;V 为阴极液体积(cm^3),由 $V = m/\rho$ 求算(m 为阴极液的质量,ρ 为阴极液的密度,20℃时 0.1 mol·dm^{-3} H_2SO_4 的 $\rho = 1.002$ g·cm^{-3})。

(4)计算离子的迁移数 t_{H^+} 及 $t_{SO_4^{2-}}$。

7. 思考题

(1)如何保证电量计中测得的气体体积是在实验大气压下的体积?

(2)中间区浓度改变说明什么?如何防止?

(3)为什么不用蒸馏水而用原始溶液冲洗电极?

8. 讨论

希托夫法测得的迁移数又称为表观迁移数,计算过程中假定水是不动的。由于离子的水化作用,离子迁移时实际是附着水分子的,所以由于阴、阳离子的水化程度不同,在迁移过程中会引起浓度的改变。若考虑水的迁移对浓度的影响,则算出的离子的迁移数称为真实迁移数。

(二)库仑计的测定

1.目的要求

(1)掌握希托夫法测定电解质溶液中离子迁移数的基本原理和操作方法。

(2)测定 $CuSO_4$ 溶液中 Cu^{2+} 和 SO_4^{2-} 的迁移数。

2.实验原理

当电流通过电解质溶液时,溶液中的正负离子各自向阴、阳两极迁移。由于各种离子的迁移速度不同,各自所带过去的电量也必然不同。每种离子所带过去的电量与通过溶液的总电量之比,称为该离子在此溶液中的迁移数。若正负离子传递电量分别为 q^+ 和 q^-,通过溶液的总电量为 Q,则正负离子的迁移数分别为:

$$t^+=q^+/Q \qquad t^-=q^-/Q \tag{1}$$

离子迁移数与浓度、温度、溶剂的性质有关,增加某种离子的浓度则该离子传递电量的百分数增加,离子迁移数也相应增加;温度改变,离子迁移数也会发生变化,但温度升高正负离子的迁移数差别较小;同一种离子在不同电解质中迁移数是不同的。

离子迁移数可以直接测定,方法有希托夫法、界面移动法和电动势法等。

用希托夫法测定 $CuSO_4$ 溶液中 Cu^{2+} 和 SO_4^{2-} 的迁移数时,在溶液中间区浓度不变的条件下,分析通电前原溶液及通电后阳极区(或阴极区)溶液的浓度,比较等重量溶剂所含 MA 的量,可计算出通电后迁移出阳极区(或阴极区)的 MA 的量。通过溶液的总电量 Q 由串联在电路中的电量计测定。可算出 t_+ 和 t_-。

在迁移管中,两电极均为 Cu 电极。其中放 $CuSO_4$ 溶液。通电时,溶液中的 Cu^{2+} 在阴极上发生还原,而在阳极上金属铜溶解生成 Cu^{2+}。因此,通电时一方面阳极区有 Cu^{2+} 迁移出,另一方面电极上 Cu 溶解生成 Cu^{2+},因而阳极区有:

$$n_迁=n_原+n_电-n_后 \tag{2}$$

阴极区则为:

$$n_迁=n_后+n_电-n_原 \tag{3}$$

$$t_{Cu^{2+}}=\frac{n_迁}{n_电},\ t_{SO_4^{2-}}=1-t_{Cu^{2+}} \tag{4}$$

式中,$n_迁$ 表示迁移出阳极区的电荷的量,$n_原$ 表示通电前阳极区所含电荷的量,$n_后$ 表示通电后阳极区所含 Cu^{2+} 的量。$n_电$ 用表示通电时阳极上 Cu 溶解(转变为 Cu^{2+})的量也等于铜电量计阴极上析出铜的量的 2 倍,可以看出希托夫法测定离子的迁移数至少包括两个假定：

①电的输送者只是电解质的离子,溶剂水不导电,这一点与实际情况接近。

②不考虑离子水化现象。

实际上正、负离子所带水量不一定相同,因此电极区电解质浓度的改变,部分是由于水迁移所引起的,这种不考虑离子水化现象所测得的迁移数称为希托夫迁移数。

3. 仪器及试剂

(1)迁移管 1 套;铜电极 2 只;离子迁移数测定仪 1 台;铜电量计 1 台;分析天平 1 台;台秤 1 台;碱式滴定管(250 mL)1 只;碘量瓶(100 mL)1 只;碘量瓶(250 mL)1 只;移液管(20 mL)3 只。

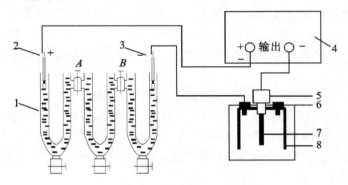

1—迁移管;2—阳极;3—阴极;4—库仑计;
5—阴极插座;6—阳极插座;7—阴极铜片;8—阳极铜片

图 2-3-3　希托夫法测定离子迁移数装置图

(2)KI 溶液(10%);淀粉指示剂(0.5%);硫代硫酸钠溶液(0.12 mol·dm⁻³);$K_2Cr_2O_7$ 溶液(0.015 mol·dm⁻³);H_2SO_4(2 mol·dm⁻³);硫酸铜溶液(0.05 mol·dm⁻³);KSCN 溶液(10%);HCl(4 mol·dm⁻³)。

4. 实验步骤

(1)水洗干净迁移管,然后用 0.05 mol·dm⁻³ 的 $CuSO_4$ 溶液洗净迁移管,并安装到迁移管固定架上。电极表面有氧化层用细砂纸打磨。

(2)将铜电量计中阴极铜片取下,先用细砂纸磨光,除去表面氧化层,用蒸馏水洗净,用乙醇淋洗并吹干,在分析天平上称重,装入电量计中。

(3)连接好迁移管,离子迁移数测定仪和铜电量计(注意铜电量计中的阴、阳极切勿接错)。

(4)接通电源,按下"稳流"键,调节电流强度为 20 mA,连续通电 90 min。

(5)$Na_2S_2O_3$ 溶液的滴定。

　　取 3 个碘量瓶,洗净,烘干,冷却,台秤称重(如用分析天平称则不能带盖称,防止加入溶液后称量时超出量程)。

　　(6)停止通电后,迅速取阴、阳极区溶液以及中间区溶液称重,滴定(从迁移管中取溶液时电极需要稍稍打开,尽量不要搅动溶液,阴极区和阳极区的溶液需要同时放出,防止中间区溶液的浓度改变)。

　　①$Na_2S_2O_3$ 标准液的滴定:

　　准确移取 20 mL 标准 $K_2Cr_2O_7$ 溶液 $\left[c\left(\frac{1}{6}K_2Cr_2O_7\right)=0.100\ 0\ 或者\ 0.050\ 0\ mol\cdot dm^{-3}\right]$ 于 250 mL 的碘量瓶中,加入 4 mL 6 $mol\cdot dm^{-3}$ 的 HCl 溶液,8 mL 10% 的 KI 溶液,摇匀后放在暗处 5 min,待反应完全后,加入 80 mL 蒸馏水,立即用待滴定的 $Na_2S_2O_3$ 溶液滴定至近终点,即溶液呈淡黄色,加入 0.5% 的淀粉指示剂 1 mL (大约 10 滴),继续用 $Na_2S_2O_3$ 溶液滴定至溶液呈现亮绿色为终点。

$$c(Na_2S_2O_3)=\frac{c(K_2Cr_2O_7)V(K_2Cr_2O_7)}{V(Na_2S_2O_3)}\times 6$$

　　②$CuSO_4$ 溶液的滴定:

　　每 10 mL $CuSO_4$ 溶液(约 10.03 g),加入 1 mL 2 $mol\cdot dm^{-3}$ 的 H_2SO_4 溶液,加入 3 mL 10% 的 KI 溶液,塞好瓶盖,振荡,置暗处 5~10 min,以 $Na_2S_2O_3$ 标准溶液滴定至溶液呈淡黄色,然后加入 1 mL 淀粉指示剂(指示剂不用加倍),继续滴定至浅蓝色,再加入 2.5 mL 10% 的 KSCN 溶液,充分摇匀(蓝色加深),继续滴定至蓝色恰好消失(呈砖红色)为终点。

　　5. 注意事项

　　(1)实验中的铜电极必须是纯度为 99.999% 的电解铜。

　　(2)实验过程中凡是能引起溶液扩散,搅动等因素必须避免。电极阴、阳极的位置能对调,迁移数管及电极不能有气泡,两极上的电流密度不能太大。

　　(3)本实验中各部分的划分应正确,不能将阳极区与阴极区的溶液错划入中部,这样会引起实验误差。

　　(4)本实验由铜库仑计的增重计算电量,因此称量及前处理都很重要,需仔细进行。

　　6. 数据处理

　　(1)从中间区分析结果得到每克水中所含的硫酸铜克数

　　硫酸铜的克数=滴定中间部的体积×硫代硫酸钠的浓度×159.6/1 000
　　　　　　　　水的克数=溶液克数−硫酸铜的克数

　　由于中间部溶液的浓度在通电前后保持不变,因此,该值为原硫酸铜溶液的浓度,通过计算该值可以得到通电前后阴极部和阳极部硫酸铜溶液中所含的硫酸铜克数。

（2）通过阳极区溶液的滴定结果,得到通电后阳极区溶液中所含的硫酸铜的克数,并得到阳极区所含的水量,从而求出通电前阳极区溶液中所含的硫酸铜克数,最后得到 $n_后$ 和 $n_前$。

（3）由电量计中阴极铜片的增量,算出通入的总电量,即

$$铜片的增量/铜的原子量＝n_电$$

（4）代入公式得到离子的迁移数

（5）计算阴极区离子的迁移数,与阳极区的计算结果进行比较,分析。

7. 思考题

（1）通过电量计阴极的电流密度为什么不能太大?

（2）通电前后中部区溶液的浓度改变,需重做实验,为什么?

（3）$0.1 \ mol \cdot dm^{-3}$ KCl 和 $0.1 \ mol \cdot dm^{-3}$ NaCl 中的 Cl^- 迁移数是否相同?

（4）如以阳极区电解质溶液的浓度计算 $t_{Cu^{2+}}(Cu^{2+})$,应如何进行?

二、界面移动法测定离子迁移数

（一）目的要求

（1）掌握界面移动法测定离子迁移数的原理及方法。

（2）明确迁移数的概念。

（二）实验原理

利用界面移动法测迁移数的实验可分为两类:一类是使用两种指示离子,造成两个界面;另一类是只用一种指示离子,有一个界面。近年来第二种方法已经代替了第一种方法,其原理如下:

实验在图 2-3-4 所示的迁移管中进行。设 M^{z+} 为欲测的阳离子,M'^{z+} 为指示阳离子。$M'A$ 放在上面或下面,须视其溶液的密度而定。为了防止由于重力而产生搅动作用时,保持界面清晰,应将密度大的溶液放在下面。当有电流通过溶液时,阳离子向阴极迁移,原来的界面 aa' 逐渐上移动,经过一定时间 t 到达 bb'。设 aa' 和 bb' 间的体积为 V,$t_{M^{z+}}$ 为 M^{z+} 的迁移数。据定义有 $t_{M^{z+}} = \dfrac{VFc}{Q}$,式中,$F = 96\ 500 \ C \cdot mol^{-1}$;$c$ 为 $\left(\dfrac{1}{z}M^{z+}\right)$ 的量浓度;Q 为通过溶液的总电量;V 为界面移动的体积,可用称量充满 aa' 和 bb' 间的水的重量校正之。

本实验用 Cd^{2+} 作为指示离子,测定 H^+ 在 $0.1 \ mol \cdot dm^{-3}$ HCl 中的迁移数,因为 Cd^{2+} 淌度(U)较小,即 $U_{Cd^{2+}} < U_{H^+}$。

在图 2-3-5 的实验装置中,通电时 H^+ 向上迁移,Cl^- 向下迁移,在 Cd 阳极上 Cd 氧化,进入溶液生成 $CdCl_2$,逐渐顶替 HCl 溶液,在管中形成界面。由于

溶液要保持电中性,且任一截面都不会中断传递电流,H^+ 迁移走后的区域,Cd^{2+} 紧紧地跟上,离子的移动速度(V) 是相等的,$V_{Cd^{2+}} = V_{H^+}$ 由此可得

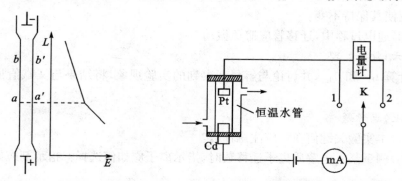

图 2-3-4　迁移管中的电位梯度　　图 2-3-5　界面移动法测离子迁移数装置示意图

$$U_{Cd^{2+}} \frac{dE'}{dL} = U_{H^+} \frac{dE}{dL}$$

结合上式得
$$\frac{dE'}{dL} > \frac{dE}{dL}$$

即在 $CdCl_2$ 溶液中电位梯度是较大的,如图 2-3-4 所示。因此若 H^+ 因扩散作用落入 $CdCl_2$ 溶液层,它就不仅比 Cd^{2+} 迁移得快,而且比界面上的 H^+ 也要快,能赶回到 HCl 层。同样若任何 Cd^{2+} 进入低电位梯度的 HCl 溶液,它就要减速,一直到它们重又落后于 H^+ 为止,这样界面在通电过程中会保持清晰。

(三)仪器及试剂

(1)仪器:精密稳流电源;电量计 1 套;烧杯(25 mL)1 个。

(2)试剂:HCl(0.1 mol·dm^{-3});甲基橙(或甲基紫)指示剂。

(四)实验步骤

(1)在小烧杯中倒入约 10 mL 0.1 mol·dm^{-3} HCl,加入少许甲基紫,使溶液呈深蓝色。并用少许该溶液洗涤迁移管后,将溶液装满迁移管,并插入 Pt 电极。

(2)打开气体电量计活塞,移动水准管使气量管液面升至上部起始刻度,关闭活塞,比平后读取气量管液面起始刻度。

(3)按图 2-3-5 连接线路,将稳压电源的"电压调节旋钮"旋至最小处,开关 K 打向"1"。经教师检查线路后,方可接通电源,并旋转"调压旋钮",使电流强度为 5~7 mA,注意实验过程中如变化较大要及时调节。

(4)当迁移管内蓝紫色界面达到起始刻度时,立即将开关 K 打向"2",当蓝紫色界面迁移 1 mL 后,立即关闭电源开关,用手弹气量管,待全部气体自液体中逸出,比平后读取气量管液面刻度。

（五）注意事项

（1）通电后由于 $CdCl_2$ 层的形成电阻加大，电流会渐渐变小，因此应不断调节电流使其保持不变。

（2）通电过程中，迁移管应避免振动。

（六）数据处理

计算 t_{H^+} 和 t_{Cl^-}，并讨论与解释观察到的实验现象，将结果与文献值加以比较。

（七）思考题

（1）本实验关键何在？应注意什么？

（2）测量某一电解质离子迁移数时，指示离子应如何选择？指示剂应如何选择？

基础实验十　电动势的测定及应用

一、电极电势的测定

（一）目的要求

（1）学会几种金属电极的制备方法。

（2）掌握几种金属电极的电极电势的测定方法。

（二）实验原理

可逆电池的电动势可看作正、负两个电极的电势之差。设正极电势为 φ_+，负极电势为 φ_-，则

$$E = \varphi_+ - \varphi_-$$

电极电势的绝对值无法测定，手册上所列的电极电势均为相对电极电势，即以标准氢电极（其电极电势规定为零）作为标准，与待测电极组成一电池，所测电池电动势就是待测电极的电极电势。由于氢电极使用不便，常用另外一些易制备、电极电势稳定的电极作为参比电极，如甘汞电极、银-氯化银电极等。

本实验主要测定几种金属电极的电极电势。将待测电极与饱和甘汞电极组成如下电池：

$$Hg(l)\text{-}Hg_2Cl_2(s)\,|\,KCl(饱和溶液)\,\|\,M^{n+}(a_\pm)\,|\,M(s)$$

金属电极的反应：$M^{n+} + ne \longrightarrow M$

甘汞电极的反应：$2Hg + 2Cl^- \longrightarrow Hg_2Cl_2 + 2e$

电池电动势：$E = \varphi_+ - \varphi_- = \varphi_{M^{n+},M}^{\ominus} + \dfrac{RT}{nF}\ln a(M^{n+}) - \varphi(饱和甘汞)$　　（1）

式中，$\varphi(饱和甘汞) = 0.242\,40 - 7.6 \times 10^{-4}(t - 25)$（$t$ 单位为℃）；$a = \gamma_\pm m$。

（三）仪器及试剂

（1）仪器：原电池测量装置 1 套；银电极 1 支；铜电极 1 支；锌电极 1 支；饱和甘汞电极 1 支。

（2）试剂：$AgNO_3$（0.100 0 mol·kg^{-1}）；$CuSO_4$（0.100 0 mol·kg^{-1}）；$ZnSO_4$（0.100 0 mol·kg^{-1}）；KNO_3 饱和溶液；KCl 饱和溶液。

（四）实验步骤

（1）铜、银、锌等金属电极的制备见本实验的讨论部分。

（2）测定以下四个原电池的电动势：

1）$Hg(l)$-$Hg_2Cl_2(s)$｜饱和 KCl 溶液‖$CuSO_4$（0.100 0 mol·kg^{-1}）｜Cu

2）$Hg(l)$-$Hg_2Cl_2(s)$｜饱和 KCl 溶液‖$AgNO_3$（0.100 0 mol·kg^{-1}）｜$Ag(s)$

3）$Zn(s)$｜$ZnSO_4$（0.100 0 mol·kg^{-1}）‖KCl（饱和）｜$Hg_2Cl_2(s)$-$Hg(l)$

4）$Cu(s)$｜$CuSO_4$（0.100 0 mol·kg^{-1}）‖ $Zn(s)$｜$ZnSO_4$（0.100 0 mol·kg^{-1}）

（五）注意事项

连接仪器时，防止将正负极接错。

（六）数据处理

由测定的电池电动势数据，利用公式（1）计算银、铜、锌的标准电极电势。其中离子平均活度因子 $\gamma_{\pm}$（25℃）见附录 27。

二、测定溶液的 pH 值

（一）目的要求

（1）掌握通过测定可逆电池的电动势测定溶液的 pH 值。

（2）了解氢离子指示电极的构成。

（二）实验原理

利用各种氢离子指示电极与参比电极组成电池，即可从电池电动势算出溶液的 pH 值，常用指示电极有氢电极、醌氢醌电极和玻璃电极。今讨论醌氢醌（$Q \cdot QH_2$）电极，其为醌（Q）与氢醌（QH_2）等摩尔混合物，在水溶液中部分分解。

（$Q \cdot QH_2$）　（Q）（QH_2）

Q·QH₂ 在水中溶解度很小。将待测 pH 溶液用 Q·QH₂ 饱和后,再插入一只光亮 Pt 电极就构成了 Q·QH₂ 电极,可用它构成如下电池:

Hg(l)-Hg₂Cl₂(s)|饱和 KCl 溶液 ‖ 由 Q·QH₂ 饱和的待测 pH 溶液(H⁺)|Pt(s)

Q·QH₂ 电极反应为

$$Q+2H^+ +2e \longrightarrow QH_2$$

因为在稀溶液中 $a_{H^+} = c_{H^+}$,所以

$$\varphi_{Q \cdot QH_2} = \varphi^{\ominus}_{Q \cdot QH_2} - \frac{2.303RT}{F} pH$$

可见,Q·QH₂ 电极的作用相当于一个氢电极,电池的电动势为

$$E = \varphi_+ - \varphi_- = \varphi^{\ominus}_{Q \cdot QH_2} - \frac{2.303RT}{F} pH - \varphi(饱和甘汞)$$

$$pH = (\varphi^{\ominus}_{Q \cdot QH_2} - E - \varphi(饱和甘汞)) \div \frac{2.303RT}{F}$$

其中,$\varphi^{\ominus}_{Q \cdot QH_2} = 0.699\ 4 - 7.4 \times 10^{-4}(t-25)$;$\varphi$(饱和甘汞)见电极电势的测定。

(三)仪器及试剂

(1)仪器:原电池测量装置 1 套;Pt 电极 1 支;饱和甘汞电极 1 支。

(2)试剂:KCl 饱和溶液;醌氢醌(固体);未知 pH 值溶液。

(四)实验步骤

测定以下电池的电动势:

Hg(l)-Hg₂Cl₂(s)|饱和 KCl 溶液 ‖ 饱和 Q·QH₂ 的待测 pH 溶液|Pt(s)

(五)注意事项

连接仪器时,防止将正负极接错。

(六)数据处理

根据公式计算未知溶液的 pH 值。

三、测定化学反应的热力学函数

(一)目的要求

(1)学会银电极、银-氯化银电极的制备方法。

(2)掌握用电动势法测化学反应的热力学函数的原理及方法。

(二)实验原理

化学反应的热效应可以用量热计直接量度,也可以用电化学方法来测定。由于电池的电动势可以测定得很准,因此所得数据较热化学方法所得的结果可靠。

在恒温、恒压可逆条件下,电池所做的电功是最大有用功。利用对消法测定

电池电动势 E，即可计算电池反应的 $\Delta_r G_m$，$\Delta_r S_m$，$\Delta_r H_m$，公式如下：

$$(\Delta_r G_m)_{T,p} = -nFE$$

$$\Delta_r S_m = nF\left(\frac{\partial E}{\partial T}\right)_p$$

$$\Delta_r H_m = -nFE + nFT\left(\frac{\partial E}{\partial T}\right)_p$$

（三）仪器及试剂

(1)仪器：恒温槽 1 台；原电池测量装置 1 套；盐桥 1 支；Pt 电极 2 支；银电极 2 支。

(2)试剂：HCl(0.100 0 mol·kg^{-1})；AgNO$_3$(0.100 0 mol·kg^{-1})；镀银溶液；稀 HNO$_3$ 溶液(1∶3)；KNO$_3$ 饱和溶液；琼脂。

（四）实验步骤

(1)制备电极：银电极、Ag-AgCl 电极的制备见本实验的讨论部分。

(2)制备盐桥：凝胶法：称取琼脂 1 g 放入 50 mL 饱和 KNO$_3$ 溶液中，浸泡片刻，再缓慢加热至沸腾，待琼脂全部溶解后稍冷，将洗净之盐桥管插入琼脂溶液中，从管的上口将溶液吸满(管中不能有气泡)，保持此状态冷却到室温，即凝固成冻胶固定在管内，取出擦净备用。

(3)设计电池如下：

Ag(s)|AgCl(s)|HCl(0.100 0 mol·kg^{-1}) ‖ AgNO$_3$(0.100 0 mol·kg^{-1})|Ag(s)

(4)调节恒温槽温度在 20℃～50℃，每隔 5℃～10℃测定一次电动势。每改变一次温度，需待热平衡后才能测定。

（五）注意事项

(1)连接仪器时，防止将正负极接错。

(2)注意汞蒸气有毒，使用甘汞电极时要小心。汞齐化时注意汞蒸气有毒，用过的滤纸应放到带水的盆中，决不允许随便丢弃。

(3)甘汞电极在使用时，电极上端小孔的橡皮塞应拔去，以防止产生扩散电位影响测试结果。

（六）数据处理

(1)将步骤 3 中电池所测得的电动势 E 与热力学温度 T 作图，并由图中曲线分别求取 25℃，30℃，35℃温度下的 $\left(\frac{\partial E}{\partial T}\right)_p$。

(2)利用公式，分别计算 25℃，30℃，35℃时的 $\Delta_r G_m$，$\Delta_r S_m$，$\Delta_r H_m$ 和 $\Delta_r G_m^{\ominus}$。

七、思考题

(1)电位差计、标准电池、检流计及工作电池各有什么作用？如何保护及正确使用？

(2)参比电极应具备什么条件？它有什么功用？

(3)盐桥有什么作用？选用作盐桥的物质应有什么要求？

(4)UJ-25型电位差计测定电动势过程中，有时检流计向一个方向偏转，分析其原因。

八、讨论

在测量金属电极的电极电势时，金属电极要加以处理。现介绍几种常用金属电极的制备方法。

(1)锌电极的制备：将锌电极在稀硫酸溶液中浸泡片刻，取出洗净，浸入汞或饱和硝酸亚汞溶液中约 10 s，表面即生成一层光亮的汞齐，用水冲洗滤纸擦干后，插入 $0.100\ 0\ mol \cdot kg^{-1}$ $ZnSO_4$ 中待用。汞齐化的目的是消除金属表面机械应力不同的影响使它获得重复性较好的电极电势。

(2)铜电极的制备：将欲镀铜电极用细砂纸轻轻打磨至露出新鲜的金属光泽，再用蒸馏水洗净作为负极，以另一铜板作正极在镀铜液中电镀(镀铜液组成为每升中含 125 g $CuSO_4 \cdot 5H_2O$，25 g H_2SO_4，50 mL 乙醇)。控制电流为 2.0 mA，电镀 30 min 得表面呈红色的 Cu 电极，洗净后放入 $0.100\ 0\ mol \cdot kg^{-1}$ $CuSO_4$ 中备用。

(3)银电极的制备

将两只预镀银电极用细砂纸轻轻打磨至露出新鲜的金属光泽，再用蒸馏水洗净。将预用的两只 Pt 电极浸入稀硝酸溶液片刻，取出用蒸馏水洗净。将洗净的电极分别插入盛有镀银液(镀液组成为 100 mL 水中加 1.5 g 硝酸银和 1.5 g 氰化钠)的小瓶中，按图 2-3-6 接好线路，并将两个小瓶串联，控制电流为 0.3 mA，镀 1 h，得白色紧密的镀银电极两只。

(4)Ag-AgCl 电极的制备

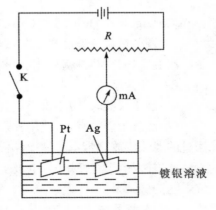

图 2-3-6 镀银线路图

将按上述方法制成的一支银电极用蒸馏水洗净作为正极，以 Pt 电极作负极，在约 1 mol·dm^{-3} 的 HCl 溶液中电镀，线路同图 2-3-6。控制电流为 2 mA 左右，镀 30 min，可得呈紫褐色的 Ag-AgCl 电极，该电极不用时应保存在 KCl 溶液中，贮藏于暗处。

基础实验十一 电势-pH 曲线的测定及其应用

一、目的要求

（1）绘制电势-pH 曲线，掌握电极电势、电池电动势及 pH 的测定原理和方法。

（2）了解电势-pH 图的意义及应用。

（3）测定 Fe^{3+}/Fe^{2+}-EDTA 溶液在不同 pH 条件下的电极电势。

二、实验原理

很多氧化还原反应不仅与溶液中离子的浓度有关，而且与溶液的 pH 值有关，即电极电势与浓度和酸度成函数关系。如果指定溶液的浓度，则电极电势只与溶液的 pH 值有关。在改变溶液的 pH 值时测定溶液的电极电势，然后以电极电势对 pH 作图，这样就可得到等温、等浓度的电势-pH 曲线，见图 2-3-7。

Fe^{3+}/Fe^{2+}-EDTA 配合体系在不同的 pH 值范围内，其络合产物不同，以 Y^{4-} 代表 EDTA 酸根离子。我们将在三个不同 pH 值的区间来讨论其电极电势的变化。

在一定 pH 范围内，Fe^{3+}/Fe^{2+} 能与 EDTA 生成稳定的络合物 FeY^{2-} 和 FeY^-，其电极反应为

$$FeY^- + e \Longleftrightarrow FeY^{2-}$$

根据能斯特（Nernst）方程，其电极电势为

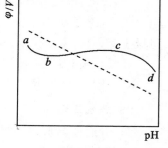

$$\varphi = \varphi^\ominus - \frac{RT}{F} \ln \frac{a_{FeY^{2-}}}{a_{FeY^-}} \quad (1)$$

式中，$\varphi^\ominus$ 为标准电极电势；a 为活度，$a = \gamma \cdot m$（γ 为活度因子，m 为质量摩尔浓度）。

图 2-3-7 φ-pH 图

式（1）可改写成

$$\varphi = \varphi^\ominus - \frac{RT}{F} \ln \frac{\gamma_{FeY^{2-}}}{\gamma_{FeY^-}} - \frac{RT}{F} \ln \frac{m_{FeY^{2-}}}{m_{FeY^-}} = \varphi^\ominus - b_1 - \frac{RT}{F} \ln \frac{m_{FeY^{2-}}}{m_{FeY^-}} \quad (2)$$

式中，$b_1 = \frac{RT}{F} \ln \frac{\gamma_{FeY^{2-}}}{\gamma_{FeY^-}}$。

当溶液离子强度和温度一定时，b_1 为常数，在此 pH 范围内，该体系的电极电势只与 $m_{FeY^{2-}}/m_{FeY^-}$ 的值有关。在 EDTA 过量时，生成的络合物的浓度可近似看作为配制溶液时铁离子的浓度，即 $m_{FeY^{2-}} \approx m_{Fe^{2+}}$，$m_{FeY^-} \approx m_{Fe^{3+}}$。当 $m_{Fe^{2+}}$ 与 $m_{Fe^{3+}}$ 的比值一定时，则 φ 为一定值，曲线中出现平台区，如图 2-3-7 中的 bc 段。

低 pH 时的电极反应为

$$FeY^- + H^+ + e \Longleftrightarrow FeHY^-$$

则可求得

$$\varphi = \varphi^{\ominus} - b_2 - \frac{RT}{F} \ln \frac{m_{FeHY^-}}{m_{FeY^-}} - \frac{2.303RT}{F} pH \tag{3}$$

在 $m_{Fe^{2+}} / m_{Fe^{3+}}$ 不变时, φ 与 pH 呈线性关系, 如图 2-3-7 中的 ab 段。

高 pH 时电极反应为

$$Fe(OH)Y^{2-} + e \Longleftrightarrow FeY^{2-} + OH^-$$

则可求得

$$\varphi = \varphi^{\ominus} - \frac{RT}{F} \ln \frac{a_{FeY^{2-}} \cdot a_{OH^-}}{a_{Fe(OH)Y^{2-}}}$$

稀溶液中水的活度积 K_w 可看作水的离子积, 又根据 pH 定义, 则上式可写成

$$\varphi = \varphi^{\ominus} - b_3 - \frac{RT}{F} \ln \frac{m_{FeY^{2-}}}{m_{Fe(OH)Y^{2-}}} - \frac{2.303RT}{F} pH \tag{4}$$

在 $m_{Fe^{2+}} / m_{Fe^{3+}}$ 不变时, φ 与 pH 呈线性关系, 如图 2-3-7 中的 cd 段。

三、仪器及试剂

(1)仪器:电位差计(或数字电压表)1 台;数字式 pH 计 1 台;恒温水浴 1 台;电子天平(感量 0.01 g)1 台;夹套瓶(200 mL,1 个);电磁搅拌器 1 台;饱和甘汞电极 1 支;复合电极 1 支;铂电极 1 支;滴管 2 支。

(2)试剂:$FeCl_3 \cdot 6H_2O$(A. R.);$FeCl_2 \cdot 4H_2O$(A. R.)或$(NH_4)_2Fe(SO_4)_2$(A. R.);EDTA(A. R.);HCl 溶液(2 mol·dm^{-3});NaOH 溶液(2%);N$_2$(g)。

四、实验步骤

(1)开启恒温水浴,控制温度在(25±0.1)℃或(30±0.1)℃。

(2)配制溶液:先将反应瓶充约 50 mL 蒸馏水,迅速称取 0.86 g $FeCl_3 \cdot 6H_2O$, 0.58 g $FeCl_2 \cdot 4H_2O$(或1.16 g $(NH_4)_2Fe(SO_4)_2$),倾入夹套瓶。称取 3.50 g EDTA,先用少量蒸馏水溶解,倾入夹套瓶中。

(3)将复合电极、甘汞电极、铂电极分别插入反应容器盖子上三个孔中,浸于液面下。

(4)将复合电极的导线接到 pH 计上,测定溶液的 pH 值。在迅速搅拌的情况下缓慢滴加 2% NaOH 溶液直至瓶中溶液 pH 达到 8 左右,注意避免局部生成Fe(OH)$_3$沉淀。通入氮气将空气排尽。然后将铂电极,甘汞电极接在数字电压表的"+"、"-"两端,测定两极间的电动势,此电动势是相对于饱和甘汞电极的电极电势。用滴管从反应容器的第五个孔(即氮气出气口)滴入少量 2 mol·

dm^{-3} HCl 溶液,改变溶液 pH 值,每次约改变 0.3,同时记录电极电势和 pH 值,直至溶液出现混浊,停止实验。

五、注意事项

(1)由于 $FeCl_2 \cdot 4H_2O$ 易被氧化,可以改用摩尔盐(硫酸亚铁铵 1.16 g)。

(2)步骤(2)中加入 2% NaOH 溶液时,一定要缓慢滴加,避免生成 $Fe(OH)_3$ 沉淀。

(3)搅拌速度必须加以控制,防止由于搅拌不均匀造成加入 NaOH 时,溶液上部出现少量的 $Fe(OH)_3$ 沉淀。

六、数据处理

(1)用表格形式记录所得的电动势 E 和 pH 值。将测得的相对于饱和甘汞电极的电极电势换算至相对标准氢电极的电极电势 φ。

(2)绘制 Fe^{3+}/Fe^{2+}-EDTA 络合体系的电势 φ-pH 曲线,由曲线确定 FeY^- 和 FeY^{2-} 稳定存在的 pH 范围。

七、思考题

(1)写出 Fe^{3+}/Fe^{2+}-EDTA 体系在电势平台区的基本电极反应及对应的 Nernst 公式。

(2)用酸度计和电位差计测电动势的原理,各有什么不同?

(3)查阅 $Fe-H_2O$ 体系电势-pH 图,说明 Fe 在不同条件下(电极和 pH)所处的平衡状态。

八、讨论

电势-pH 图在解决水溶液中发生的一系列反应及平衡问题(例如元素分离、湿法冶金、金属防腐)方面得到广泛应用。本实验讨论的 Fe^{3+}/Fe^{2+}-EDTA 体系,可用于消除天然气中的有害气体 H_2S。利用 Fe^{3+}-EDTA 溶液 可将天然气中 H_2S 氧化成元素硫除去,溶液中 Fe^{3+}-EDTA 络合物被还原为 Fe^{2+}-EDTA 配合物,通入空气可以使 Fe^{2+}-EDTA 氧化成 Fe^{3+}-EDTA,使溶液得到再生,不断循环使用,其反应如下:

$$2FeY^- + H_2S \xrightarrow{\text{脱硫}} 2FeY^{2-} + 2H^+ + S\downarrow$$

$$2FeY^{2-} + \frac{1}{2}O_2 + H_2O \xrightarrow{\text{再生}} 2FeY^- + 2OH^-$$

在用 EDTA 络合铁盐脱除天然气中硫时,Fe^{3+}/Fe^{2+}-EDTA 络合体系的电势-pH 曲线可以帮助我们选择较适宜的脱硫条件。例如,低含硫天然气 H_2S 含量为 $1\times10^{-4} \sim 6\times10^{-4}$ $kg \cdot m^{-3}$,在 25℃时相应的 H_2S 分压为 $7.29 \sim 43.56$

Pa。

根据电极反应：

$$S+2H^++2e \Longrightarrow H_2S(g)$$

在 25℃时的电极电势 φ 与 H_2S 分压 p_{H_2S} 的关系应为

$$\varphi(V)=-0.072-0.029\ 611\ p_{H_2S}-0.059\ 1\ pH$$

在图 2-3-7 中以虚线标出这三者的关系。

由电势-pH 图可见，对任何一定 $m_{Fe^{3+}}/m_{Fe^{2+}}$ 比值的脱硫液而言，此脱硫液的电极电势与反应 $S+2H^++2e \Longrightarrow H_2S(g)$ 的电极电势之差值，在电势平台区的 pH 范围内，随着 pH 的增大而增大，到平台区的 pH 上限时，两电极电势差值最大，超过此 pH，两电极电势值不再增大而为定值。这一事实表明，任何具有一定的 $m_{Fe^{3+}}/m_{Fe^{2+}}$ 比值的脱硫液，在它的电势平台区的上限时，脱硫的热力学趋势达最大，超过此 pH 后，脱硫趋势保持定值而不再随 pH 增大而增加。由此可知，根据 φ-pH 图，从热力学角度看，用 EDTA 络合铁盐法脱除天然气中的 H_2S 时，脱硫液的 pH 选择在 6.5～8，或高于 8 都是合理的，但 pH 不宜大于12，否则会有 $Fe(OH)_3$ 沉淀出来。

基础实验十二　极化曲线的测定

一、目的要求

(1) 掌握恒电位仪的使用方法。

(2) 掌握准稳态恒电位法测定金属极化曲线的基本原理和测试方法。

(3) 了解极化曲线的意义和应用。

二、实验原理

1. 极化现象与极化曲线

为了探索电极过程机理及影响电极过程的各种因素，必须对电极过程进行研究，其中极化曲线的测定是重要方法之一。我们知道在研究可逆电池的电动势和电池反应时，电极上几乎没有电流通过，每个电极反应都是在接近平衡状态下进行的，因此电极反应是可逆的。但当有电流明显地通过电池时，电极的平衡状态被破坏，电极电势偏离平衡值，电极反应处于不可逆状态，而且随着电极上电流密度的增加，电极反应的不可逆程度也随之增大。由于电流通过电极而导致电极电势偏离平衡值的现象称为电极的极化，描述电流密度与电极电势之间关系的曲线称作极化曲线，如图 2-3-8 所示。

金属的阳极过程是指金属作为阳极时在一定的外电势下发生的阳极溶解过

程,如下式所示:

$$M \longrightarrow M^{n+} + ne$$

此过程只有在电极电势大于其热力学平衡电势时才能发生。阳极的溶解速度随电位变正而逐渐增大,这是正常的阳极溶出,但当阳极电势大到某一数值时,其溶解速度达到最大值,此后阳极溶解速度随电势变正反而大幅度降低,这种现象称为金属的钝化现象。图 2-3-8 中曲线表明,从 A 点开始,随着电位向正方向移动,电流密度也随之增加,电势超过 B 点后,电流密度随电势

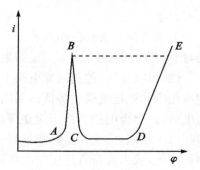

AB:活性溶解区;B:临界钝化点;
BC:过渡钝化区;CD:稳定钝化区;
DE:超(过)钝化区
图 2-3-8　极化曲线

增加迅速减至最小,这是因为在金属表面产生了一层电阻高、耐腐蚀的钝化膜。B 点对应的电势称为临界钝化电势,对应的电流称为临界钝化电流。电势到达 C 点以后,随着电势的继续增加,电流却保持在一个基本不变的很小的数值上,该电流称为维钝电流。直到电势升到 D 点,电流才又随着电势的上升而增大,表示阳极又发生了氧化过程,可能是高价金属离子产生,也可能是水分子放电析出氧气,DE 段称为超(过)钝化区。

2.极化曲线的测定

(1)恒电位法:将研究电极的电极电势依次恒定在不同的数值上,然后测量对应于各电位下的电流。极化曲线的测量应尽可能接近体系稳态。稳态体系指被研究体系的极化电流、电极电势、电极表面状态等基本上不随时间而改变。在实际测量中,常用的控制电位测量方法有以下两种:

阶跃法:将电极电势恒定在某一数值,测定相应的稳定电流值,如此逐点地测量一系列电极电势下的稳定电流值,以获得完整的极化曲线。对某些体系,达到稳态可能需要很长时间,为节省时间、提高测量重现性,往往人们自行规定每次电势恒定的时间。

慢扫描法:控制电极电势以较慢的速度连续地改变(扫描),并测量对应电势下的瞬时电流值,以瞬时电流与对应的电极电势作图,获得整个极化曲线。一般来说,电极表面建立稳态的速度愈慢,则电位扫描速度也应愈慢。因此对不同的电极体系,扫描速度也不相同。为测得稳态极化曲线,通常依次减小扫描速度测定若干条极化曲线,当测至极化曲线不再明显变化时,可确定此扫描速度下测得的极化曲线即为稳态极化曲线。同样,为节省时间,对于那些只是为了比较不同因素对电极过程影响的极化曲线,则选取适当的扫描速度绘制准稳态极化曲线

就可以了。

上述两种方法都已经获得了广泛应用,尤其是慢扫描法,由于可以自动测绘,扫描速度可控,因而测量结果重现性好,特别适用于对比实验。

(2)恒电流法:控制研究电极上的电流密度依次恒定在不同的数值下,同时测定相应的稳定电极电势值。采用恒电流法测定极化曲线时,由于种种原因,给定电流后,电极电势往往不能立即达到稳态,不同的体系电势趋于稳态所需要的时间也不相同,因此在实际测量时一般电势接近稳定(如1~3 min无大的变化)即可读值,或人为自行规定每次电流恒定的时间。

三、仪器及试剂

(1)仪器:电化学综合测试系统1套(或恒电位仪1台,数字电压表1只,毫安表1只);电磁搅拌器1台;饱和甘汞电极1支;碳钢电极2支(研究电极、辅助电极各1支);三室电解槽1只(见图2-3-9);氮气钢瓶1个。

(2)试剂:$(NH_4)_2CO_3$（2 mol·dm^{-3}）；H_2SO_4（0.5 mol·dm^{-3}）；H_2SO_4（0.5 mol·dm^{-3}）+KCl（5.0×10^{-3} mol·dm^{-3}）；H_2SO_4（0.5 mol·dm^{-3}）+KCl（0.1 mol·dm^{-3}）。

四、实验步骤

方法一 碳钢在碳酸铵溶液中的极化曲线

(1)碳钢预处理:用金相砂纸将碳钢研究电极打磨至镜面光亮,在丙酮中除油后,留出1 cm^2面积,用石蜡涂封其余部分。以另一碳钢电极为阳极,处理后的碳钢电极为阴极,在

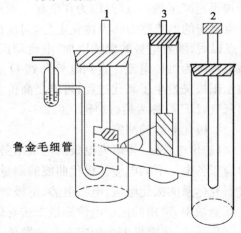

鲁金毛细管

1—研究电极；2—参比电极；3—辅助电极
图 2-3-9 三室电解槽

0.5 mol·dm^{-3} H_2SO_4 溶液中控制电流密度为5 mA·cm^{-2},电解10 min,去除电极上的氧化膜,然后用蒸馏水洗净备用。

(2)电解线路连接:将2 mol·dm^{-3} $(NH_4)_2CO_3$溶液倒入电解池中,按照图2-3-9中所示安装好电极并与相应恒电位仪上的接线柱相接,将电流表串联在电流回路中。通电前在溶液中通入N_2 5~10 min,以除去电解液中的氧。为保证除氧效果可打开电磁搅拌器。

(3)恒电位法测定阳极和阴极极化曲线:

1)阶跃法:开启恒电位仪,先测"参比"对"研究"的自腐电位(电压表示数应

该在 0.8 V 以上方为合格,否则需要重新处理研究电极),然后调节恒电位仪从
+1.2 V 开始,每次改变 0.02 V,逐点调节电位值,同时记录其相应的电流值,
直到电位达到 -1.0 V 为止。

2)慢扫描法:测试仪器以 LK98Ⅱ为例。

①将测试体系的研究电极、辅助电极和参比电极分别和仪器上对应的接线
柱相连。

②在 windows 98 操作平台下运行"LK98Ⅱ",进入主控菜单。打开主机电
源开关,按下主机前面板的"RESET"键,主控菜单显示"系统自检通过",否则应
重新检查各连接线。

③选择仪器所提供的方法中的"线性扫描伏安法"。"参数设定"中,"初始电
位"设为 -1.2 V,"终止电位"设为 1.0 V,"扫描速度"设为 10 mV·s^{-1},"等待
时间"设为 120 s。选择"控制"子菜单中的"开始实验",记录并保存实验结果。

④依次降低扫描速度至所得曲线不再明显变化。保存该曲线为实验测定的
稳态极化曲线。

(4)恒电流法测定阳极极化曲线:采用阶跃法。恒定电流值从 0 mA 开始,
每次变化 0.5 mA,并测量相应的电极电势值,直到所测电极电势突变后,再测
定数个点为止。

方法二　镍在硫酸溶液中的钝化曲线

(1)镍电极预处理:用金相砂纸将镍棒电极端面打磨至镜面光亮,在丙
酮中除油后,在 0.5 mol·dm^{-3} H$_2$SO$_4$ 溶液中浸泡片刻,然后用蒸馏水洗净
备用。

(2)电解线路连接:将 0.5 mol·dm^{-3} H$_2$SO$_4$ 溶液倒入电解池中,按照图
2-3-8中所示安装好电极并与相应恒电位仪上的接线柱相接,将电流表串联在电
流回路中。通电前在溶液中通入 N$_2$ 5~10 min,以除去电解液中的氧。为保证
除氧效果,可打开电磁搅拌器。

(3)恒电位法测定镍在硫酸溶液中的钝化曲线:

1)阶跃法:开启恒电位仪,给定电位从自腐电位开始,连续逐点改变阳极电
势,同时记录其相应的电流值,直到 O$_2$ 在阳极上大量析出为止。

2)慢扫描法:测试仪器以 LK98Ⅱ为例。

①将测试体系的研究电极、辅助电极和参比电极分别和仪器上对应的接线
柱相连。

②在 windows 98 操作平台下运行"LK98Ⅱ",进入主控菜单。打开主机电
源开关,按下主机前面板的"RESET"键,主控菜单显示"系统自检通过",否则应
重新检查各连接线。

③选择仪器所提供的方法中的"线性扫描伏安法"。"参数设定"中,"初始电位"设为 -0.2 V,"终止电位"设为 1.7 V,"扫描速度"设为 15 mV·s^{-1},"等待时间"设为 120 s。选择"控制"子菜单中的"开始实验",记录并保存实验结果。

④重新处理电极,依次降低扫描速度至所得曲线不再明显变化。保存该曲线为实验测定的稳态极化曲线。

(4)考察 Cl^- 对镍阳极钝化的影响:重新处理电极,依次更换 0.5 mol·dm^{-3} H_2SO_4 + 5.0×10^{-3} mol·dm^{-3} KCl 混合溶液和 0.5 mol·dm^{-3} H_2SO_4 +0.1 mol·dm^{-3} KCl 混合溶液,采用阶跃法或慢扫描法(慢扫描法在以上实验中选定的扫描速度下)进行钝化曲线的测量。

五、注意事项

(1)按照实验要求,严格进行电极处理。

(2)将研究电极置于电解槽时,要注意与鲁金毛细管之间的距离每次应保持一致。研究电极与鲁金毛细管应尽量靠近,但管口离电极表面的距离不能小于毛细管本身的直径。

(3)考察 Cl^- 对镍阳极钝化的影响时,测试方式和测试条件等应保持一致。

(4)每次做完测试后,应在确认恒电位仪或电化学综合测试系统在非工作的状态下,关闭电源,取出电极。

六、数据处理

(1)对阶跃法测试的数据应列出表格。

(2)以电流密度为纵坐标、电极电势(相对饱和甘汞)为横坐标,绘制极化曲线。

(3)讨论所得实验结果及曲线的意义,指出钝化曲线中的活性溶解区、过渡钝化区、稳定钝化区、过钝化区,并标出临界钝化电流密度(电势)、维钝电流密度等数值。

(4)讨论 Cl^- 对镍阳极钝化的影响。

七、思考题

(1)比较恒电流法和恒电位法测定极化曲线有何异同,并说明原因。

(2)测定阳极钝化曲线为何要用恒电位法?

(3)做好本实验的关键有哪些?

八、讨论

(1)电化学稳态的含义:指定的时间内,被研究的电化学系统的参量,包括电极电势、极化电流、电极表面状态、电极周围反应物和产物的浓度分布等,随时间变化甚微,该状态通常被称为电化学稳态。电化学稳态不是电化学平衡态。实际上,真正的稳态并不存在,稳态只具有相对的含义。到达稳态之前的状态被称为暂态。在稳态极化曲线的测试中,由于要达到稳态需要很长的时间,而且不同的测试者对稳态的认定标准也不相同,因此人们通常人为界定电极电势的恒定时间或扫描速度,使测试过程接近稳态,测定准稳态极化曲线,此法尤其适用于考察不同因素对极化曲线的影响。

(2)三电极体系:极化曲线描述的是电极电势与电流密度之间的关系。被研究电极过程的电极被称为研究电极或工作电极。与工作电极构成电流回路,以形成对研究电极极化的电极称为辅助电极,也叫对电极。其面积通常要较研究电极为大,以降低该电极上的极化。参比电极是测量研究电极电势的比较标准,与研究电极组成测量电池。参比电极应是一个电极电势已知且稳定的可逆电极,该电极的稳定性和重现性要好。为减少电极电势测试过程中的溶液电位降,通常两者之间以鲁金毛细管相连。鲁金毛细管应尽量但也不能无限制靠近研究电极表面,以防对研究电极表面的电力线分布造成屏蔽效应。

(3)影响金属钝化过程的几个因素:金属的钝化现象是常见的,人们已对它进行了大量的研究工作。影响金属钝化过程及钝化性质的因素,可以归纳为以下几点:

1)溶液的组成:溶液中存在的 H^+、卤素离子以及某些具有氧化性的阴离子,对金属的钝化现象起着颇为显著的影响。在中性溶液中,金属一般比较容易钝化,而在酸性或某些碱性的溶液中,钝化则困难得多,这与阳极产物的溶解度有关系。卤素离子,特别是氯离子的存在,则明显地阻滞了金属的钝化过程,已经钝化了的金属也容易被它破坏(活化),而使金属的阳极溶解速度重新增大。溶液中存在的某些具有氧化性的阴离子(如 CrO_4^{2-})则可以促进金属的钝化。

2)金属的化学组成和结构:各种纯金属的钝化性能不尽相同,以铁、镍、铬三种金属为例,铬最容易钝化,镍次之,铁较差些。因此添加铬、镍可以提高钢铁的钝化能力及钝化的稳定性。

3)外界因素(如温度、搅拌等):一般来说,温度升高以及搅拌加剧,可以推迟或防止钝化过程的发生,这显然与离子的扩散有关。

第三节　设计实验

设计实验八　测定 Zn-AgCl 电池的电动势
及电池反应的热力学参数

一、设计要求

设计电池 $Zn(s)\,|\,ZnCl_2\,(m)\,|\,AgCl(s)+Ag$,测定其不同温度下的电池电动势,求电池反应的热力学参数:$\left(\dfrac{\partial E}{\partial T}\right)_p$,$\Delta_r H_m$ 和 $\Delta_r S_m$。

二、设计原理

根据电动势 E 及其温度系数 $\left(\dfrac{\partial E}{\partial T}\right)_p$,求反应的 Q_R,$\Delta_r H_m$ 和 $\Delta_r S_m$:

由于 $dG=-SdT+Vdp$,$\left(\dfrac{\partial G}{\partial T}\right)_p=-S$

所以

$$\left[\frac{\partial(\Delta G)}{\partial T}\right]_p=-\Delta S$$

而

$$\left[\frac{\partial(-zEF)}{\partial T}\right]_p=-\Delta_r S_m$$

则

$$\Delta_r S_m=zF\left(\frac{\partial E}{\partial T}\right)_p$$

$$Q_R=T\Delta_r S_m=zFT\left(\frac{\partial E}{\partial T}\right)_p$$

$$\Delta_r H_m=\Delta_r G_m+T\Delta_r S_m=-zEF+zFT\left(\frac{\partial E}{\partial T}\right)_p$$

三、参考文献

(1)傅献彩,沈文霞,姚天扬,侯文华. 物理化学[M]. 5 版. 北京:高等教育出版社,2005

(2)郭鹤桐,覃奇贤. 电化学教程[M]. 天津:天津大学出版社,2000

(3)顾月姝,等. 物理化学实验[M]. 北京:化学工业出版社,2004

设计实验九　电动势法测量离子平均活度因子和标准电极电势

一、设计要求

(1)设计一原电池,通过测定不同电解质浓度条件下的原电池电动势来获得组成该电解质溶液的离子平均活度因子。

(2)设计一原电池,测定不同电解质浓度条件下的原电池电动势,根据作图法,利用德拜-休克尔公式得到标准电极电势。

二、设计原理

以下列电池为例,可以求出不同浓度时 HCl 溶液的平均活度因子 $\gamma_\pm$:

$$\text{Pt} \mid \text{H}_2(p^\ominus) \mid \text{HCl}(m) \mid \text{AgCl(s)} \mid \text{Ag(s)}$$

该电池的电池反应为

$$\frac{1}{2}\text{H}_2(p^\ominus) + \text{AgCl(s)} \longrightarrow \text{Ag(s)} + \text{Cl}^-(a_{\text{Cl}^-}) + \text{H}^+(a_{\text{H}^+})$$

电池的电动势为

$$E = E^\ominus_{(\text{Cl}^- \mid \text{AgCl, Ag})} - E^\ominus_{(\text{H}^+ \mid \text{H}_2)} - \frac{RT}{F}\ln a_{\text{H}^+} a_{\text{Cl}^-}$$

$$= E^\ominus_{(\text{Cl}^- \mid \text{AgCl, Ag})} - \frac{RT}{F}\ln\gamma_\pm^2 \left(\frac{m}{m^\ominus}\right)^2$$

只要查得 $E^\ominus_{(\text{Cl}^- \mid \text{AgCl, Ag})}$ 和测得不同浓度 HCl 溶液的电动势 E 就可以求出不同浓度时的 $\gamma_\pm$;反之,如果活度因子可以根据德拜-休克尔公式计算,则可求得标准电极电势。仍以上述电池为例,假定 $E^\ominus_{(\text{Cl}^- \mid \text{AgCl, Ag})}$ 为未知,则

$$E^\ominus_{(\text{Cl}^- \mid \text{AgCl, Ag})} = E + \frac{2RT}{F}\ln\frac{m}{m^\ominus} + \frac{2RT}{F}\ln\gamma_\pm$$

对于 1-1 价型电解质,$I = m, z_+ = |z_-| = 1$,则德拜-休克尔公式为

$$n\gamma_\pm = -A'\sqrt{I} \approx -A'\sqrt{m}$$

则 $E^\ominus_{(\text{Cl}^- \mid \text{AgCl, Ag})} = E + \frac{2RT}{F}\ln\frac{m}{m^\ominus} + \frac{2RTA'}{F}\sqrt{m}$

假设上式右边诸项之和为 E',以 E' 对 $\ln m$ 或 $\sqrt{m}$ 作图,在稀溶液的范围内可近似得一直线,外推到 $m \to 0$ 时,这时 $E' = E^\ominus_{(\text{Cl}^- \mid \text{AgCl, Ag})}$。

三、参考文献

(1)傅献彩,沈文霞,姚天扬,侯文华.物理化学[M].5 版.北京:高等教育出

版社,2005

(2)郭鹤桐,覃奇贤.电化学教程[M].天津:天津大学出版社,2000

设计实验十 浓差电池的设计和电动势的测定

一、设计要求

设计两种典型的浓差电池:①电解质溶液相同,电极不同;②电极相同,电解质活度不同,通过测定其电池电动势来认识液接电势以及浓差电池。

二、设计原理

液体接界电势:两个组成或浓度不同的电解质溶液相接触的界面间所存在的电势差,也叫扩散电势。两种不同的电解质溶液相接触,形成的液体接界电势有以下三种情况:①组成相同,浓度不同;②组成不同,浓度相同;③组成和浓度均不同。测定液接电势,可计算离子迁移数。

浓差电池的特点:电池标准电动势为零;电池净反应不是化学反应,仅仅是某物质从高压到低压或从高浓度向低浓度的迁移。

消除液体接界电势的方法:

(1)采用盐桥来减小液体接界电势。所谓盐桥,指能将电池中的两种不同的电解液隔开的中间溶液。该溶液的浓度要很高,而且所含正离子与负离子的迁移数应比较接近。常用的盐桥为饱和 KCl,KNO_3 和 NH_4NO_3。

(2)将有迁移的浓差电池改装成无迁移的浓差电池,可以完全消除液体接界电势。例如浓差电池:$Ag|AgCl(s)|HCl(a_1)|HCl(a_2)|AgCl(s)|Ag$ 可以用两个可逆的氢电极分别与其两极组成电池,并且将这两个电池反极串联,即 $Ag|AgCl(s)|HCl(a_1)|H_2,Pt-Pt,H_2|HCl(a_2)|AgCl(s)|Ag$,则总电势 $E=E_1+E_2=\dfrac{RT}{F}\ln\left(\dfrac{a_{2(H^+)}\cdot a_{2(Cl^-)}}{a_{1(H^+)}\cdot a_{1(Cl^-)}}\right)$,彻底消除了液接电势。

三、参考文献

(1)傅献彩,沈文霞,姚天扬,侯文华.物理化学[M].5版.北京:高等教育出版社,2005

(2)郭鹤桐,覃奇贤.电化学教程[M].天津:天津大学出版社,2000

(3)李荻.电化学原理(修订版)[M].北京:北京航空航天大学出版社,2002

(4)印永嘉,奚正楷.物理化学简明教程[M].4版.北京:高等教育出版社,2006

(5)〔美〕巴德(Bord,A,J.),〔美〕福克纳(Faulkner,L,R.).邵元华,等,译.电化学方法:原理和应用[M].北京:化学工业出版社,2003

(6)杨辉,卢文庆. 应用电化学[M].北京:科学出版社,2002

(7)刘永辉. 电化学测试技术[M].北京:北京航空学院出版社,1987

设计实验十一 电导滴定

一、设计要求

设计 2~3 个体系,采用电导滴定的办法获得未知液浓度。

二、设计原理

在滴定过程中,离子浓度不断变化,电导率也不断变化,利用电导率变化的转折点,确定滴定终点。电导滴定的优点是不用指示剂,对有色溶液和沉淀反应都能得到较好的效果,并能自动纪录。例如,用 NaOH 标准溶液滴定 HCl;用 NaOH 滴定 HAc;用 $BaCl_2$ 滴定 Tl_2SO_4,产物 $BaSO_4$,TlCl 均为沉淀。

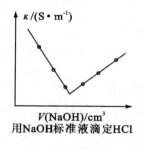
用NaOH标准液滴定HCl

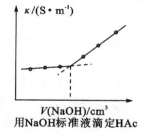
用NaOH标准液滴定HAc

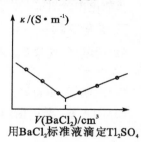
用$BaCl_2$标准液滴定Tl_2SO_4

三、参考文献

(1)傅献彩,沈文霞,姚天扬,侯文华. 物理化学[M].5 版. 北京:高等教育出版社,2005

(2)郭鹤桐,覃奇贤. 电化学教程[M]. 天津:天津大学出版社,2000

(3)印永嘉,奚正楷. 物理化学简明教程[M].4 版. 北京:高等教育出版社,2006

(4)杨辉,卢文庆. 应用电化学[M].北京:科学出版社,2002

设计实验十二 电池基本性能的测定

一、设计要求

(1)对比测定不同电池(如干电池、锂二次电池等)的基本性能,如电池电动势、放电电压、电池容量。

（2）设计实验考察电池极化行为，即不同电流对应的电压曲线（选择合适的测试仪器进行）。

二、设计原理

评价化学电源（电池）的性能指标主要有电动势、工作电压、容量、能量、功率等。电池电动势为电池两电极的平衡电极电势之差，因此不能直接用伏特计测量。电池的工作电压也称放电电压，是指电池在工作状态下，也即有电流通过电池的外电路时，电池两极间的电势差。由于电流通过电池时，要克服电池的欧姆内阻和电极极化所带来的阻力，因此电池的工作电压总是小于其开路电压，且与放电时的电流密切相关：电流越高，电池的工作电压越低。电池电动势可采用对消法测定，放电电压可以在不同电流下测定。

电池的容量指电池在一定的放电条件下所能提供的电量。

电池的极化行为即在不同放电电流条件下对应的电压曲线，可以用可调电阻调节放电电流，同时测定电压。

三、参考文献

（1）傅献彩. 沈文霞，姚天扬，侯文华. 物理化学［M］. 5 版. 北京：高等教育出版社，2005

（2）郭鹤桐，覃奇贤. 电化学教程［M］. 天津：天津大学出版社，2000

（3）印永嘉，奚正楷. 物理化学简明教程［M］. 4 版. 北京：高等教育出版社，2006

（4）杨辉，卢文庆. 应用电化学［M］. 北京：科学出版社，2002

（5）刘永辉. 电化学测试技术［M］. 北京：北京航空学院出版社，1987

（6）顾月姝，等. 物理化学实验［M］. 北京：化学工业出版社，2004

设计实验十三　　不锈钢在海水中的钝化能力评价

一、设计要求

通过测定几种常用的不锈钢，如 304L，316L，22Cr，双相不锈钢（5083）等在海水中的钝化曲线，比较几个特征参数，评价其钝化能力。

二、设计原理

金属的钝化现象是常见的，影响金属钝化过程及钝化性质的因素除了溶液的组成和温度、搅拌等外界因素外，最重要的是金属的化学组成和结构。各种纯金属的钝化性能不尽相同，以铁、镍、铬三种金属为例，铬最容易钝化，镍次之，铁较差些。因此添加铬、镍可以提高钢铁的钝化能力及钝化的稳定性。不锈钢是人们的日常生活中常用的金属材料之一,它以其优越的钝化行为成为耐腐蚀材料。

钝化曲线是评定可以钝化的金属材料的一种常用的方法。典型的钝化曲线如图 2-3-10 所示,可以分为四个区:活化区、过渡区、钝化区、过钝化区。钝化曲线中重要的几个特征参数有临界钝化电流密度 i_{cp}、临界钝化电位 φ_{cp}、维钝电流密度 i_p、钝化电位区 CD 的电位 φ_p。

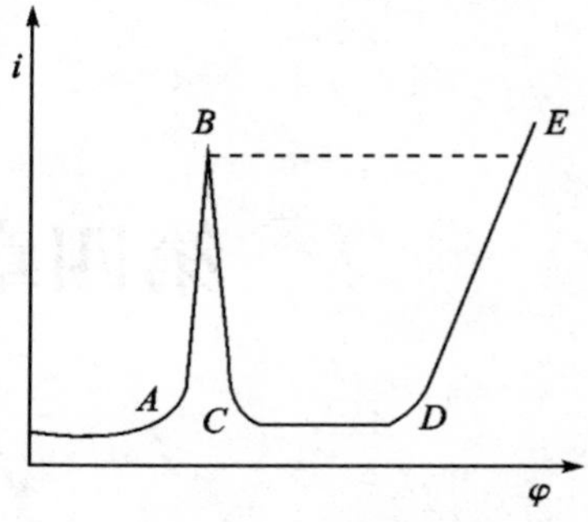

可以采用控制电位法来测定钝化曲线。

AB:活性溶解区;B:临界钝化点;
BC:过渡钝化区;CD:稳定钝化区;
DE:超(过)钝化区

图 2-3-10　钝化极化曲线

三、参考文献

(1)傅献彩,沈文霞,姚天扬,侯文华. 物理化学[M]. 5 版. 北京:高等教育出版社,2005

(2)郭鹤桐,覃奇贤. 电化学教程[M]. 天津:天津大学出版社,2000

(3)李荻. 电化学原理(修订版)[M]. 北京:北京航空航天大学出版社,2002

(4)查全性. 电极过程动力学[M]. 3 版. 北京:科学出版社,2002

(5)王庆璋,杜敏. 海洋腐蚀与防护技术[M]. 青岛:青岛海洋大学出版社,2000

(6)刘永辉. 电化学测试技术[M]. 北京:北京航空学院出版社,1987

第四章　相图的绘制

第一节　概　述

一、基本概念

1. 相图

表达多相体系的状态如何随温度、压力、组成等强度性质变化而变化的图形,称为相图(又称状态图)。

2. 相

体系内部物理和化学性质完全均匀的部分称为相。相与相之间在指定条件下有明显的界面,在界面上宏观性质的改变是飞跃式(突变)的。体系中相的总数称为相数,用 Φ 表示。

气体:不论多少种气体混合,通常只有一个气相。液体:按其互溶程度可以形成一相、两相或三相共存。固体:一般有一种固体便有一个相。两种固体粉末无论混合得多么均匀,仍是两个相(固体溶液除外,它是单相)。

3. 自由度

确定平衡体系的状态所必需的独立强度变量的数目称为自由度,用 f 表示。这些强度变量通常是压力、温度和浓度等。

4. 独立组分数

在平衡体系所处的条件下,能够确保各相组成所需的最少独立物种数称为独立组分数。定义: $C = S - R - R'$,它的数值等于体系中所有物种数 S 减去体系中独立的化学平衡数 R ,再减去各物种间的浓度限制条件数 R' 。

5. 相律

相律是相平衡体系中揭示相数 Φ 、独立组分数 C 和自由度数 f 之间关系的规律,可用公式表示:

$$f + \Phi = C + 2$$

式中,2通常指 T, p 两个变量。相律最早由 Gibbs 提出,所以又称为 Gibbs 相律。

如果除 T,p 外，还受其他力场影响，则 2 改用 n 表示，即 $f+\Phi=C+n$。

6. 相点

表示某一个相的状态的点称为"相点"。

7. 物系点

相图中表示体系总状态的点称为"物系点"。单相区中，物系点与相点重合；两相区中，只有物系点，它对应的两个相的组成由对应的相点表示。

二、单组分体系的相图

对于单组分体系 $C=1,f+\Phi=3$。当 $\Phi=1$ 时，$f=2$ 为双变量平衡体系。

单组分体系的自由度最多为 2，其相图可用平面图表示，如水的相图见图 2-4-1。

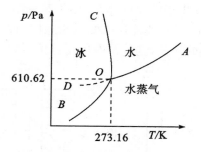

图 2-4-1　水的相图

三、两组分体系的相图

对于两组分体系，$C=2$，$f=4-\Phi$，体系最多有三个独立变量，分别为温度、压力和组成。一般情况下，常保持一个变量为常量，得到立体图形的平面截面图，这种平面图有三种：$p\text{-}x$ 图、$T\text{-}X$ 图和 $T\text{-}p$ 图。在平面图上最大的自由度为 2，同时共存的相数最多为 3。

两组分体系相图的类型很多，双液体系中有完全互溶双液系、部分互溶的双液体、不互溶的双液系。固液系中有简单的低共熔混合物体系、有化合物生成的体系、完全互溶的固溶体体系、部分互溶的固溶体体系等。

1. 理想的完全互溶双液系

两个纯液体可按任意比例互溶，每个组分都服从拉乌尔定律，这样组成了理想的完全互溶双液系，如苯和甲苯、正己烷与正庚烷等结构相似的化合物可形成这种双液系，见图 2-4-2，图 2-4-3。

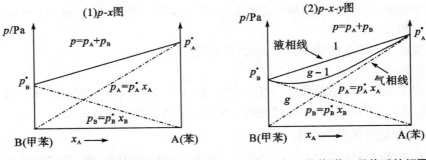

图 2-4-2　甲苯-苯二元体系的 p-x 图　　图 2-4-3　甲苯-苯二元体系的相图

2. 非理想的完全互溶双液系

(1) 对拉乌尔定律发生小偏差的体系：由于某一组分本身发生分子缔合或 A, B 组分混合时有相互作用，使体积改变或相互作用力改变，都会造成某一组分对拉乌尔定律发生小的偏差，这种偏差可正可负，如环己烷-四氯化碳体系可发生正偏差（图 2-4-4）。

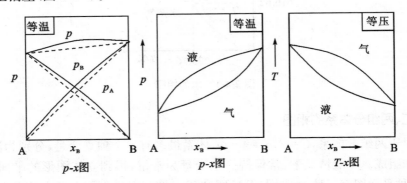

图 2-4-4　非理想体系的 p-x 和 T-x 图

(2) 正偏差在 p-x 图上有最高点的体系：由于 A, B 两组分对拉乌尔定律的正偏差很大，在 p-x 图上形成最高点，则在 T-x 图上就有最低点，这最低点称为最低恒沸点。在 T-x(y) 图上，处在最低恒沸点时的混合物称为最低恒沸混合物（Low-boiling azeotrope），如图 2-4-5 所示，这类体系如甲缩醛-二硫化碳、四氯化碳-乙酸乙酯、水-丙醇、水-乙醇、甲醇-苯、乙醇-苯、环己烷-异丙醇、乙酸乙酯-乙醇、环己烷-乙醇、乙醇-丁酮等体系。

(3) 负偏差在 p-x 图上有最低点的体系：由于 A, B 两组分对拉乌尔定律的负偏差很大，在 p-x 图上形成最低点，则在 p-x 图上有最低点，在 T-x 图上就有最高点，这最高点称为最高恒沸点。在 T-x(y) 图上，处在最高恒沸点时的混合物称为最高恒沸混合物(图 2-4-6)。如水-硝酸、水-盐酸、乙酸异戊酯-四氯乙烷和三氯甲烷-丙酮等体系。

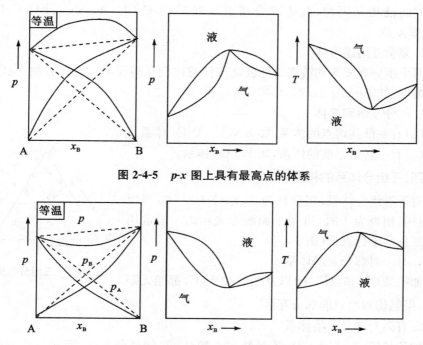

图 2-4-5　*p-x* 图上具有最高点的体系

图 2-4-6　*p-x* 图上具有最低点的体系

3. 部分互溶的双液系

(1)具有最高会溶温度的体系:如水-苯胺体系在常温下只能部分互溶,分为两层:下层是水中饱和了苯胺;上层是苯胺中饱和了水。

(2)具有最低会溶温度的体系:如水-三乙基胺体系。

(3)同时具有最高、最低会溶温度的体系:如水和烟碱体系。

(4)不具有会溶温度的体系:如乙醚与水组成的双液系。

4. 具有简单低共熔混合物的体系

具有简单的低共熔混合物的二组分体系有 Sn-Pb、Sn-Bi、醋酸-苯、正庚烷-三甲基戊烷、水-卤化钠、水-卤化钾、水-氯化铵、水-硫酸钠、水-硫酸铵、水-硫酸镁、水-硝酸钾等。

5. 形成化合物的体系

(1)稳定化合物(有相合熔点)包括稳定的水合物,它们有自己的熔点,在熔点时液相和固相的组成相同。如 $CuCl(s)-FeCl_3(s)$,$Au(s)-2Fe(s)$,$CuCl_2-$

$KCl,FeCl_3-H_2O$ 的 4 种水合物及 $H_2SO_4-H_2O$ 的三种水和物及酚-苯酚体系等。

（2）不稳定化合物，没有自己的熔点，在熔点温度以下就分解为与化合物组成不同的液相和固相（具不相合熔点），如 CaF_2-CaCl_2，$Au-Sb_2$，$2KCl-CuCl_2$，K-Na等体系。

6. 完全互溶固溶体

两个组分在固态和液态时能彼此按任意比例互溶而不生成化合物，也没有低共熔点，如 Au-Ag，Cu-Ni，Co-Ni 等体系。

7. 部分互溶固溶体

（1）有一低共熔点的体系，如 KNO_3-TlNO_3 体系。

（2）有一转熔温度的体系，如 Hg-Cd 体系。

四、三组分体系的相图

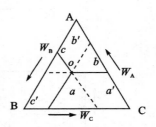

图 2-4-7　三组分相图

对于三组分体系，组分数为 3，$f=3+2-\Phi$，当恒温、恒压、相数为 1 时，可用平面图形表示。一般常用等边三角形坐标表示（图 2-4-7）。

1. 有一对部分互溶体系

如醋酸（A）和氯仿（B）以及醋酸和水（C）都能无限混溶，但氯仿和水只能部分互溶。

2. 有两对部分互溶体系

如乙烯腈（A）与水（B）、乙烯腈与乙醇（C）只能部分互溶，而水与乙醇可无限混溶，在相图上出现了两个溶液分层的帽形区。帽形区之外是溶液单相区。

3. 有三对部分互溶体系

如乙烯腈（A）-水（B）-乙醚（C）彼此都只能部分互溶，因此正三角形相图上有三个溶液分层的两相区。在帽形区以外，是完全互溶单相区。

五、相图的绘制

1. 单组分体系（以水为代表）相图的绘制

根据相律，一般压力下，单组分体系有三种平衡状态存在：

双变量系统	单变量系统	无变量系统
冰	冰⇔水	冰、水和水蒸气
水	冰⇔水蒸气	三相共存
水蒸气	水⇔水蒸气	

在单变量系统中,温度和压力间有一定的依赖关系,因此这些函数关系分别代表不同的两相平衡:$p=f(T)$,$p=\Phi(T)$和$p=\Psi(T)$。这种函数关系即为克拉贝龙方程式。通过实验测出不同的两相平衡的温度和压力的数据并将其画在p-T图上,可得到单组分体系相图。

2. 两组分体系相图的绘制

两组分体系相图的绘制有热分析法、平衡蒸馏法、溶解度法和淬冷法。

热分析法:将体系缓慢而均匀地冷却(或加热),每隔一定的时间记录一次温度,如果体系内不发生相变,温度随时间均匀地改变,当体系内有相变时,在温度-时间曲线上会出现折点和水平线段。将温度-时间曲线上的折点和水平线段出现的温度和对应的组成作图,即可绘制两组分体系相图。

平衡蒸馏法:将体系置于平衡蒸馏器中,使体系在一定压力和温度下处于气-液平衡状态后,采集气相的冷凝液和液相的样品进行组成分析,绘出沸点-组成图。

溶解度法:在一定的温度和压力下,使体系处于相平衡状态,然后测定某一组分在某一相中的成分;或者定量地向某已知组成的相中加入某一组分,当出现新相时,记录各组分的用量。

淬冷法:将多份相同的试样分别加热至预定的一系列不同的温度后长时间保温,使相变达到平衡状态,然后将试样急剧冷却,由于相变来不及进行,使淬冷后的试样保持着高温时的平衡状态。将淬冷后的试样进行偏光显微镜分析或X-射线分析,鉴定试样中相的种类、物态以及各相之间的数量比,由此确定不同温度下的相变情况,做出对应的相图。

另外两组分金属相图的绘制还有塔曼三角形法,即选用多个合金组进行实验,测量出各冷却曲线的低共熔平台长度,从相图的低共熔水平线上各组成点垂直向下量出其长度,连接长度线顶点所成直线与低共熔水平线相交,交点即为共熔体极限浓度。两直线交点即为低共熔点。

3. 三组分体系相图的绘制

三组分相图的绘制有溶解度法和湿固相法(湿渣法)。

湿固相法的基本原理是在一定温度下,配制一系列的饱和溶液,过滤后分别分析溶液和固相的组成。它不需要将固相干燥,而直接分析湿渣总成分。其根据是带有饱和溶液的固相的组成点,必定处于饱和溶液的组成点和纯固相的组成点的连接线上。因此同时分析几对饱和溶液和湿固相的成分,将它连成直线,这些直线的交点即为纯固相成分。

溶解度法是在两相区内以任一比例将此三种液体混合置于一定的温度下,使之平衡,然后分析互成平衡的二共轭相的组成,在三角形坐标纸上标出这些点,且连成线,但此种方法较为繁琐。

第二节　基础实验

基础实验十三　二组分金属相图的绘制(热分析法)

一、目的要求

(1)了解热电偶测量温度的方法。

(2)学会用热分析法测绘 Bi-Cd 二组分金属相图。

(3)掌握步冷曲线法测绘二组分金属的固液平衡相图的原理和方法。

二、实验原理

二组分金属相图是表示两种金属混合体系组成与凝固点关系的图。由于此系统属凝聚体系,一般视为不受压力影响,通常表示为固液平衡时液相组成与温度的关系。若两种金属在固相完全不互溶,在液相可完全互溶,其相图具有比较简单的形式。

热分析法是绘制金属相图最常用的实验方法,测定体系由高温均匀冷却过程中的时间、温度数据,绘制步冷曲线。根据步冷曲线可分析相态变化,若在均匀冷却过程无相变化,体系温度将随时间均匀下降;若体系在均匀冷却过程中有相变化,由于体系产生的相变热与自然冷却时体系放出的热量相抵消,步冷曲线就会出现转折或水平线段,转折点所对应的温度,即为该组成体系的相变温度。

图 2-4-8 是二元金属体系一种常见的步冷曲线,图 2-4-9 为简单低共熔混合物体系的相图。

当金属混合物加热熔化后冷却时,由于无相变发生,体系的温度随时间变化较大,冷却较快(图 2-4-8 中 1～2 段)。若冷却过程中发生放热凝固,产生固相,将减小温度随时间的变化,使体系的冷却速度减慢(2～3 段)。当融熔液继续冷却到某一点时,如 3 点,由于此时液相的组成为低共熔物的组成,在最低共熔混合物完全凝固以前体系温度保持不变,步冷曲线出现平台(3～4 段)。当融熔液完全凝固形成两种固态金属后,系统温度又继续下降(4～5 段)。若图2-4-8中的步冷曲线为图2-4-9中总组成为 P 的混合体系的冷却曲线,则转折点 2 相当于相图中的 G 点,为纯固相开始析出的状态。水平段 3～4 相当于相图中 H 点,即低共熔物凝固的过程。因此,根据一系列不同组成混合体系的步冷曲线就可以绘制出完整的二组分固液平衡相图。

在冷却过程中,一个新的固相出现以前,常常发生过冷现象,轻微过冷则有利于测量相变温度;但严重过冷现象,却会使转折点发生起伏,使相变温度的确定产生困难,如图2-4-10所示。遇此情况,可延长 dc 线与 ab 线相交,交点 e 即为转折点。

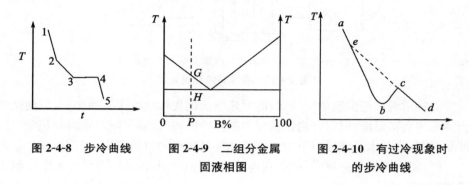

图 2-4-8　步冷曲线　　　图 2-4-9　二组分金属　　　图 2-4-10　有过冷现象时
　　　　　　　　　　　　　　　固液相图　　　　　　　　的步冷曲线

三、仪器及试剂

(1)仪器:金属相图(步冷曲线)实验加热装置 1 台;保温炉(测量装置)1 台;不锈钢套管 6 只。

(2)试剂:Sn(C. R.);Bi(C. R.);石蜡油;石墨粉。

四、实验步骤

(1)热电偶的选择和制备:取 60 cm 长的镍铬丝和镍硅丝各一段,将镍铬丝用小绝缘瓷管穿好,将其一端与镍硅丝的一端紧密地扭合在一起(扭合头为 0.5 cm),将扭合头稍稍加热立即沾以硼砂粉,并用小火熔化,然后放在高温焰上小心烧结,直到扭头熔成一光滑的小珠,冷却后将硼砂玻璃层除去。

(2)样品配制:用感量 0.1 g 的台称称取纯 Sn、纯 Bi 各 50 g,另配制含锡 20%,40%,60%,80%的铋锡混合物各 50 g,分别置于坩埚中,在样品上方覆盖一层石墨粉。

(3)绘制步冷曲线:

1)将热电偶及测量仪器如图 2-4-11 连接好。

2)将盛放样品的坩埚放入加热炉内加热(控制炉温不超过 400℃)。待样品熔化后停止加热,用玻璃棒将样品搅拌均匀,并在样品表面撒一层石墨粉,以防止样品氧化。

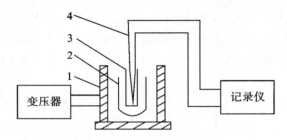

1—加热炉；2—坩埚；3—玻璃套管；4—热电偶

图 2-4-11　步冷曲线测量装置

3)将坩埚移至保温炉中冷却,此时热电偶的尖端应置于样品中央,以便反映出体系的真实温度,同时开启记录仪绘制步冷曲线,仪器每隔一定时间记录一次样品温度,直至水平线段以下为止。其他样品按相同方法测定。

(4)用小烧杯装一定量的水,在电炉上加热,将热电偶热端插入水中绘制出沸腾时的水平线。

五、注意事项

(1)用电炉加热样品时,温度要适当,温度过高样品易氧化变质;温度过低或加热时间不够则样品没有完全熔化,测不出步冷曲线转折点。

(2)热电偶热端应插到样品中心部位,在套管内注入少量的石蜡油,将热电偶浸入油中,以改善其导热情况。搅拌时要注意勿使热端离开底部导致测温点变动,金属熔化后常使热电偶玻璃套管浮起,这些因素都会导致测温点变动,必须注意。

(3)在测定一样品时,可将另一待测样品放入加热炉内预热,以便节约时间。体系有两个转折点,必须待第二个转折点测完后方可停止实验,否则须重新测定。

(4)相图为平衡状态图,因此用热分析法测绘相图要尽量使被测系统接近平衡态,故要求冷却不能过快。为保证测定结果准确,还要注意使用纯度高的试样。

六、数据处理

(1)数据记录于下表中。

室温：　　　　　　　　　　　大气压：

温度 \ Sn 的含量（质量分数）	0	20%	40%	60%	80%	100%
热力学温度(K)						
摄氏温度(℃)						

(2)根据表中数据作温度(T)-时间(t)的曲线，找出各步冷曲线中转折点和水平线段所对应的温度值。

(3)从热电偶的工作曲线上查出各转折点温度和水平线段所对应的温度，以质量百分数为横坐标、温度为纵坐标，绘出 Bi-Sn 二组分金属相图，并表示出各区域的相数、自由度。

七、思考题

(1)试用相律分析各步冷曲线上出现平台的原因。为什么在不同组分的融熔液的步冷曲线上，最低共熔点的水平线段长度不同？

(2)是否可用加热曲线来作相图？为什么？

八、讨论

(1)当体系处在单纯冷却时，其冷却速度与体系本身的热容量、散热情况及体系和环境之间的温差等因素有关。对于某一特定的体系，体系的热容、散热情况等在冷却过程中基本不变，则体系的冷却速度仅仅与体系和环境之温差有关，即

$$-\frac{\mathrm{d}T}{\mathrm{d}t}=K(T_{系}-T_{环})$$

式中，K 为比例常数，与体系热容、散热情况等有关；t 是冷却时间；$T_{系}$ 和 $T_{环}$ 分别为体系和环境的温度。显然体系和环境之间的温差太大，冷却速度过快，步冷曲线上拐点出现不明显，为此除了给样品管加热电炉设置适当地保温层外，必要时可在保温层外壳中安装保温电炉丝，提供一定的加热电流，以减小系统和环境之间的温差，降低冷却速度；但保温功率也不宜过大，否则会延长实验时间。

(2)一般地讲，通过步冷曲线即可定出相界。然而，对于复杂的相图，有时还必须配合其他方法，才能正确无误地画出相图。如有些物质伴随着晶型的变化，而晶型变化的热效应较小，在步冷曲线上不易显示出来，也就不能用步冷曲线确定不同晶型之间的相界线了。

(3)本实验成败的关键是步冷曲线上转折变化和水平线段是否明显。步冷曲线上温度变化的速率取决于体系与环境间的温差、体系的热容量、体系的热传导率等因素，若体系析出固体放出的热量抵消散失热量的大部分，转折变化就明显，否则就不明显。故控制好样品的降温速度很重要，一般控制在 $6\sim8℃\cdot\text{min}^{-1}$，在冬季室温较低时，就需要给体系降温过程加以一定的电压（约 20 V）来减缓降温速率。

(4)实验所用体系一般为 Sn-Bi，Cd-Bi，Pb-Zn 等低熔点金属体系，但它们的蒸气对人体健康有危害，因而要在样品上方覆盖石墨粉或石蜡油，防止样品的挥发和氧化。石蜡油的沸点较低（大约为 300℃），故电炉加热样品时注意不宜

升温过高,特别是样品近熔化时所加电压不宜过大,以防止石蜡油的挥发和炭化。

基础实验十四 完全互溶双液体系相图(折射率法)

一、目的要求

(1)掌握阿贝折射仪的使用方法。

(2)绘制常压下环己烷-乙醇双液系的 T-x 图,并找出恒沸点混合物的组成和最低恒沸点。

二、实验原理

两种常温下为液态的物质任意混合而成的二组分体系称为双液体系。若两液体能按任意比例相互溶解,则称完全互溶双液体系;若只能部分互溶,则称部分互溶双液体系。双液体系的沸点不仅与外压有关,还与双液体系的组成有关。恒压下将完全互溶双液体系蒸馏,测定馏出物(气相)和蒸馏液(液相)的组成,就能找出平衡时气、液两相的成分并绘出 T-x 图。

双液体系的 T-x 图可分为三类:(1)理想的双液系,其溶液沸点介于两纯物质沸点之间(图 2-4-12(a));(2)各组分对拉乌尔定律发生负偏差,其溶液有最高沸点(图 2-4-12(b));(3)各组分对拉乌尔定律发生正偏差,其溶液有最低沸点(图 2-4-12(c))。第②、③两类溶液在最高或最低沸点时的气液两相组成相同,加热蒸发的结果只是气相总量增加,气液相组成以及溶液沸点保持不变,达到的温度称为恒沸点,相应的组成称为恒沸组成。因此通过蒸馏无法改变恒沸点组成。理论上①类混合物可用一般精馏法分离出两种纯物质,第②、③两类混合物只能分离出一种纯物质和另一种恒沸混合物。

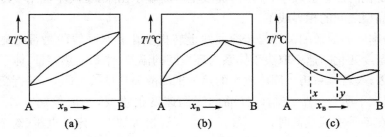

图 2-4-12 完全互溶双液体系的相图

为了测定二元液系的 T-x 图,需在气液相达平衡后,同时测定气相组成、液相组成和溶液沸点。在实验中测定整个浓度范围内不同组成溶液的气液相平衡组成和沸点后,就可绘出 $T\text{-}x$ 图。

本实验采用简单蒸馏回流冷凝的方法绘制环己烷-乙醇体系的 $T\text{-}x$ 图。其方法是用阿贝折射仪测定不同组分的体系在沸点温度时气相、液相的折射率,再从折射率-组成工作曲线上利用内插法查得相应的组成,然后绘制 $T\text{-}x$ 图。

三、仪器及试剂

(1)仪器:沸点仪 1 套;温度测定仪 1 套;恒温槽 1 台;阿贝折射仪 1 台;移液管(1 mL,2 支;10 mL,1 支);具塞小试管 9 支。

(2)试剂:环己烷(A.R.);无水乙醇(A.R.)。

四、实验步骤

(1)调节恒温槽温度 25℃(或 30℃),通恒温水于阿贝折射仪中。

(2)测定折射率与组成的关系,绘制工作曲线:将 9 支小试管编号,依次移入 0.100 mL,0.200 mL,…,0.900 mL 的环己烷,然后依次移入 0.900 mL,0.800 mL,…,0.100 mL 的无水乙醇,轻轻摇动,混合均匀,配成 9 份已知浓度的溶液。用阿贝折射仪测定每份溶液的折射率及纯环己烷和纯无水乙醇的折射率。以折射率对浓度作图(按纯样品的密度,换算成质量百分浓度或者摩尔浓度),即得工作曲线。

(3)测定环己烷-乙醇体系的沸点与组成的关系:如图 2-4-13 所示安装好沸点仪,打开冷却水,加热使沸点仪中溶液沸腾。最初冷凝管下端的冷凝液不能代表平衡时的气相组成。将最初冷凝液体倾回蒸馏器,并反复 2～3 次,待溶液沸腾且回流正常,温度读数恒定后,记录溶液沸点。用毛细滴管从气相冷凝液取样口吸取气相样品,把所取的样品迅速滴入阿贝折射仪中,测其折射率 n_g。再用另一支滴管吸取沸点仪中的溶液,测其折射率 n_L。

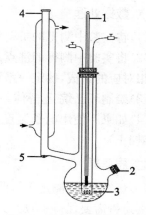

1—温度测量仪;2—加料口;3—加热丝;4—气相冷凝液取样口;5—气相冷凝液;

图 2-4-13 沸点测定仪

本实验是以恒沸点为界,把相图分成左右两半支,分两次来绘制相图。具体方法如下:

1)右半支沸点-组成关系的测定:取 20 mL 无水乙醇加入沸点仪中,然后依次加入环己烷 0.5 mL,1.0 mL,1.5 mL,2.0 mL,4.0 mL,14.0 mL。用前述方法分别测定溶液沸点及气相组分折射率 n_g、液相组分折射率 n_L。实验完毕,将溶液倒入回收瓶中。

2)左半支沸点-组成关系的测定:取 25 mL 环己烷加入沸点仪中,然后依次加入无水乙醇 0.1 mL,0.2 mL,0.3 mL,0.4 mL,1.0 mL,5.0 mL,用前述方法分别测定溶液沸点及气相组分折射率 n_g、液相组分折射率 n_L。

五、注意事项

(1)沸点仪中一定要加入沸石,且打开冷凝水后方可加热。

(2)实验中可调节加热电压来控制回流速度的快慢,电压不可过大,能使待测液体沸腾即可。电阻丝不能露出液面,一定要被待测液体浸没。

(3)在每一份样品的蒸馏过程中,由于整个体系的成分不可能保持恒定,因此平衡温度会略有变化,特别是当溶液中两种组成的量相差较大时,变化更为明显。为此每加入一次样品后,只要待溶液沸腾,正常回流 1~2 min 后,即可取样测定,不宜等待过长时间。

(4)每次取样量不宜过多,取样时毛细滴管一定要干燥,不能留有上次的残液,气相部分的样品要取干净。

(5)整个实验过程中,通过折射仪的水温要恒定。使用折射仪时,棱镜不能触及硬物(如滴管),擦拭棱镜用擦镜纸。

六、数据处理

(1)将实验中测得的折射率-组成数据列表。

(2)将实验中测得的沸点-折射率数据列表,用内插法在标准曲线上查得折射率相对应的组成,确定一系列溶液的气、液相组成,获得沸点与组成的关系。

(3)绘制环己烷-乙醇体系的 T-x 图,并标明最低恒沸点和恒沸点的组成。

(4)如果不使用电子温度计测量温度,还要进行温度计的外露水银柱校正(露茎校正)。

七、思考题

(1)该实验中,测定工作曲线时折射仪的恒温温度与测定样品时折射仪的恒温温度是否需要保持一致? 为什么?

(2)过热现象和分馏作用对实验产生什么影响? 如何在实验中尽可能避免?

(3)在连续测定实验中,样品的加入量应十分精确吗? 为什么?

(4)沸点仪中接收气相的支管距离长短和位置高低对测定结果有无影响? 为什么?

(5)如何判断气液已达平衡状态? 实验中应如何操作才能保证气相组成为平衡时的组成?

八、讨论

(1)间歇法测定完全互溶双液体系的 T-x 图：测定沸点与组成的关系时，也可以用间歇方法测定。先配好不同质量百分数的溶液，按顺序依次测定其沸点及气相、液相的折射率。

将配好的第一份溶液加入沸点仪中加热，待沸腾稳定后，读取沸点温度，立即停止加热。取气相冷凝液和液相液体分别测其折射率。用滴管取尽沸点仪中的测定液，放回原试剂瓶中。在沸点仪中再加入新的待测液，用上述方法同样依次测定（注意：更换溶液时，务必用滴管取尽沸点仪中的测定液，以免带来误差）。

(2)具有最低恒沸点的完全互溶双液体系很多，除了上面介绍的环己烷-乙醇体系外，再介绍一个异丙醇-环己烷体系。实验中两个体系的工作曲线及 T-x 图的绘制方法完全相同，只是样品的加入量有所区别，现介绍如下：

右半分支：先加入 20 mL 异丙醇，然后依次加入 1 mL，1.5 mL，2.0 mL，2.5 mL，3.0 mL，6.0 mL，25.0 mL 环己烷。

左半分支：加入 50 mL 环己烷，依次加入 0.3 mL，0.5 mL，0.7 mL，1.0 mL，2.5 mL，5.0 mL，12.0 mL 的异丙醇。

(3)因为沸点和大气压有关，因此在精确的测定中，还要对沸点进行校正。应用特鲁顿规则和克劳修斯-克拉贝龙方程可得到溶液沸点因大气变动而变动的近似校正式：

$$\Delta T = \frac{RT_\text{沸}}{21} \times \frac{\Delta p}{p} \approx \frac{T_\text{沸}}{10} \times \frac{101\ 325 - p}{101\ 325}$$

式中，ΔT 是沸点校正值；$T_\text{沸}$ 是溶液的沸点（绝对温度）；p 为测定时的大气压力（Pa）。由此，在一大气压下的溶液正常沸点为

$$T_\text{正常} = T_\text{沸} + \Delta T$$

基础实验十五　三组分等温相图的绘制（溶解度法）

一、目的要求

(1)掌握用溶解度法绘制相图的基本原理。

(2)熟悉相律，掌握用三角形坐标表示三组分体系相图。

二、实验原理

对于三组分体系，当处于恒温恒压条件时，根据相律，其自由度 f^* 为

$$f^* = 3 - \Phi$$

式中,Φ 为体系的相数。体系最大条件自由度 $f_{max}^* = 3 - 1 = 2$。因此,浓度变量最多只有两个,可用平面图表示体系状态和组成间的关系,通常是用等边三角形坐标表示,称之为三元相图,如图 2-4-14 所示。

等边三角形的三个顶点分别表示纯物 A,B,C,三条边 AB,BC,CA 分别表示 A 和 B,B 和 C,C 和 A 所组成的二组分体系的组成,三角形内任何一点都表示三组分体系的组成。图 2-4-14 中,P 点的组成表示如下:经 P 点作平行于三角形三边的直线,并交三边于 a,b,c 三点。若将三边均分成 100 等份,则 P 点的 A,B,C 组成分别为 $A\% = Pa = Cb$,$B\% = Pb = Ac$,$C\% = Pc = Ba$。

苯-醋酸-水是属于具有一对共轭溶液的三液体体系,即三组分中两对液体 A 和 B,A 和 C 完全互溶,而另一对 B 和 C 只能有限度地混溶,其相图如图 2-4-15 所示。

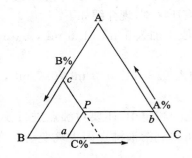

图 2-4-14 等边三角形法表示三元相图

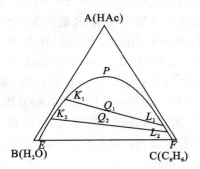

图 2-4-15 共轭溶液的三元相图

图 2-4-15 中,E,K_2,K_1,P,L_1,L_2,F 点构成溶解度曲线,K_1L_1 和 K_2L_2 是连接线。溶解度曲线内是两相区,即一层是苯在水中的饱和溶液,另一层是水在苯中的饱和溶液。曲线外是单相区。因此,利用体系在相变化时出现的清浊现象,可以判断体系中各组分间互溶度的大小。一般来说,溶液由清变浑时,肉眼较易分辨。所以本实验是用向均相的苯-醋酸体系中滴加水使之变成两相混合物的方法,确定两相间的相互溶解度。

三、仪器及试剂

(1)仪器:具塞锥形瓶(100 mL)2 个,(25 mL)4 个;酸式滴定管(20 mL)1 支;碱式滴定管(50 mL)1 支;移液管(1 mL,2 mL 各 1 支);刻度移液管(10 mL,20 mL 各 1 支);锥形瓶(150 mL)2 个。

(2)试剂:冰醋酸(A.R.);苯(A.R.);标准 NaOH 溶液(0.2 mol·dm^{-3});酚酞指示剂。

四、实验步骤

(1)测定溶解度曲线:在洁净的酸式滴定管内装水。用移液管移取 10.00 mL 苯及 4.00 mL 醋酸,置于干燥的 100 mL 具塞锥形瓶中,然后在不停地摇动下慢慢地滴加水,至溶液由清变浑时即为终点,记下水的体积。向此瓶中再加入 5.00 mL 醋酸,使体系成为均相,继续用水滴定至终点,记下水的用量。然后依次用同样方法加入 8.00 mL,8.00 mL 醋酸,分别再用水滴至终点,记录每次各组分的用量。最后一次加入 10.00 mL 苯和 20.00 mL 水,加塞摇动,并每间隔 5 min 摇动一次,30 min 后用此溶液测连接线。

另取一只干燥的 100 mL 具塞锥形瓶,用移液管移入 1.00 mL 苯及 2.00 mL 醋酸,用水滴至终点。之后依次加入 1.00 mL,1.00 mL,1.00 mL,1.00 mL,2.00 mL,10.00 mL 醋酸,分别用水滴定至终点,并记录每次苯、醋酸和水的用量。最后加入 15.00 mL 苯和 20.00 mL 水,加塞摇动,每隔 5 min 摇一次,30 min 后用于测定另一条连接线。

(2)连接线的测定:上面所得的两份溶液经半小时后,待两层液分清,用干燥的移液管(或滴管)分别吸取上层液约 5 mL,下层液约 1 mL 于已称重的 4 个 25 mL 具塞锥形瓶中,再称其重量,然后用水洗入 150 mL 锥形瓶中,以酚酞为指示剂,用 0.2 mol·dm^{-3} 标准氢氧化钠溶液滴定各层溶液中醋酸的含量。

五、注意事项

(1)因所测体系含有水的成分,故玻璃器皿均需干燥。

(2)在滴加水的过程中须一滴一滴地加入,且需不停地摇动锥形瓶。由于分散的"油珠"颗粒能散射光线,所以体系出现浑浊,如在 2~3 min 内仍不消失,即到终点。当体系醋酸含量少时要特别注意慢滴,含量多时开始可快些,接近终点时仍然要逐滴加入。

(3)在实验过程中注意防止或尽可能减少苯和醋酸的挥发,测定连接线时取样要迅速。

(4)用水滴定如超过终点,可加入 1.00 mL 醋酸,使体系由浑变清,再用水继续滴定。

六、数据处理

(1)计算实验温度时苯、醋酸和水的密度:$t_{室温}$ = _____ ℃;$\rho_{t(苯)}$ = _____;$\rho_{t(醋酸)}$ = _____;$\rho_{t(水)}$ = _____。

(2)溶解度曲线的绘制:

1)根据实验数据及试剂的密度,算出各组分的质量分数,列入下表:

No.	醋酸		苯		水		总重量	质量分数		
	mL	g	mL	g	mL	g	g	醋酸	苯	水

图 2-4-15 中 E,F 两点,数据如下:

体系		溶解度/w_A%				
A	B	10℃	20℃	25℃	30℃	40℃
C_6H_6	H_2O	0.163	0.175	0.180	0.190	0.206
H_2O	C_6H_6	0.036	0.050	0.060	0.072	0.102

2)将以上组成数据在三角形坐标纸上作图,即得溶解度曲线。

(2)连接线的绘制:

$$c_{NaOH} = \underline{\qquad}$$

溶液		重量/g	V_{NaOH}/mL	醋酸含量/w%
Ⅰ	上层			
	下层			
Ⅱ	上层			
	下层			

1)计算两瓶中最后醋酸、苯、水的重量百分数,标在三角形坐标纸上,即得相应的物系点 Q_1 和 Q_2。

2)将标出的各相醋酸含量点画在溶解度曲线上,上层醋酸含量画在含苯较多的一边,下层画在含水较多的一边,即可作出 K_1L_1 和 K_2L_2 两条连接线,它们应分别通过物系点 Q_1 和 Q_2。

七、思考题

(1)为什么根据体系由清变浑的现象即可测定相界?

(2)如连接线不通过物系点,其原因可能是什么?

(3)本实验中根据什么原理求出苯-醋酸-水体系的连接线?

第三节　设计实验

设计实验十四　差热分析法绘制萘-苯甲酸二组分相图

一、设计要求

(1)应用 DTA 法绘制萘-苯甲酸体系的二组分相图。

(2)掌握差热分析仪的原理和使用方法。

(3)了解绘制二组分相图的不同方法。

二、设计原理

二组分相图的绘制有不同的方法,可根据不同的二组分的存在状态选择不同的方法来测定。其目的是测定出不同组分在不同温度下的相态,一般情况是在一定的压力下测定。

二组分相图的绘制一般用热分析法,根据不同组分步冷曲线上的折点和平台温度绘制相图。但该方法药品用量较大,精确度稍差。而 DTA 是在程序控制温度下,测定样品与参比物之间温差随温度和时间变化的关系曲线。从曲线上确定样品的转折温度,并由此判断不同组分的相变点温度,然后以组成为横坐标、以温度为纵坐标绘制出相图。

萘和苯甲酸的二组分相图为具有低共熔物的二组分相图,两个纯样品在受热熔化时要放出和吸收热量,在差热分析曲线上就会出现特征吸收或放热峰,并有对应的相变温度。若在一纯组分中加入另一组分,其混合物融化,温度要下降,并随着样品组分的变化,放热峰或吸热峰的温度也随之相应地变化。若以各组分对相应组分的熔化温度作图可得到低共熔物萘和苯甲酸的二组分相图。

三、参考文献

(1)东北师范大学,等. 物理化学实验[M]. 北京:高等教育出版社,1989

(2)武汉大学. 物理化学实验[M]. 武汉:武汉大学出版社,2004

(3)孙尔康,徐维清,邱金恒. 物理化学实验[M]. 南京:南京大学出版社,1998

(4)顾月姝. 物理化学实验[M]. 北京:化学工业出版社,2004

设计实验十五　两固体和一液体的水盐体系的三组分相图

一、设计要求

(1)应用湿固相法绘制两固体和一液体的水盐三组分体系的相图。

(2)掌握湿固相法的操作过程。

二、设计原理

在两固体和一液体水盐体系的三元相图中,两固体在水中的溶解度不同,体系达到平衡时,带有饱和溶液的固相的组成点,应该处于饱和溶液的组成点和纯固相的组成点的连线上,故可采用湿固相法分析确定固相组成。湿固相法是在一定温度下,配制一系列的饱和溶液,过滤后分别分析溶液和固相的组成。它不需要将固相干燥,而直接分析湿渣的总成分。这一方法的根据是,带有饱和溶液的固相的组成点,必定处于饱和溶液的组成点和纯固相的组成点的连线上。因此同时分析几对饱和溶液和湿固相的成分,将它连成直线,这些直线的交点即为纯固相成分。图 2-4-16 为常见的图形。图中 A,B,C 分别代表 H_2O 及两固体盐。EO 线为 B(s)的饱和曲线,FO 线为 C(s)的饱和曲线。若取 B(s)和 C(s)的任意比例的混合物,加入少量水使之饱和,并有过量固体未被溶解,分别分析溶液组成和与之平衡的固相组成,然后,将足够多的不同组成的不同溶液及它们的湿渣(固相)的点连接,即可得到完整的相图。

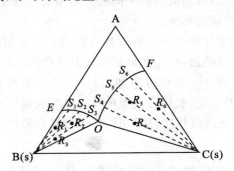

图 2-4-16　湿固相法描绘的三组分相图

按以上方法,若开始配置两种盐的饱和溶液,这样做出的数据会由于实验中为使溶液混合均匀,在搅拌过程中水分的蒸发而引起组成的改变。较为精确的方法是配制一系列某一纯(B 或 C)组分的饱和溶液,分别分析滤液的成分得 S_1,S_2,S_3,$\cdots$,S_i 点,分析湿渣的总成分得 R_1,R_2,R_3,$\cdots$,R_i 点。把 S_iR_i 都连接起来，S_1R_1，S_2R_2，S_3R_3 等相交于一点 B，S_4R_4，S_5R_5，S_6R_6 相交于一点 C，说明在 EO 范围内，固相是纯 B，在 FO 范围内固相是纯 C，在 O 点同时饱和了 B 和 C。

三、参考文献

(1)北京大学化学学院物理化学实验教学组. 物理化学实验[M]. 4 版. 北京：北京大学出版社，2002

(2)广西师范大学，等. 物理化学实验[M]. 桂林：广西师范大学出版社，1986

(3)成都科技大学. 物理化学实验[M]. 成都：成都科技大学出版社，1988

第五章　化学反应速率常数的测定

　　从 19 世纪发展起来的宏观化学反应动力学基础研究,已经推广到 20 世纪的分子微观水平和与计算机相结合的交叉学科发展。化学反应动力学的发展经历了一个从宏观到微观、从理论到应用、从被动探索到主观能动研究的阶梯式上升趋势。这一学科不但在化工、涂料、燃料、催化、环保和军事等应用领域不断拓展,而且其研究方法也呈现出多元化发展趋势,有用基于多种理论的数值模拟方法,有用热分析法进行的动力学特性研究,有用物理谱学方法进行的反应动力学研究,还有用图像识别方法进行的传质及动力学参数研究等。随着这些新的方法得到应用和推广,必将大大促进化学学科的进一步发展和提高。

　　在分子束研究领域中,基元化学反应的态-态动力学研究有相当大的突破,主要表现在实验上量子态分辨的散射研究有了很大的进展。在基元化学反应的理论研究中,对基元反应动力学的一些基本问题也有很大的突破,如关于反应共振及过渡态有了更深刻的理解。在理论化学动力学的研究中,关于化学反应速率理论的研究(如 R R K M 理论以及电子转移理论的研究和应用)也有了飞跃性的发展。随着计算方法及计算速度的提高,与计算相关的化学动力学研究(如化学反应的量子动力学研究)也有了很大的发展。在宏观气相动力学方面,研究内容主要向大气化学、燃烧化学以及星际化学等领域的发展。在飞秒化学研究中,最大进展在于从时间尺度上能更加精准地理解化学反应本质。近年来发展起来的大分子过程,尤其是与生物相关分子动力学的研究,则是化学动力学研究的一个新的增长点。此外,低温基质化学动力学与基元表面化学动力学的研究也是未来动力学研究的一个重要方向。

第一节　概　述

一、化学反应速率的定义

化学反应速率的计算公式为

$$v = \frac{1}{V}\frac{\mathrm{d}\xi}{\mathrm{d}t}$$

式中，v 为反应速率；V 为体积；ξ 为反应进度；t 为时间。

若反应在恒容下进行时，则上式可改写为

$$v = \frac{1}{V}\frac{\mathrm{d}n_B}{v_B\mathrm{d}t} = \frac{\mathrm{d}c_B}{v_B\mathrm{d}t}$$

式中，v_B 为反应方程式中的化学计量数，对反应物取负值，对产物取正值。

当用反应物或产物分别表示反应：$a\mathrm{A} + b\mathrm{B} \longrightarrow f\mathrm{F} + e\mathrm{E}$ 的反应速率时，则有

$$v = -\frac{\mathrm{d}c_A}{a\mathrm{d}t} = -\frac{\mathrm{d}c_B}{b\mathrm{d}t} = \frac{\mathrm{d}c_F}{f\mathrm{d}t} = \frac{\mathrm{d}c_E}{e\mathrm{d}t}$$

在实际应用时，常用 $-\dfrac{\mathrm{d}c_A}{\mathrm{d}t}$，$-\dfrac{\mathrm{d}c_B}{\mathrm{d}t}$ 或 $\dfrac{\mathrm{d}c_F}{\mathrm{d}t}$，$\dfrac{\mathrm{d}c_E}{\mathrm{d}t}$ 来表示反应的反应速率。

$-\dfrac{\mathrm{d}c_A}{\mathrm{d}t}$，$-\dfrac{\mathrm{d}c_B}{\mathrm{d}t}$ 称为反应物的消耗速率；$\dfrac{\mathrm{d}c_F}{\mathrm{d}t}$，$\dfrac{\mathrm{d}c_E}{\mathrm{d}t}$ 则称为产物的生成速率。

二、反应速率方程及反应级数

某一化学反应的速率方程：$v = kc_A^{\alpha}c_B^{\beta}c_C^{\gamma}$，式中，$k$ 为反应的速率常数；α,β,γ 分别为 A，B，C 物质的反应分级数，$\alpha+\beta+\gamma=n$ 称为反应总级数。α,β,γ 的数值可为零、分数和整数，而且可正可负。

注意：若速率方程中的 v 及 k 注有下标时，如 v_B，k_B，则表示该反应的速率方程式用物质 B 表示反应速率和反应速率常数。

三、基元反应与质量作用定律

基元反应是指由反应物微粒（分子、原子、离子、自由基等）一步直接转化为产物的反应。若反应是由两个或两个以上的基元反应所组成，则该反应称为非基元反应。

对于基元反应，其反应速率与各反应物浓度的幂乘积成正比，而各浓度的方次则为反应方程式中的各反应物的化学计量数，这就是质量作用定律。

例如，有基元反应：$\mathrm{A} + 2\mathrm{B} \longrightarrow \mathrm{C} + \mathrm{D}$，则其速率方程为

$$-\frac{\mathrm{d}c_A}{\mathrm{d}t} = k_A c_A c_B^2$$

要注意：非基元反应决不能用质量作用定律，所以如未指明某反应为基元反应时，不要随便使用质量作用定律。

四、具有简单级数反应的速率公式及特点

级数	微分式	积分式	半衰期	k 的单位
0	$-\dfrac{\mathrm{d}c_A}{\mathrm{d}t} = k(c_A)^0$	$c_{A,0} - c_A = k_A t$	$t_{1/2} = c_{A,0}/2k$	$\mathrm{mol} \cdot \mathrm{m}^{-3} \cdot \mathrm{s}^{-1}$

（续表）

级数	微分式	积分式	半衰期	k 的单位
1	$-\dfrac{dc_A}{dt}=kc_A$	$\ln\dfrac{c_{A,0}}{c_A}=k_A t$	$t_{1/2}=\ln 2/k$	s^{-1}
2	$-\dfrac{dc_A}{dt}=k_A c_A^2$	$\dfrac{1}{c_A}=kt+1/c_{A,0}$	$t_{1/2}=1/kc_{A,0}$	$(mol \cdot m^{-3})^{-1} \cdot s^{-1}$
n ($n\neq1$)	$-\dfrac{dc_A}{dt}=k_A c_A^n$	$\dfrac{1}{c_A^{n-1}}-\dfrac{1}{c_{A,0}^{n-1}}=(n-1)k_A t$	$t_{1/2}=\dfrac{2^{n-1}-1}{(n-1)k_A c_{A,0}^{n-1}}$	$(mol \cdot m^{-3})^{1-n} \cdot s^{-1}$

五、阿累尼乌斯方程

微分式：$d\ln k/dT=E_a/RT^2$

指数式：$K=Ae^{-\frac{E_a}{RT}}$

不定积分式：$\ln k=-\dfrac{E_a}{RT}+\ln A$

定积分式：$\ln(k_2/k_1)=-\dfrac{E_a}{R}\left(\dfrac{1}{T_2}-\dfrac{1}{T_1}\right)$

式中，A 称为指前因子或表观频率因子，其单位与 k 相同；E_a 称为阿累尼乌斯活化能（简称活化能），其单位为 $kJ \cdot mol^{-1}$。

阿累尼乌斯方程是表示 $k\text{-}T$ 关系的最常用的方程，常用于计算不同温度 T 所对应之反应的速率常数 $k(T)$ 以及反应的活化能 E_a。

若有一系列不同温度 T 下的速率常数 k 值，可作 $\ln k\text{-}1/T$ 图，应成一直线，由直线的斜率和截距即可求得 E_a 和 A。

注意：阿累尼乌斯方程只能用于基元反应或有明确级数的非基元反应，甚至某些非均相反应。但更精确的实验表明，若温度范围变化过大时，阿累尼乌斯方程会产生误差，这时下列方程能更好地符合实验数据，即 $k=AT^B e^{-E/RT}$。

六、典型复合反应

1. 对峙反应

以正、逆反应均为一级反应为例：

$t=0$ $c_{A,0}$ 0

$t=t$ c_A $c_{A,0}-c_A$

$t=\infty$ $c_{A,e}$ $c_{A,0}-c_{A,e}$

若以 A 的净消耗速率来表示该对峙反应的反应速率时，则 A 的净消耗速率为同时进行的，并以 A 来表示正、逆反应速率之代数和，即

$$-\mathrm{d}c_A/\mathrm{d}t = k_1 c_A - k_{-1}(c_{A,0} - c_A)$$

上式的积分式为

$$\ln\frac{c_{A,0} - c_{A,e}}{c_A - c_{A,e}} = (k_1 + k_{-1})t$$

对峙反应的特点是经过足够长时间后,反应物与产物均趋向各自的平衡浓度,于是存在

$$K_c = k_1/k_{-1} = (c_{A,0} - c_{A,e})/c_{A,e}$$

这一关系式在对峙反应的计算中常使用。

2.平行反应

以两个反应均为一级反应为例:

$$A \xrightarrow{k_1} B$$

$$A \xrightarrow{k_2} C$$

则

$$\mathrm{d}c_B/\mathrm{d}t = k_1 c_A$$

$$\mathrm{d}c_C/\mathrm{d}t = k_2 c_A$$

因 B 与 C 的生成均由 A 转化而来,所以 A 的消耗速率便是平行反应的反应速率,而且

$$-\mathrm{d}c_A/\mathrm{d}t = \mathrm{d}c_B/\mathrm{d}t + \mathrm{d}c_C/\mathrm{d}t$$

得 $\qquad -\mathrm{d}c_A/\mathrm{d}t = (k_1 + k_2)c_A$

将上式积分得 $\qquad \ln(c_{A,0}/c_A) = (k_1 + k_2)t$

平行反应的特点:当组成平行反应的每一反应之级数均相同时,则各个反应的产物浓度之比等于各反应的速率常数之比,而与反应物的起始浓度及时间均无关。如上例所示的平行反应因组成的两反应皆为一级反应,故有

$$c_B/c_C = k_1/k_2$$

七、反应速率理论的速率常数表达式

1.碰撞理论的速率常数表达式

异种分子: $\qquad k = (r_A + r_B)^2 (8\pi k_B T/\mu)^{1/2} \mathrm{e}^{-E_c/RT}$

式中,E_c 称临界能,其与阿累尼乌斯活化能关系如下:

$$E_a = E_c + 1/2RT$$

2.过渡状态理论的速率常数表达式

$$k = \frac{k_B T}{h} K_c^{\neq}$$

$$K_c^{\neq} = \frac{q_{\neq}^{*\prime}}{q_A^* q_B^*} L\exp(-E_0/RT)$$

式中, $q_{\neq}^{*\prime}$ 为活化络合物的配分函数中分离出沿反应途径振动的配分函数后的剩余部分; q_A^* , q_B^* 为反应物 A 和 B 的配分函数; E_0 为活化络合物 $X^{\neq}$ 与反应物基态能量之差。

用热力学方法处理 $K_c^{\neq}$ 则得

$$k = \frac{k_B T}{hc^{\ominus}} \exp(\Delta^{\neq} S^{\ominus}/R) \exp(-\Delta^{\neq} H^{\ominus}/RT)$$

八、量子效率与量子产率

量子效率 φ (效率)＝发生反应的分子数/被吸收的光子数

＝发生反应的物质的量/被吸收光子的物质的量

量子产率 φ' (产率)＝生成产物 B 的分子数/被吸收的光子数

＝生成产物 B 的物质的量/被吸收光子的物质的量

九、速率方程的确定

化学动力学实验主要是从体系的宏观变量如浓度、温度、压力等出发,研究化学反应的速率和反应机理,建立起反应动力学方程,其中包括若干特征参数,如反应级数、速率常数、阿累尼乌斯活化能、指前因子等,从而探明各种因素对化学反应速率的影响规律。

对于化学反应 $\qquad aA + bB \longrightarrow P$

速率方程通式 $\qquad -\dfrac{dc_A}{dt} = k_A c_A^{n_A} c_B^{n_B}$

当 $\dfrac{c_A}{a} = \dfrac{c_B}{b}$ 时, $\dfrac{c_{A,0}}{a} = \dfrac{c_{B,0}}{b}$, $c_B = \dfrac{b}{a} c_A$,

$$-\frac{dc_A}{dt} = k_A c_A^{n_A} \left(\frac{b}{a} c_A\right)^{n_B} = \left(\frac{b}{a}\right)^{n_B} k_A c_A^{n_A + n_B} = k c_A^n$$

确定速率方程,就是确定速率常数 k 和反应级数 n , k 和 n 也称为动力学参数。

1. 动力学曲线的测定

测定动力学曲线,就是测定反应中各物质的浓度随时间的变化曲线,即 c - t 关系。

在动力学曲线上的 t 时刻作切线,可求出瞬时速率。

测定反应过程中不同时刻各物质浓度变化的方法有:

(1)化学分析方法:使用容量分析或重量分析法对反应物或产物直接进行浓度测定。在实验中,每隔一定时间,在不同时刻从反应器中取出一定量样品,用骤冷、冲稀、加阻化剂、除去催化剂等方法使反应立即停止,然后进行化学分析(终止反应,取样分析)。

（2）物理分析方法：测定反应体系中与浓度有定量关系的某些物理性质（压力、体积、温度、旋光度、折射率、电导率、电动势、黏度、吸光度等）随时间的变化，从而求得反应物或产物的浓度变化。

2. 确定反应级数的方法

确定反应级数的常用方法有：微分法、积分法、半衰期法和孤立法。

（1）微分法：对于 $v=-\dfrac{dc_A}{dt}=kc_A^n$ 形式的动力学方程，两边取对数，可得 $\ln v=\ln\left(-\dfrac{dc_A}{dt}\right)=\ln k+n\ln c_A$，以 $\ln\left(-\dfrac{dc_A}{dt}\right)$-$\ln c_A$ 作图，从直线斜率求出 n 值，由截距可求得 k 值。

获得$-dc_A/dt$的方法有两种：①做一次实验，在一条 c-t 曲线上求几个时间的斜率，见图 2-5-1(a)。②做多次实验，每次只取开始瞬间的速率，此法也称初始浓度法。用此法可排除产物和副反应的干扰，所以常采用此法，见图 2-5-1(b)。

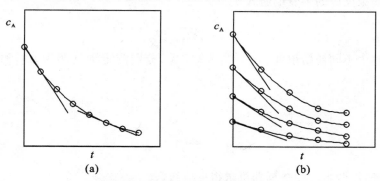

图 2-5-1　获得$-dc_A/dt$的实验方法

（2）积分法：这种方法的依据是积分动力学方程。当实验测得了一系列 c_A-t 的动力学数据后，看 c_A-t 间的关系适合于哪一级数的动力学积分式，从而确定该反应的反应级数。这种方法也称为尝试法或试差法。

积分法又可分为代入法和作图法两种方法：

1）代入法：将各组 c_A-t 值代入具有简单级数反应的速率定积分式中，计算 k 值。若得 k 值基本为常数，则反应为所代入方程的级数。若求得 k 不为常数，则需再进行假设。

2）作图法：将各组 c_A-t 值分别用下列方式作图：

$$c_A\text{-}t \qquad \ln c_A\text{-}t \qquad \dfrac{1}{c_A}\text{-}t \qquad \dfrac{1}{c_A^2}\text{-}t$$

$$0\ \text{级} \qquad\quad 1\ \text{级} \qquad\quad 2\ \text{级} \qquad\quad 3\ \text{级}$$

如果所得图为一直线，则反应为相应的级数。

积分法适用于具有简单级数的反应。该方法的优点是只需一次实验数据就可以进行尝试,是一种常用来确定级数的方法。其缺点是若初试不准,则需要多次尝试,方法繁杂。对实验时间持续不长、转化率低的反应,此法不够灵敏,很难区分级数。

(3)半衰期法:半衰期法确定反应级数的依据是化学反应的半衰期和反应物初始浓度之间的关系与反应级数有关。此方法只适用于形式为 $v=-\dfrac{\mathrm{d}c_A}{\mathrm{d}t}=kc_A^n$ 的速率方程。

一级反应的半衰期 $t_{1/2}$ 与反应速率常数成反比,与反应物的初始浓度无关:

$$t_{1/2}=\frac{\ln2}{k_1}=\frac{0.693\,2}{k_1}$$

所以半衰期法可求除一级反应以外的其他反应的级数。

由 n 级反应的半衰期通式:

$$t_{1/2}=\frac{2^{n-1}-1}{(n-1)kc_{A,0}^{n-1}},(n\neq1)$$

取两个不同初始浓度 $c_{A,0}{}',c_{A,0}{}''$ 做实验,分别测定半衰期为 $t_{1/2}{}'$ 和 $t_{1/2}{}''$,所以

$$\frac{t''_{1/2}}{t'_{1/2}}=\left(\frac{c'_{A,0}}{c''_{A,0}}\right)^{n-1}$$

$$n=1+\frac{\lg(t''_{1/2}/t'_{1/2})}{\lg(c'_{A,0}/c''_{A,0})}$$

这样,用两组实验数据即可求得反应级数。

如果数据较多,可用作图法。

$$\lg t_{1/2}=(1-n)\lg c_{A,0}+\lg B$$

式中,$B=\dfrac{2^{n-1}-1}{(n-1)k}$。

以 $\lg t_{1/2}$-$\lg c_{A,0}$ 作图,从直线斜率求 n 值,从直线截距可得 k。

从多个实验数据用作图法求出的 n 值更加准确。

(4)孤立法:对于 $v=kc^\alpha c^\beta$ 速率方程的反应,仍可采用上述方法,但要逐个解决。

例如要先解决 A 的级数 α,为此可加大 B 的量,使 $c_B\gg c_A$,这样反应过程中 c_B 可近似当作常数而合并于 k,于是得 $v=k''[A]^\alpha$。求得 α 后,再依次解决 β 等。

孤立法类似于准级数法,这里"孤立"的意思是指其他物质浓度不变,专门研究一种物质浓度变化的影响。此法需配合前面介绍的各种方法一起使用。

第二节　基础实验

基础实验十六　蔗糖的转化(旋光法)

一、目的要求

(1)了解旋光仪的构造、工作原理,掌握旋光仪的使用方法。

(2)测定不同温度时蔗糖转化反应的速率常数和半衰期,并求算蔗糖转化反应的活化能。

二、实验原理

蔗糖转化反应为 $C_{12}H_{22}O_{11} + H_2O \longrightarrow C_6H_{12}O_6 + C_6H_{12}O_6$

$\qquad\qquad\qquad$ 蔗糖 $\qquad\qquad\qquad$ 葡萄糖 $\quad$ 果糖

为使水解反应加速,常以酸为催化剂,故反应在酸性介质中进行。由于反应中水是大量存在的,尽管有部分水分子参加了反应,但仍可近似地认为整个反应中水的浓度是恒定的。而 H^+ 是催化剂,其浓度也保持不变。因此,蔗糖转化反应可视为一级反应。其动力学方程为

$$-\frac{dc}{dt} = kc \qquad\qquad\qquad (1)$$

式中,k 为反应速率常数;c 为时间 t 时的反应物浓度。

将(1)式积分得

$$\ln c = -kt + \ln c_0 \qquad\qquad\qquad (2)$$

式中,c_0 为反应物的初始浓度。

当 $c = 1/2c_0$ 时,t 可用 $t_{1/2}$ 表示,即为反应的半衰期。由(2)式可得

$$t_{1/2} = \frac{\ln 2}{k} = \frac{0.693}{k} \qquad\qquad\qquad (3)$$

蔗糖及水解产物均为旋光性物质。但它们的旋光能力不同,故可以利用体系在反应过程中旋光度的变化来衡量反应的进程。溶液的旋光度与溶液中所含旋光物质的种类、浓度、溶剂的性质、液层厚度、光源波长及温度等因素有关。

为了比较各种物质的旋光能力,引入比旋光度的概念。比旋光度可用下式表示:

$$[\alpha]_D^t = \frac{\alpha}{lc} \qquad\qquad\qquad (4)$$

式中,t 为实验温度(℃);D 为光源波长;α 为旋光度;l 为液层厚度(m);c 为浓度

$(kg \cdot m^{-3})$。

由(4)式可知,当其他条件不变时,旋光度 α 与浓度 c 成正比,即

$$\alpha = Kc \tag{5}$$

式中的 K 是一个与物质旋光能力、液层厚度、溶剂性质、光源波长、温度等因素有关的常数。

在蔗糖的水解反应中,反应物蔗糖是右旋性物质,其比旋光度 $[\alpha]_D^{20} = 66.6°$。产物中葡萄糖也是右旋性物质,其比旋光度 $[\alpha]_D^{20} = 52.5°$;而产物中的果糖则是左旋性物质,其比旋光度 $[\alpha]_D^{20} = -91.9°$。因此,随着水解反应的进行,右旋角不断减小,最后经过零点变成左旋。旋光度与浓度成正比,并且溶液的旋光度为各组成的旋光度之和。若反应时间为 $0, t, \infty$ 时溶液的旋光度分别用 $\alpha_0, \alpha_t, \alpha_\infty$ 表示,则

$$\alpha_0 = K_{反} \, c_0 \,(表示蔗糖未转化) \tag{6}$$

$$\alpha_\infty = K_{生} \, c_0 \,(表示蔗糖已完全转化) \tag{7}$$

式(6)、式(7)中的 $K_{反}$ 和 $K_{生}$ 分别为对应反应物与产物之比例常数。

$$\alpha_t = K_{反} \, c + K_{生}(c_0 - c) \tag{8}$$

由式(6)、式(7)、式(8)三式联立可以解得

$$c_0 = \frac{\alpha_0 - \alpha_\infty}{K_{反} - K_{生}} = K'(\alpha_0 - \alpha_\infty) \tag{9}$$

$$c = \frac{\alpha_t - \alpha_\infty}{K_{反} - K_{生}} = K'(\alpha_t - \alpha_\infty) \tag{10}$$

将式(9)、式(10)代入式(2)即得

$$\ln(\alpha_t - \alpha_\infty) = -kt + \ln(\alpha_0 - \alpha_\infty) \tag{11}$$

由(11)式可见,以 $\ln(\alpha_t - \alpha_\infty)$ 对 t 作图为一直线,由该直线的斜率即可求得反应速率常数 k,进而可求得半衰期 $t_{1/2}$。

根据阿累尼乌斯公式 $\ln \dfrac{k_2}{k_1} = \dfrac{E_a(T_2 - T_1)}{RT_1 T_2}$,可求出蔗糖转化反应的活化能 E_a。

三、仪器及试剂

(1)仪器:旋光仪 1 台;旋光管 1 只;恒温槽 1 台;台秤 1 台;停表 1 块;烧杯(100 mL,1 个);移液管(25 mL,2 支);带塞三角瓶(100 mL,2 个)。

(2)试剂:HCl(3 mol·dm^{-3});蔗糖(A. R.)。

四、实验步骤

(1)将恒温槽调节到(25.0±0.1)℃恒温,然后在旋光管中接上恒温水。

(2)旋光仪零点的校正:洗净旋光管,将管子一端的盖子旋紧,向管内注入蒸

馏水,把玻璃片盖好,使管内无气泡(或小气泡)存在。再旋紧套盖,勿使其漏水。用吸水纸擦净旋光管,再用擦镜纸将管两端的玻璃片擦净,放入旋光仪中盖上槽盖开启旋光仪,校正旋光仪零点。

(3)蔗糖水解过程中 α_t 的测定:用台秤称取 15 g 蔗糖,放入 100 mL 烧杯中,加入 75 mL 蒸馏水配成溶液(若溶液混浊则需过滤)。用移液管取 25 mL 蔗糖溶液置于 100 mL 带塞三角瓶中。移取 25 mL 3 mol·dm^{-3} HCl 溶液于另一只 100 mL 带塞三角瓶中。将三角瓶一起放入恒温槽内,恒温 10 min。取出两只三角瓶,将 HCl 迅速倒入蔗糖中,来回倒三次,使之充分混合。并且在加入 HCl 时开始计时,立即用少量混合液荡洗旋光管两次,将混合液装满旋光管(操作同装蒸馏水相同)。擦净后立刻置于旋光仪中,盖上槽盖。每隔一定时间,读取一次旋光度。开始时,可每 3 min 读一次;30 min 后,每 5 min 读一次。测定 1 h。

(4)α_∞ 的测定:将步骤 3 剩余的混合液置于近 60℃ 的水浴中,恒温至少 30 min 以加速反应,然后冷却至实验温度,荡洗旋光管并装满,测定其旋光度,此值即为 α_∞。

(5)将恒温槽调节到(30.0±0.1)℃恒温,按实验步骤 3,4 测定 30.0℃时的 α_t 及 α_∞。

五、注意事项

(1)装样品时,旋光管管盖旋至不漏液体即可,不要用力过猛,以免压碎玻璃片。

(2)在测定 α_∞ 时,通过加热使反应速度加快转化完全。但加热温度不要超过 60℃,加热过程要防止水的挥发致使溶液浓度变化。

(3)由于酸对仪器有腐蚀作用,操作时应特别注意,避免酸液滴漏到仪器上。实验结束后必须将旋光管洗净。

六、数据处理

(1)设计实验数据表,记录温度、盐酸浓度、α_t、α_∞ 等数据,计算不同时刻时 $\ln(\alpha_t-\alpha_\infty)$。

(2)以 $\ln(\alpha_t-\alpha_\infty)$ 对 t 作图,由所得直线的斜率求出反应速率常数 k。

(3)计算蔗糖转化反应的半衰期 $t_{1/2}$。

(4)由两个温度下测得的 k 值计算反应的活化能。

七、思考题

(1)实验中,为什么用蒸馏水来校正旋光仪的零点? 在蔗糖转化反应过程中,所测的旋光度 α_t 是否需要零点校正? 为什么?

(2)蔗糖溶液为什么可粗略配制?

(3)蔗糖的转化速率常数 k 与哪些因素有关?

(4)试分析本实验误差来源,怎样减少实验误差?

八、讨论

(1)测定旋光度有以下几种用途:①鉴定物质的纯度;②决定物质在溶液中的浓度或含量;③测定溶液的密度;④光学异构体的鉴别等。

(2)古根哈姆(Guggenheim)曾经推出了不需测定反应终了浓度(本实验中即为 α_∞)就能够计算一级反应速率常数 k 的方法,他的出发点是因为一级反应在时间 t 与 $t+\Delta t$ 时反应的浓度 c 及 c' 可分别表示为

$$c = c_0 e^{-kt}$$
$$c' = c_0 e^{-k(t+\Delta t)}$$

式中,c_0 为起始浓度。由此得 $\ln(c-c') = -kt + \ln[c_0(1-e^{-k\Delta t})]$,因此如果能在一定的时间间隔 Δt 测得一系列数据,则因为 Δt 为定值,以 $\ln(c-c')$ 对 t 作图,即可由直线的斜率求出 k。

基础实验十七　乙酸乙酯皂化反应(电导法)

一、目的要求

(1)学会使用电导率仪和恒温水浴。

(2)用电导率仪测定乙酸乙酯皂化反应进程中的电导率。

(3)学会用图解法求二级反应的速率常数,并计算该反应的活化能。

二、实验原理

乙酸乙酯皂化反应是个二级反应,其反应方程式为

$$CH_3COOC_2H_5 + OH^- \longrightarrow CH_3COO^- + C_2H_5OH$$

当乙酸乙酯与氢氧化钠溶液的起始浓度相同时,如均为 a,则反应速率表示为

$$\frac{dx}{dt} = k(a-x)^2 \tag{1}$$

式中,x 为时间 t 时反应物消耗掉的浓度;k 为反应速率常数。将上式积分得:

$$\frac{x}{a(a-x)} = kt \tag{2}$$

起始浓度 a 为已知,因此只要由实验测得不同时间 t 时的 x 值,以 $x/(a-x)$ 对 t 作图,若所得为一直线,证明是二级反应,并可以从直线的斜率求出 k 值。

乙酸乙酯皂化反应中,参加导电的离子有 OH^-,Na^+ 和 CH_3COO^-。由于反应体系是很稀的水溶液,可认为 CH_3COONa 是全部电离的。因此,反应前后

Na^+ 的浓度不变。随着反应的进行，仅仅是导电能力很强的 OH^- 逐渐被导电能力弱的 CH_3COO^- 所取代，致使溶液的电导逐渐减小。因此，可用电导率仪测量皂化反应进程中电导率随时间的变化，从而达到跟踪反应物浓度随时间变化的目的。

令 G_0 为 $t=0$ 时溶液的电导，G_t 为时间 t 时混合溶液的电导，G_∞ 为 $t=\infty$ （反应完毕）时溶液的电导。稀溶液中，电导值的减少量与 CH_3COO^- 浓度成正比，设 K 为比例常数，则

$$t=t\ 时，x=x，x=K(G_0-G_t)$$
$$t=\infty\ 时，x=a，a=K(G_0-G_\infty)$$

由此可得

$$a-x=K(G_t-G_\infty)$$

所以 $a-x$ 和 x 可以用溶液相应的电导表示，将其代入式(2)得

$$\frac{1}{a}\frac{G_0-G_t}{G_t-G_\infty}=kt$$

重新排列得

$$G_t=\frac{1}{ak}\cdot\frac{G_0-G_t}{t}+G_\infty \tag{3}$$

因此，只要测出不同时间溶液的电导值 G_t 和起始溶液的电导值 G_0，然后以 G_t 对 $(G_0-G_t)/t$ 作图应得一直线，直线的斜率为 $1/(ak)$，由此便求出某温度下的反应速率常数 k 值。将电导与电导率 κ 的关系式 $G=\kappa A/l$ 代入(3)式得

$$\kappa_t=\frac{1}{ak}\cdot\frac{\kappa_0-\kappa_t}{t}+\kappa_\infty \tag{4}$$

通过实验测定不同时间溶液的电导率 κ_t 和起始溶液的电导率 κ_0，以 κ_t 对 $(\kappa_0-\kappa_t)/t$ 作图，也得一直线，从直线的斜率也可求出反应速率常数 k 值。

如果知道不同温度下的反应速率常数 $k(T_2)$ 和 $k(T_1)$，根据 Arrhenius 公式，可计算出该反应的活化能 E：

$$\ln\frac{k(T_2)}{k(T_1)}=\frac{E}{R}\left(\frac{1}{T_1}-\frac{1}{T_2}\right) \tag{5}$$

三、仪器及试剂

(1)仪器:电导率仪 1 台;电导池 1 只;恒温水浴 1 套;停表 1 只;移液管(50 mL,3 支;1 mL,1 支);容量瓶(250 mL,1 个);磨口三角瓶(200 mL,5 个)。

(2)试剂:NaOH(0.020 0 mol·dm^{-3});乙酸乙酯(A. R.);电导水。

四、实验步骤

(1)配制乙酸乙酯溶液:准确配制与 NaOH 浓度(约 0.020 0 mol·dm^{-3})相

等的乙酸乙酯溶液。其方法是根据室温下乙酸乙酯的密度,计算出配制 250 mL 0.020 0 mol·dm^{-3} 的乙酸乙酯水溶液所需的乙酸乙酯的毫升数 V,然后用 1 mL 移液管吸取 VmL 乙酸乙酯注入 250 mL 容量瓶中,稀释至刻度即可。

(2)调节恒温槽:将恒温槽的温度调至(25.0±0.1)℃或(30.0±0.1)℃。

(3)调节电导率仪:电导率仪的使用见第三部分"常用仪器"。

(4)溶液起始电导率 κ_0 的测定:在干燥的 200 mL 磨口三角瓶中,用移液管加入 50 mL 0.020 0 mol·dm^{-3} 的 NaOH 溶液和等体积的电导水,混合均匀后,倒出少许溶液洗涤电导池和电极,然后将剩余溶液倒入电导池(盖过电极上沿并超出约 1 cm)恒温约 15 min,并轻轻摇动数次,然后将电极插入溶液,测定溶液电导率,直至不变为止,此数值即为 κ_0。

(5)反应时电导率 κ_t 的测定:用移液管移取 50 mL 0.020 0 mol·dm^{-3} 的乙酸乙酯溶液于干燥的 200 mL 磨口三角瓶中,用另一只移液管移取 50 mL 0.020 0 mol·dm^{-3} 的 NaOH 溶液于另一干燥的 200 mL 磨口三角瓶中。将两个三角瓶置于恒温槽中恒温 15 min,并摇动数次。将恒温好的 NaOH 溶液迅速倒入盛有乙酸乙酯溶液的三角瓶中,同时开动停表,作为反应的开始时间,迅速将溶液混合均匀,并用少许溶液洗涤电导池和电极,然后将溶液倒入电导池中,测定溶液的电导率 κ_t,在 4 min,6 min,8 min,10 min,12 min,15 min,20 min,25 min,30 min,35 min,40 min 各测电导率一次,记下 κ_t 和对应的时间 t。

(6)另一温度下 κ_0 和 κ_t 的测定:调节恒温槽温度为(35.0±0.1)℃或(40.0±0.1)℃。重复上述 4,5 步骤,测定该温度下的 κ_0 和 κ_t。但在测定 κ_t 时,按反应进行 4 min,6 min,8 min,10 min,12 min,15 min,18 min,21 min,24 min,27 min,30 min 测其电导率。实验结束后,关闭电源,清洗电极,并置于电导水中保存待用。

五、注意事项

(1)本实验需用电导水,并避免接触空气及灰尘杂质落入。

(2)配好的 NaOH 溶液要防止空气中的 CO_2 气体进入。

(3)乙酸乙酯溶液和 NaOH 溶液浓度必须相同。

(4)乙酸乙酯溶液需临时配制,配制时动作要迅速,以减少挥发损失。

六、数据处理

(1)将 t,κ_t,$(\kappa_0-\kappa_t)/t$ 数据列表。

(2)以两个温度下的 κ_t 对 $(\kappa_0-\kappa_t)/t$ 作图,分别得一直线,由直线的斜率计算各温度下的速率常数 k。

(3)由两温度下的速率常数,根据 Arrhenius 公式计算该反应的活化能。

七、思考题

(1)为什么由 0.010 0 mol·dm⁻³的 NaOH 溶液和 0.010 0 mol·dm⁻³的 CH₃COONa 溶液测得的电导率可以认为是 κ_0,κ_∞?

(2)如果两种反应物起始浓度不相等,试问应怎样计算 k 值?

(3)如果 NaOH 和乙酸乙酯溶液为浓溶液时,能否用此法求 k 值,为什么?

(4)为何本实验要在恒温条件下进行,且 NaOH 和 CH₃COOC₂H₅ 溶液在混合前还要预先恒温?

(5)反应分子数与反应级数是两个完全不同的概念,反应级数只能通过实验来确定。试问如何从实验结果来验证乙酸乙酯皂化反应为二级反应?

基础实验十八　丙酮碘化(分光光度法)

一、目的要求

(1)初步认识复杂反应机理,了解复杂反应表观速率常数的求算方法。

(2)测定用酸作催化剂时丙酮碘化反应的速率常数及活化能。

二、实验原理

$$\underset{A}{CH_3-\overset{\overset{\displaystyle O}{\|}}{C}-CH_3} + \ I_2 \ \underset{}{\overset{H^+}{=\!\!=\!\!=}} \ \underset{E}{CH_3-\overset{\overset{\displaystyle O}{\|}}{C}-CH_2I} + I^- + H^+$$

一般认为该反应按以下两步进行:

$$\underset{A}{CH_3-\overset{\overset{\displaystyle O}{\|}}{C}-CH_3} \ \overset{H^+}{=\!\!=\!\!=} \ \underset{B}{CH_3-\overset{\overset{\displaystyle OH}{|}}{C}=CH_2} \tag{1}$$

$$\underset{B}{CH_3-\overset{\overset{\displaystyle OH}{|}}{C}=CH_2} + I_2 \ \overset{H^+}{\longrightarrow} \ \underset{E}{CH_3-\overset{\overset{\displaystyle O}{\|}}{C}-CH_2I} + I^- + H^+ \tag{2}$$

反应(1)是丙酮的烯醇化反应,它是一个很慢的可逆反应;反应(2)是烯醇的碘化反应,它是一个快速且趋于进行到底的反应。因此,丙酮碘化反应的总速率是由丙酮烯醇化反应的速率决定的,丙酮烯醇化反应的速率取决于丙酮及氢离子的浓度。如果以碘化丙酮浓度的增加来表示丙酮碘化反应的速率,则此反应的动力学方程式可表示为

$$\frac{\mathrm{d}c_E}{\mathrm{d}t}=kc_A c_{H^+} \tag{3}$$

式中，c_E 为碘化丙酮的浓度；c_{H^+} 为氢离子的浓度；c_A 为丙酮的浓度；k 表示丙酮碘化反应总的速率常数。

由反应（2）可知：

$$\frac{dc_E}{dt} = -\frac{dc_{I_2}}{dt} \tag{4}$$

因此，如果测得反应过程中各时刻碘的浓度，就可以求出 dc_E/dt。由于碘在可见光区有一个比较宽的吸收带，所以可利用分光光度计来测定丙酮碘化反应过程中碘的浓度随时间的变化，从而求出反应的速率常数。若在反应过程中，丙酮的浓度远大于碘的浓度且催化剂酸的浓度也足够大时，则可把丙酮和酸的浓度看作不变，把（3）式代入（4）式积分得

$$c_{I_2} = -kc_A c_{H^+} t + B \tag{5}$$

式中，B 为积分常数。

按照朗伯-比耳（Lambert-Beer）定律，某指定波长的光通过碘溶液后的光强为 I，通过蒸馏水后的光强为 I_0，则透光率可表示为

$$T = I/I_0 \tag{6}$$

并且透光率与碘的浓度之间的关系可表示为

$$\lg T = -\varepsilon d c_{I_2} \tag{7}$$

式中，T 为透光率；d 为比色槽的光径长度；ε 是取以 10 为底的对数时的摩尔吸收系数。将（5）式代入（7）式得

$$\lg T = k\varepsilon d c_A c_{H^+} t + B' \tag{8}$$

式中，B' 为积分常数。

由 $\lg T$ 对 t 作图可得一直线，直线的斜率为 $k\varepsilon d c_A c_{H^+}$。式中 εd 可通过测定一已知浓度的碘溶液的透光率，由（7）式求得。当 c_A 与 c_{H^+} 浓度已知时，只要测出不同时刻丙酮、酸、碘的混合液对指定波长的透光率，就可以利用（8）式求出反应的总速率常数 k。

由两个或两个以上温度的速率常数，就可以根据阿累尼乌斯（Arrhenius）关系式计算反应的活化能：

$$E_a = \frac{RT_1 T_2}{T_2 - T_1} \ln \frac{k_2}{k_1} \tag{9}$$

三、仪器及试剂

（1）仪器：分光光度计 1 套；容量瓶（50 mL，4 个）；超级恒温槽 1 台；带有恒温夹层的比色皿 1 个；移液管（10 mL，3 支）；停表 1 块。

（2）试剂：碘溶液（含 4% KI）（0.03 mol·dm^{-3}）；HCl（1.000 0 mol·dm^{-3}）；丙酮（2 mol·dm^{-3}）。

四、实验步骤

(1)实验准备：

①恒温槽恒温(25.0±0.1)℃或(30.0±0.1)℃。

②开启有关仪器，分光光度计要预热 30 min。

③取四个洁净的 50 mL 容量瓶，第一个装满蒸馏水；第二个用移液管移入 5 mL I_2 溶液，用蒸馏水稀释至刻度；第三个用移液管移入 5 mL I_2 溶液和 5 mL HCl 溶液；第四个先加入少许蒸馏水，再加入 5 mL 丙酮溶液。然后将四个容量瓶放在恒温槽中恒温备用。

(2)透光率100%的校正：分光光度计波长调在 565 nm。比色皿中装满蒸馏水，在光路中放好。恒温 10 min 后调节蒸馏水的透光率为100%。

(3)测量 εd 值：取恒温好的碘溶液注入恒温比色皿，在(25.0±0.1)℃时，置于光路中，测其透光率。

(4)测定丙酮碘化反应的速率常数：将恒温的丙酮溶液倒入盛有酸和碘混合液的容量瓶中，用恒温好的蒸馏水洗涤盛有丙酮的容量瓶 3 次。洗涤液均倒入盛有混合液的容量瓶中，最后用蒸馏水稀释至刻度，混合均匀，倒入比色皿少许，洗涤三次倾出。然后再装满比色皿，用擦镜纸擦去残液，置于光路中，测定透光率，并同时开启停表。以后每隔 2 min 读一次透光率，直到光点指在透光率100%为止。

(5)测定各反应物的反应级数：

各反应物的用量如下：

编号	2 mol·dm^{-3}丙酮溶液	1 mol·dm^{-3}盐酸溶液	0.03 mol·dm^{-3}碘溶液
2	10 mL	5 mL	5 mL
3	5 mL	10 mL	5 mL
4	5 mL	5 mL	2.5 mL

测定方法同步骤3，温度仍为(25.0±0.1)℃或(30.0±0.1)℃。

(6)将恒温槽的温度升高到(35.0±0.1)℃，重复上述操作(1)中的③，(2)，(3)，(4)，但测定时间应相应缩短，可改为 2 min 记录一次。

五、注意事项

(1)温度影响反应速率常数，实验时体系始终要恒温。

(2)混合反应溶液时操作必须迅速准确。

(3)比色皿的位置不得变化。

六、数据处理

(1)将所测实验数据列表。

(2)将 $\lg T$ 对时间 t 作图,得一直线,从直线的斜率,可求出反应的速率常数。

(3)利用 25.0℃ 及 35.0℃ 时的 k 值求丙酮碘化反应的活化能。

(4)反应级数的求算:由实验步骤 4,5 中测得的数据,分别以 $\ln T$ 对 t 作图,得到四条直线。求出各直线斜率,即为不同起始浓度时的反应速率,可求出 α,β,γ。

七、思考题

(1)本实验中,是将丙酮溶液加到盐酸和碘的混合液中,但没有立即计时,而是当混合物稀释至 50 mL,摇匀倒入恒温比色皿测透光率时才开始计时,这样做是否影响实验结果? 为什么?

(2)影响本实验结果的主要因素是什么?

八、讨论

虽然在反应(1)和(2)中,从表观上看除 I_2 外没有其他物质吸收可见光,但实际上反应体系中却还存在着一个次要反应,即在溶液中存在着 I_2,I^- 和 I_3^- 的平衡:

$$I_2 + I^- \rightleftharpoons I_3^- \tag{10}$$

其中 I_2 和 I_3^- 都吸收可见光。因此反应体系的吸光度不仅取决于 I_2 的浓度而且与 I_3^- 的浓度有关。根据朗伯-比尔定律知,在含有 I_3^- 和 I_2 的溶液的总光密度 E 可以表示为 I_3^- 和 I_2 两部分消光度之和:

$$E = E_{I_2} + E_{I_3^-} = \varepsilon_{I_2} d c_{I_2} + \varepsilon_{I_3^-} d c_{I_3^-} \tag{11}$$

而摩尔消光系数 ε_{I_2} 和 $\varepsilon_{I_3^-}$ 是入射光波长的函数。在特定条件下,即波长 $\lambda = 565$ nm 时,$\varepsilon_{I_2} = \varepsilon_{I_3^-}$,所以(11)式就可变为

$$E = \varepsilon_{I_2} d (c_{I_2} + c_{I_3^-}) \tag{12}$$

也就是说,在 565 nm 这一特定的波长条件下,溶液的光密度 E 与总碘量 $(I_2 + I_3^-)$ 成正比。因此常数 εd 就可以由测定已知浓度碘溶液的总光密度 E 来求出。所以本实验必须选择工作波长为 565 nm。

基础实验十九　　B-Z 化学振荡反应

一、目的要求

(1)了解 Belousov-Zhabotinsky 反应(简称 B-Z 反应)的基本原理及研究化

学振荡反应的方法。

(2)掌握在硫酸介质中以金属铈离子作催化剂时,丙二酸被溴酸氧化体系的基本原理。

(3)了解化学振荡反应的电势测定方法。

二、实验原理

有些自催化反应有可能使反应体系中某些物质的浓度随时间(或空间)发生周期性的变化,这类反应称为化学振荡反应。

最著名的化学振荡反应是 1959 年首先由别诺索夫(Belousov)观察发现,随后柴波廷斯基(Zhabotinsky)继续了该反应的研究。他们报道了以金属铈离子作催化剂时,柠檬酸被 $HBrO_3$ 氧化可发生化学振荡现象,后来又发现了一批溴酸盐的类似反应,人们把这类反应称为 B-Z 振荡反应。例如丙二酸在溶有硫酸铈的酸性溶液中被溴酸钾氧化的反应就是一个典型的 B-Z 振荡反应。

1972 年,Fiel,Koros,Noyes 等人通过实验对上述振荡反应进行了深入研究,提出了 FKN 机理,反应由三个主过程组成:

过程 A: $Br^- + BrO_3^- + 2H^+ \longrightarrow HBrO_2 + HBrO$ (1)

$\qquad Br^- + HBrO_2 + H^+ \longrightarrow 2HBrO$ (2)

过程 B: $HBrO_2 + BrO_3^- + H^+ \longrightarrow 2BrO_2 \cdot + H_2O$ (3)

$\qquad BrO_2 \cdot + Ce^{3+} + H^+ \longrightarrow HBrO_2 + Ce^{4+}$ (4)

$\qquad 2HBrO_2 \longrightarrow BrO_3^- + H^+ + HBrO$ (5)

过程 C: $4Ce^{4+} + BrCH(COOH)_2 + H_2O + HBrO \longrightarrow 2Br^- + 4Ce^{3+} + 3CO_2 + 6H^+$ (6)

过程 A 是消耗 Br^-,产生能进一步反应的 $HBrO_2$,$HBrO$ 为中间产物。

过程 B 是一个自催化过程,在 Br^- 消耗到一定程度后,$HBrO_2$ 才按式(3)、(4)进行反应,并使反应不断加速,与此同时,Ce^{3+} 被氧化为 Ce^{4+}。$HBrO_2$ 的累积还受到式(5)的制约。

过程 C 为丙二酸被溴化为 $BrCH(COOH)_2$,与 Ce^{4+} 反应生成 Br^- 使 Ce^{4+} 还原为 Ce^{3+}。

过程 C 对化学振荡非常重要,如果只有过程 A 和 B,就是一般的自催化反应,进行一次就完成了,正是过程 C 的存在,以丙二酸的消耗为代价,重新得到 Br^- 和 Ce^{3+},反应得以再启动,形成周期性的振荡。

该体系的总反应为

$$2H^+ + 2BrO_3^- + 3CH_2(COOH)_2 \xrightarrow{Ce^{3+}} 2BrCH(COOH)_2 + 3CO_2 + 4H_2O$$

振荡的控制离子是 Br^-。

由上述可见,产生化学振荡需满足三个条件:

(1)反应必须远离平衡态。化学振荡只有在远离平衡态,具有很大的不可逆程度时才能发生。在封闭体系中振荡是衰减的,在敞开体系中,可以长期持续振荡。

(2)反应历程中应包含有自催化的步骤。产物之所以能加速反应,因为是自催化反应,如过程 A 中的产物 $HBrO_2$ 同时又是反应物。

(3)体系必须有两个稳态存在,即具有双稳定性。

化学振荡体系的振荡现象可以通过多种方法观察到,如观察溶液颜色的变化、测定吸光度随时间的变化、测定电势随时间的变化等。

本实验通过测定电极上的电势(U)随时间(t)变化的 U-t 曲线来观察 B-Z 反应的振荡现象(见图 2-5-2),同时测定不同温度对振荡反应的影响。根据 U-t 曲线,得到诱导期($t_{诱}$)和振荡周期($t_{1振}$,$t_{2振}$,$\cdots$)。

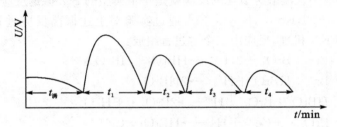

图 2-5-2　U-t 图

按照文献的方法,依据 $\ln \dfrac{1}{t_{诱}} = -\dfrac{E_{诱}}{RT} + C$ 及 $\ln \dfrac{1}{t_{振}} = -\dfrac{E_{振}}{RT} + C$ 公式,计算出表观活化能 $E_{诱}$,$E_{振}$。

三、仪器及试剂

(1)仪器:超级恒温槽 1 台;磁力搅拌器 1 台;记录仪 1 台;或计算机数据采集系统 1 套;恒温反应器(50 mL,1 台);容量瓶(100 mL,4 个);量筒(10 mL,4 个)。

(2)试剂:丙二酸(A. R.);溴酸钾(G. R.);硫酸铈铵(A. R.);浓硫酸(A. R.)。

四、实验步骤

(1)配制溶液:配制 0.45 mol·dm^{-3} 丙二酸溶液 100 mL,0.25 mol·dm^{-3} 溴酸钾溶液 100 mL,3.00 mol·dm^{-3} 硫酸溶液 100 mL,4×10^{-3} mol·dm^{-3} 的硫酸铈铵溶液 100 mL。

(2)按图 2-5-3 连接好仪器,打开超级恒温槽,将温度调节到(25.0 ± 0.1)℃。

(3)在恒温反应器中加入已配好的丙二酸溶液 10 mL、溴酸钾溶液 10 mL、硫酸溶液 10 mL,恒温 10 min 后加入硫酸铈铵溶液 10 mL,观察溶液的颜色变化,同时记录相应的电势-时间曲线。

（4）用上述方法改变温度为 30℃,35℃,40℃,45℃,50℃,重复上述实验。

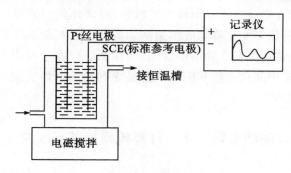

图 2-5-3　实验装置

五、注意事项

（1）实验所用试剂均需用不含 Cl^- 的去离子水配制,而且参比电极不能直接使用甘汞电极。若用 217 型甘汞电极时要用 $1 \ mol \cdot dm^{-3} \ H_2SO_4$ 作液接,可用硫酸亚汞参比电极,也可使用双盐桥甘汞电极,外面夹套中充饱和 KNO_3 溶液,这是因为其中所含 Cl^- 会抑制振荡的发生和持续。

（2）配制 $4 \times 10^{-3} \ mol \cdot dm^{-3}$ 的硫酸铈铵溶液时,一定要在 $0.20 \ mol \cdot dm^{-3}$ 硫酸介质中配制,防止硫酸铈铵发生水解呈混浊。

（3）实验中溴酸钾试剂纯度要求高,所使用的反应容器一定要冲洗干净,磁力搅拌器中转子位置及速度都必须加以控制。

六、数据处理

（1）从 U-t 曲线中得到诱导期和第一、二振荡周期。

（2）根据 $t_{诱},t_{1振},t_{2振}$ 与 T 的数据,作 $\ln(1/t_{诱})$-$1/T$ 和 $\ln(1/t_{1振})$-$1/T$ 图,由直线的斜率求出表观活化能 $E_{诱},E_{振}$。

七、思考题

影响诱导期和振荡周期的主要因素有哪些?

八、讨论

（1）本实验是在一个封闭体系中进行的,所以振荡波逐渐衰减。若把实验放在敞开体系中进行,则振荡波可以持续不断地进行,并且周期和振幅保持不变。

本实验也可以通过替换体系中的成分来实现,如将丙二酸换成焦性没食子酸、各种氨基酸等有机酸,如用碘酸盐、氯酸盐等替换溴酸盐,又如用锰离子、亚铁菲咯啉离子或铬离子代换铈离子等来进行实验都可以发生振荡现象,但振荡波形、诱导期、振荡周期、振幅等都会发生变化。

(2)振荡体系有许多类型,除化学振荡外还有液膜振荡、生物振荡、萃取振荡等。表面活性剂在穿越油水界面自发扩散时,经常伴随有液膜(界面)物理性质的周期变化,这种周期变化称为液膜振荡。另外在溶剂萃取体系中也发现了振荡现象。生物振荡现象在生物中很常见,如在新陈代谢过程中占重要地位的酶降解反应中,许多中间化合物和酶的浓度是随时间周期性变化的。生物振荡也包括微生物振荡。

基础实验二十　计算机模拟基元反应

一、目的要求

(1)了解分子反应动态学的主要内容和基本研究方法。
(2)掌握准经典轨线法的基本思想及其结果所代表的物理含义。
(3)了解宏观反应和微观基元反应之间的统计联系。

二、实验原理

分子反应动态学是在分子和原子的水平上观察和研究化学反应的最基本过程——分子碰撞,从中揭示出化学反应的基本规律,使人们能从微观角度直接了解并掌握化学反应的本质。本实验所介绍的准经典轨线法是一种常用的以经典散射理论为基础的分子反应动态学计算方法。

设想一个简单的反应体系 A+BC,当 A 原子和 BC 分子发生碰撞时,可能会有以下几种情况发生:

$$A+BC \begin{cases} A+BC(\text{non-reactive collision}) \\ B+AC(\text{reactive collision}) \\ C+AB(\text{reactive collision}) \\ ABC(\text{complex}) \\ A+B+C(\text{dissociation}) \end{cases}$$

准经典轨线法的基本思想是,将 A,B,C 三个原子都近似看做是经典力学的质点,通过考察它们的坐标和动量(广义坐标和广义动量)随时间的变化情况,就能知道原子之间是否发生了重新组合,即是否发生了化学反应,以及碰撞前后各原子或分子所处的能量状态,这相当于用计算机来模拟碰撞过程,所以准经典轨线法又称计算机模拟基元反应。通过计算各种不同碰撞条件下原子间的组合情况,并对所有结果作统计平均,就可以获得能够和宏观实验数据相比较的理论动力学参数。

(1)哈密顿运动方程:设一个反应有 N 个原子,它们的运动情况可以用 $3N$ 个广义坐标 q_i 和 $3N$ 个广义动量 p_i 来描述。若体系的总能量计作 H(是 q_i 和 p_i 的函数),按照经典力学,动量和坐标随时间的变化情况符合下列规律:

$$\begin{cases} \dfrac{\mathrm{d}p_i}{\mathrm{d}t} = -\dfrac{\partial H(p_1,p_2,\cdots,p_{3N},q_1,q_2,\cdots,q_{3N})}{\partial q_i} \\[4mm] \dfrac{\mathrm{d}q_i}{\mathrm{d}t} = \dfrac{\partial H(p_1,p_2,\cdots,p_{3N},q_1,q_2,\cdots,q_{3N})}{\partial p_i} \end{cases}$$

对于 A 原子和 BC 分子所构成的反应体系,应当有 9 个广义坐标和 9 个广义动量,构成 9 组哈密顿运动方程。根据经典力学知识,当一个体系没有受到外力作用时,整个体系的质心应当以一恒速运动,并且这一运动和体系内部所发生的反应无关。所以在考察孤立体系内部反应状况时,可以将体系的质心运动扣除。同时体系的势能在无外力作用的情况下是由体系中所有原子的静电作用引起的,所以它只和体系中原子的相对位置有关,和整个体系的空间位置无关。因此只要选取适当的坐标系,就可以扣除体系质心位置的三个坐标,将 A+BC 三个原子体系的 9 组哈密顿方程简化为 6 组方程,大大减少计算工作量。若选取正则坐标系,有三组方程描述质心运动可以略去,还剩 6 组 12 个方程。以正则坐标表示的哈密顿能量函数表达式为

$$H = \frac{1}{2\mu_{\mathrm{A,BC}}} \sum_{i=1}^{3} p_i^2 + \frac{1}{2\mu_{\mathrm{BC}}} \sum_{i=4}^{6} P_i^2 + V(q_1,q_2,\cdots,q_6)$$

式中,$\mu_{\mathrm{A,BC}}$ 是 A 和 BC 体系的折合质量;μ_{BC} 是 BC 分子的折合质量。若能知道 V 就得到哈密顿方程的具体表达式。

(2)位能函数 V:位能函数 $V(q_1,q_2,\cdots,q_6)$ 是一势能超面,无普适表达式,但可以通过量子化学计算出数值解,然后拟合出 LEPS 解析表达式。

(3)初值的确定:V 确定之后,方程就确定。只要知道初始 $p_i(0)$,$q_i(0)$,就可以求得任一时间的 $p_i(t)$,$q_i(t)$:

$$\begin{cases} p_i(t) = p_i(0) + \displaystyle\int_0^t -\left(\frac{\partial H}{\partial q_i}\right)\mathrm{d}t \\[4mm] q_i(t) = q_i(0) + \displaystyle\int_0^t \left(\frac{\partial H}{\partial p_i}\right)\mathrm{d}t \end{cases}$$

计算机模拟计算总是以一定的实验事实为依据的,根据现有的分子束实验水平,可以控制 A 和 BC 分子的能态、速度,计算时可以设定。但是碰撞时,BC 分子在不停地转动和振动,BC 的取向、振动位相、碰撞参数等无法控制,让计算机随机设定,这种方法称为 Monte-Carlo 法(设定 BC 分子初态时,给予了振动量子数 v 和转动量子数 J,这是经典力学不可能出现的,故该方法称为准经典的)。

(4)数值积分:初值确定后,就可以求任一时刻的 $p_i(t)$,$q_i(t)$,计算机积分得到的是坐标和动量的数值解。程序中我们采用的是 Lunge-Kutta 数值积分法,其计算实质上是将积分化为求和:

$$\int_{x_1}^{x_2} f(x)\mathrm{d}x = \sum_{x=x_1}^{x=x_2} f(x)\Delta x$$

选择适当的积分步长 Δx 是必要的,步长太小,耗时太多;增大步长虽可以缩短时间,但有可能带来较大误差。

(5)终态分析:确定一次碰撞是否已经完成,只要考察 A,B,C 的坐标,当任一原子离开其他原子的质心足够远时($>5.0\mathrm{a.u.}$),碰撞就已经完成。然后通过分析 R_{AB},R_{BC},R_{CA} 的大小,确定最终产物,根据终态各原子的动量,推出分子所处的能量状态,这样就完成了一次模拟。

(6)统计平均:由于初值随机设定,导致每次碰撞结果不同。为了正确反映出真实情况,需对大量不同随机碰撞的结果进行统计平均。如对同一条件下的 A+BC 反应模拟了 N 次,其中有 N_r 次发生了反应,则反应几率 P_r 为

$$P_r = \frac{N_r}{N}$$

(7)计算程序框图如下:

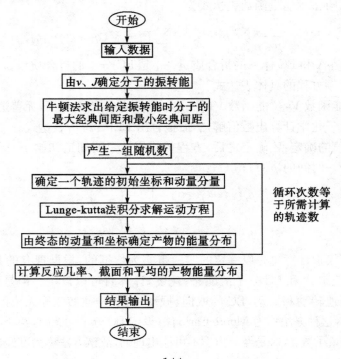

三、仪器及试剂

仪器:计算机 1 台。

四、实验步骤

(1)程序是在 Windows 环境下开发的,以快捷方式(默认名称为 Try)置于微机桌面,双击即可进入计算过程。

(2)改变实验参数,考察各个参数对反应几率的影响:

1)根据程序提供的参数($v=0,J=0$,初始平动能$=2.0$,积分步长$=10$)计算 20 条 $F+H_2$ 反应轨迹。从中选出一条反应轨迹和一条非反应轨迹,通过结果菜单观察 R_{AB},R_{BC},R_{CA} 随时间的变化曲线。

2)计算 100 条 $v=0,J=0$ 时,积分步长为 5,初始平动能为 2.0,4.0,6.0 时的反应轨线,记录反应几率、反应截面及产物的能态分布。

3)计算 100 条初始平动能为 2.0、积分步长为 5 的条件下,v 和 J 分别为 0,1,2,3 的反应轨线,记录碰撞结果。

五、注意事项

(1)严格按操作步骤进行,防止误操作。

(2)模拟基元反应计算过程中,严禁中间停机,以防止数据丢失。

六、数据处理

(1)选择一条反应轨迹和一条非反应轨迹,描绘出 R_{AB},R_{BC},R_{CA} 随时间的变化曲线。根据所绘曲线,说明在反应碰撞和非反应碰撞过程中,R_{AB},R_{BC},R_{CA} 的变化规律。

(2)将前面实验内容(2)～(5)的结果填入下表,计算不同反应条件下的反应几率并进行比较,讨论对于 $F+H_2$ 反应,增加平动能、转动能或振动能,哪个对 HF 的形成更为有利?

振转能	$E_t(0)$ /eV	v	J	p_r	反应截面 a. u.	$<E_t>_{产物}$ /eV	$<E_v>_{产物}$ /eV	$<E_r>_{产物}$ /eV
	2.0	0	0					
	2.0	1	0					
	2.0	0	1					
	4.0	0	0					

(3)讨论分析不同反应条件下反应产物的能态分布结果。

七、思考题

(1)准经典轨线法的基本物理思想与量子力学以及经典力学概念相比较各有哪些不同?

(2)使用准经典轨线法首先必须具备什么先决条件?一般如何解决这一问题?

八、讨论

(1)近年来,随着分子力场的发展、模拟算法的改进和计算机硬件、软件的提高,计算机模拟方法已经成为化学工作者必不可少的工具。计算机模拟主要包括量子力学、分子力学、分子动力学和蒙特卡洛等方法。其中量子力学可以提供分子中有关电子结构的信息,而分子力学描述的是原子尺度上的性质,这两种方法提供的是绝对零度的结构特征。分子动力学可以描述不同温度下体系的性质,以及与时间变化有关的动力学信息;而蒙特卡洛方法则通过波尔兹曼因子的引入也可以描述不同温度下的结构信息,但是仅仅能提供不含时间变化的统计信息。

(2)介观模拟:近年来出现的介观尺度上的计算机模拟填补了微观与宏观模拟之间的空白,它有益于解决化学工程中的许多介观相的变化问题。如胶束的形成、胶体絮凝物的生成、乳化过程、流变行为、共聚物与均聚物共混的形态以及多孔介质流体等。

目前,以上模拟方法在国内外得到了广泛应用,特别在材料科学、生命科学领域得到了长足发展,如药物设计、新材料的开发等。这些模拟方法中所需的软件均已商业化,部分软件还可在网上下载。

第三节　设计实验

设计实验十六　复相催化甲醇分解

一、设计要求

(1)测量 ZnO 催化剂对甲醇分解反应的催化活性。

(2)考察反应温度对催化活性的影响。

(3)了解催化剂制备条件对催化剂催化活性的影响。

(4)了解动力学实验中流动法的特点,掌握流动法测定催化剂活性的实验方法。

(5)掌握分析处理实验数据的方法。

二、设计原理

催化剂的活性是催化剂催化能力的量度,通常用单位质量或单位体积催化剂对反应物的转化百分率来表示。复相催化时,反应在催化剂表面进行,所以催化剂比表面(单位质量催化剂所具有的表面积)的大小对活性起主要作用。评价测定催化剂活性的方法大致可分为静态法和流动法两种。静态法是指反应物不连续加入反应器,产物也不连续移去的实验方法;流动法则相反,反应物不断稳定地进入反应器发生催化反应,离开反应器后再分析其产物的组成。使用流动法时,当流动的体系达到稳定状态后,反应物的浓度就不随时间而变化。流动法操作难度较大,计算也比静态法麻烦,保持体系达到稳定状态是其成功的关键。因此各种实验条件(温度、压力、流量等)必须恒定,另外,应选择合理的流速;流速太大时反应物与催化剂接触时间不够,反应不完全;流速太小则气流的扩散影响显著,有时会引起副反应。

本实验采用流动法测量 ZnO 催化剂在不同温度下对甲醇分解反应的催化活性,近似认为该反应无副反应发生(即有单一的选择性),反应式为

$$CH_3OH(g) \xrightarrow[\triangle]{ZnO\ 催化剂} CO(g) + 2H_2(g)$$

反应在如图 2-5-4 所示的实验装置中进行。氮气的流量由毛细管流速计监控,氮气流经预饱和器、饱和器,在饱和器温度下达到甲醇蒸气的吸收平衡。混合气进入管式炉中的反应管与催化剂接触而发生反应,流出反应器的混合物中有氮气、未分解的甲醇、产物一氧化碳及氢气。流出气前进时为冰盐冷却剂制冷,甲醇蒸气被冷凝截留在捕集器中,最后由湿式气体流量计测得的是氮气、一氧化碳、氢气的流量。如若反应管中无催化剂则测得的是氮气的流量。根据这两个流量便可计算出反应产物一氧化碳及氢气的体积,据此可获得催化剂的活性大小。

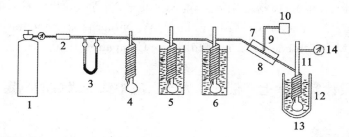

1—氮气钢瓶;2—稳流阀;3—毛细管流速计;4—缓冲瓶;5—预饱和器;6—饱和器;7—反应管;
8—管式炉;9—热电偶;10—控温仪;11—捕集器;12—冰盐冷剂;13—杜瓦瓶;14—湿式流量计

图 2-5-4　氧化锌活性测量装置

指定条件下催化剂的催化活性以每克催化剂使 100 g 甲醇分解掉的质量表示：

$$催化活性 = \frac{W'_{CH_3OH}}{W_{CH_3OH}} \times \frac{100}{W_{ZnO}} = \frac{n'_{CH_3OH}}{n_{CH_3OH}} \times \frac{100}{W_{ZnO}} \tag{1}$$

式中，n_{CH_3OH} 和 n'_{CH_3OH} 分别为进入反应管及分解掉的甲醇的物质的量。

近似认为体系的压力为实验时的大气压，因此

$$p_{体系} = p_{大气压} = p_{CH_3OH} + p_{N_2} \tag{2}$$

式中，p_{CH_3OH} 为 40℃时的甲醇的饱和蒸气压；p_{N_2} 为体系中 N_2 分压。根据道尔顿分压定律：

$$\frac{p_{N_2}}{p_{CH_3OH}} = \frac{X_{N_2}}{X_{CH_3OH}} = \frac{n_{N_2}}{n_{CH_3OH}} \tag{3}$$

可得 30 min 内进入反应管的甲醇的物质的量 n_{CH_3OH}，式中，n_{N_2} 为 30 min 内进入反应管的 N_2 的物质的量。

由理想气体状态方程 $p_{大气压}V_{CH_3OH} = n'_{CH_3OH}RT$ 可得分解掉甲醇的物质的量 n'_{CH_3OH}。其中，$V_{CH_3OH} = \frac{1}{3}V_{CO+H_2}$，$T$ 为湿式流量计上指示的温度。

三、参考文献

(1)傅献彩. 沈文霞，姚天扬，侯文华. 物理化学[M]. 5 版. 北京：高等教育出版社，2005

(2)天津大学物理化学教研室. 物理化学[M]. 4 版. 北京：高等教育出版社，2001

(3)顾月姝. 物理化学实验[M]. 北京：化学工业出版社，2004

(4)孙尔康，徐维清，邱金恒. 物理化学实验[M]. 南京：南京大学出版社，1998

(5)东北师范大学等校. 物理化学实验[M]. 北京：高等教育出版社，2002

(6)吴子生，邓希贤. 物理化学实验[M]. 北京：高等教育出版社，2002

(7)D. P. Shoemaker，C. W. Garland，J. W. Nibler. Experiments in Physical Chemistry[M]. 5th ed. McGraw-Hill Book Company，1989

设计实验十七　催化动力学反应中铁的级数的测定

一、设计要求

(1)掌握催化动力学反应中动力学参数的测定原理。

(2)掌握铁的催化动力学反应中反应级数和表观活化能的测定方法。

(3)测定催化动力学反应中铁的反应级数和反应的表观活化能。

二、设计原理

催化动力学分析法是测定痕量金属的广泛应用的有效方法。本实验是利用痕量金属在反应中的催化作用,来求得痕量金属的反应级数和相应催化反应的表观活化能。

1. 固定时间法铁的反应级数的测定原理

在酸性介质中,高碘酸钾氧化茜素红 S(ARS)的反应可表示为

$$ARS + KIO_4 \longrightarrow P + KIO_3$$

式中,P 为茜素红 S 反应后的产物。这是一个反应速度较慢的褪色反应。当加入催化剂铁(Ⅲ)后,可使褪色反应的速率大大加快,且速率的改变值与加入铁的量有关。

设该反应的速率方程可表示为

$$-\frac{dc_{ARS}}{dt} = k_1 c_{Fe}^{\alpha} c_{ARS}^{\beta} c_I^{\gamma} \tag{1}$$

式中,c_{Fe},c_{ARS},c_I 分别是反应的某一时刻 Fe^{3+}、茜素红 S 和高碘酸钾的浓度;α,β,γ 分别表示 Fe^{3+}、茜素红 S 和高碘酸钾的反应级数;k_1 为催化反应的速率常数。

当已知茜素红 S 的反应级数为 1,即 $\beta=1$ 时,并采用孤立法,保持高碘酸钾的浓度在反应中不变,则上式变为

$$-\frac{dc_{ARS}}{c_{ARS}} = k_2 c_{Fe}^{\alpha} dt \tag{2}$$

在反应进行到 t 时刻时,可得

$$\ln \frac{c_{ARS,0}}{c_{ARS}} = k_2 c_{Fe}^{\alpha} t \tag{3}$$

根据 Lambert-Beer 定律:

$$A = \varepsilon bc \tag{4}$$

式中,A 为吸光度;ε 为摩尔吸收系数;b 为光程长度。

因此,式(3)可转化为

$$\log \frac{A_{ARS,0}}{A_{ARS}} = k_3 c_{Fe}^{\alpha} t \tag{5}$$

采用固定时间法,上式变为

$$\log \frac{A_{ARS,0}}{A_{ARS}} = k c_{Fe}^{\alpha} \tag{6}$$

两边取对数,则应有如下关系:

$$\log\left(\log \frac{A_{ARS,0}}{A_{ARS}}\right) = \alpha \log c_{Fe} + \log k \tag{7}$$

绘制 $\log(\log\dfrac{A_{\mathrm{ARS,0}}}{A_{\mathrm{ARS}}})$ 与 $\log c_{\mathrm{Fe}}$ 的关系曲线图,由直线斜率可得到铁(Ⅲ)的反应级数 α,由直线截距可得到 k。

2. 铁催化反应的表观活化能的测定

当固定反应时间和催化剂 Fe^{3+} 的用量时,式(6)就变为

$$\log\frac{A_{\mathrm{ARS,0}}}{A_{\mathrm{ARS}}}=k \tag{8}$$

又根据 Arrhenius 方程式:

$$\log k=-\frac{E_{\mathrm{a}}}{2.303RT}+常数 \tag{9}$$

可得

$$\log(\log\frac{A_{\mathrm{ARS,0}}}{A_{\mathrm{ARS}}})=-\frac{E_{\mathrm{a}}}{2.303RT}+常数 \tag{10}$$

因此在不同温度 T 下测定 $\log\dfrac{A_{\mathrm{ARS,0}}}{A_{\mathrm{ARS}}}$ 值,以 $-\log(\log\dfrac{A_{\mathrm{ARS,0}}}{A_{\mathrm{ARS}}})$ 分别对 $1/T$ 作图,由直线斜率即可得到铁催化反应的表观活化能 E_{a}。

三、参考文献

(1)傅献彩,沈文霞,姚天扬,侯文华.物理化学[M].5 版.北京:高等教育出版社,2005

(2)天津大学物理化学教研室.物理化学[M].4 版.北京:高等教育出版社,2001

(3)陈国树.催化动力学分析法及其应用[M].南昌:江西高等学校出版社,1991

(4)JI Hongwei,XU Jian,et al. A Kinetic Spectrophotometric Method for the Determination of Iron(Ⅲ) in Water Samples[J]. Journal of Ocean University of China,2008,7(2):161-165

(5)陈贤光,邹小勇,梁起,等.茜素红 S 催化动力学光度法测定痕量铁(Ⅲ)及反应机理探讨[J].分析化学,2006,34(3):371-374

设计实验十八　固体在溶液中的吸附动力学曲线

一、设计要求

(1)掌握吸附过程动力学曲线的测定和解析方法。

(2)测定固体在溶液中的动力学曲线,解析表观反应级数和表观活化能。

(3)通过以上测定,了解界面化学领域中的动力学研究内容和方法。

二、设计原理

固体自溶液中的吸附是一个复杂的过程,包括吸附质分子由溶液相被吸附到吸附剂的固液界面吸附层,同时也包括在吸附层上的溶剂分子发生脱附而进入到溶液相,以及这两个过程的逆过程等。

吸附动力学研究的是在该复杂过程中,吸附质被吸附到固体吸附剂表面的表观吸附速率和机理。

常见的描述该过程的动力学模型是假一级吸附动力学方程和假二级吸附动力学方程。

假一级吸附动力学方程:$\dfrac{\mathrm{d}Q_t}{\mathrm{d}t}=k_1(Q_e-Q_t)$ 或 $\ln(Q_e-Q_t)=\ln Q_e-k_1 t$

假二级吸附动力学方程:$\dfrac{\mathrm{d}Q_t}{\mathrm{d}t}=k_2(Q_e-Q_t)^2$ 或 $\dfrac{t}{Q_t}=\dfrac{1}{k_2 Q_e^2}+\dfrac{t}{Q_e}$

式中,Q_t 为 t 时刻吸附剂上的吸附量;Q_e 为平衡时吸附剂上的最大吸附量;t 为吸附时间;k_1 和 k_2 为吸附速率常数。与通常的动力学方程相比,以上二式基于吸附剂对吸附质的饱和吸附量,而非溶液相中的吸附质的初始浓度。

实验中选取一定质量为 m 的固体吸附剂样品,如黏土、沉积物、活性炭等,加入到体积为 V,初始吸附质浓度为 c_0 的溶液中,恒定温度,振荡不同时间,取样测定溶液中吸附质的剩余浓度 c_t。t 时刻吸附剂上的吸附量可由 $Q_t=\dfrac{(c_0-c_t)V}{m}$ 计算得到。利用尝试法确定吸附动力学方程。

当确定吸附动力学方程以及吸附速率常数后,根据 Arrhenius 方程式:$\log k=-\dfrac{E_a}{2.303RT}+$ 常数,在不同温度 T 下测定和解析吸附动力学曲线,以 $\log k$ 对 $1/T$ 作图,可得到吸附过程的表观活化能 E_a。

溶液中吸附质的初始浓度和体系的固液比等因素都可能对吸附动力学过程产生影响。

三、参考文献

(1)顾惕人,朱珧瑶,李外郎等. 表面化学[M]. 北京:科学出版社,1994

(2)傅献彩,沈文霞,姚天扬,侯文华. 物理化学[M]. 5 版. 北京:高等教育出版社,2005

(3)赵振国,赵子建,顾惕人. 自溶液中的吸附Ⅻ活性炭自水中吸附芳香化合物的热力学研究[J]. 化学学报,1985,43:813-818

(4)赵振国. Langmuir 方程在稀溶液吸附中的应用[J]. 大学化学,1999,14

(5):7-11

(5) Yu Liu. New insights into pseudo-second-order kinetic equation for adsorption[J]. Colloids and Surfaces A: Physicochem. Eng. Aspects, 2008, 320:275-278

(6) Yuh-Shan Ho. Review of second-order models for adsorption systems [J]. J. Hazard. Mater, 2006,136:681-689

第六章　活度因子的测定

第一节　概　述

一、基本概念

对于非电解质,其化学势表示为

$$\mu_B = \mu_B^{\ominus}(T) + RT\ln\gamma_{B,m}\frac{m_B}{m^{\ominus}}$$

$$a_{B,m} = \gamma_{B,m}\frac{m_B}{m^{\ominus}}$$

当溶液很稀时可看作理想溶液,即 $\gamma_{B,m} \longrightarrow 1$。

电解质溶液中由于离子的相互作用使它比非电解质溶液的情况要复杂得多。强电解质几乎完全电离成离子,整体电解质不复存在,其浓度与活度的简单关系已不适用。而讨论各离子的活度、活度因子及由它们表现出的平均效应才是具有实际意义的。在研究电解质溶液时,活度因子是一个很重要的数据,它是溶液中某一组分偏离理想性的量度。在电解质溶液中正、负离子总是相伴存在的,故不能单独测得一种离子的活度,而只能测得正、负离子所表现出来的平均活度。对整体电解质的活度与离子的活度及平均活度的关系,可由化学势等式导出。对任意价型电解质:

$$M_{\nu_+}A_{\nu_-} \longrightarrow \nu_+ M^{z+} + \nu_- A^{z-}$$

$$\mu_B = \mu_B^{\ominus}(T) + RT\ln a_B$$

$$\mu_B = \mu_B^{\ominus} + RT\ln(a_+^{\nu_+} \cdot a_-^{\nu_-})$$

$$a_B = a_+^{\nu_+} a_-^{\nu_-}$$

离子平均活度(mean activity of ions):

$$a_{\pm} \stackrel{\text{def}}{=\!=} (a_+^{\nu_+} a_-^{\nu_-})^{\frac{1}{\nu}}$$

$$\nu = \nu_+ + \nu_-$$

离子平均活度因子(mean activity coefficient of ions):

$$\gamma_{\pm} \stackrel{\text{def}}{=\!=} (\gamma_+^{\nu_+} \gamma_-^{\nu_-})^{\frac{1}{\nu}}$$

离子平均质量摩尔浓度(mean molality of ions):

$$m_\pm \xlongequal{\text{def}} (m^{\nu_+}_+ m^{\nu_-}_-)^{\frac{1}{\nu}}$$

$$a_\pm = \gamma_\pm \frac{m_\pm}{m^\ominus}$$

$$a_B = a^{\nu_+}_+ a^{\nu_-}_- = a^\nu_\pm = (\gamma_\pm \frac{m_\pm}{m^\ominus})^\nu$$

相应的正、负离子的活度定义为

$$a_+ = \gamma_+ \frac{m_+}{m^\ominus}$$

$$a_- = \gamma_- \frac{m_-}{m^\ominus}$$

式中，$a_\pm$，$\gamma_\pm$，a_+，a_-，，γ_+，γ_-，m_+，m_- 分别为离子平均活度，平均活度因子，正、负离子的活度、活度因子和离子质量摩尔浓度。

从电解质的 m_m 求 $m_\pm$：

$$m_+ = \nu_+ m_B \qquad m_- = \nu_- m_B$$

$$m_\pm = (m^{\nu_+}_+ m^{\nu_-}_-)^{1/\nu} = [(\nu_+ m_B)^{\nu_+} (\nu_- m_B)^{\nu_-}]^{1/\nu} = (\nu^{\nu_+}_+ \nu^{\nu_-}_-)^{1/\nu} m_B$$

对 1-1 价电解质 $m_\pm = m_B$。离子的平均活度因子可由实验测定，在较稀溶液中也可由德拜休克尔极限公式计算：

$$\lg \gamma_\pm = -A|z_+ z_-|\sqrt{I}$$

影响离子平均活度因子的因素主要是离子的活度和价数，无限稀释溶液中所有电解质的活度因子都等于1，随着浓度的增大而降低，当浓度进一步增大到一定程度时，活度因子反而增大，很浓的时候有的甚至超过1，这是由于离子的水化作用和离子间排斥作用占主要的缘故。另外离子价数的影响比浓度还要大，当浓度相同时，正、负离子的价数乘积越高，其平均活度因子偏离1的程度越大，说明离理想溶液的偏差越大。

二、平均活度因子的测定

离子平均活度因子的测定方法很多，如溶解度法、蒸汽压降低法、蒸汽压平衡法（等压法）、沸点升高法、凝固点降低法、电动势法、紫外分光光度法、膜电势法、电导法和气相色谱法等。其中较为常用的是电动势法，它能直接得到对于电极是可逆的离子组成的溶质的活度因子。

1.溶解度法

溶解度法主要用来测定难溶电解质在其他可溶电解质存在的情况下离子的平均活度因子。

设某难溶电解质 $M_{\nu_+} A_{\nu_-}$ 存在下列电离平衡：

$$M_{\nu_+} A_{\nu_-}(s) \Longrightarrow \nu_+ M^{z+} + \nu_- A^{z-}$$

其活度积为

$$K_{sp}=a_+^{\nu^+}\times a_-^{\nu^-}$$

因 $a_+=\gamma_+\dfrac{m_+}{m^\ominus}$，$a_-=\gamma_-\dfrac{m_-}{m^\ominus}$，$K_{sp}=\gamma_\pm^\nu\times(\dfrac{m_\pm}{m^\ominus})^\nu$

所以

$$\gamma_\pm=\frac{K_{sp}^{1/\nu}}{(m_\pm/m^\ominus)}$$

实验测算出溶解度和活度积即可求得离子的平均活度因子 $\gamma_\pm$。

2. 溶液总蒸气压法

溶液总蒸气压法是近 30 年来发展起来的气液平衡测定方法。实验是在一套高真空装置中测定气液平衡数据。在恒温条件下，测定不同组成溶液的总蒸气压，由此推算平衡气相组成并进一步计算组分的活度因子。其优点是溶液用量少，低压操作稳定，气液相组成不需分析，数据质量高。缺点是实验步骤复杂，测定时间长且需耗用液氮。

3. 沸点仪法

沸点仪法是由 zcken 发展设计的气液平衡测定方法。通过实验可测得不同组成溶液的沸点和蒸气压的关系，并由热力学原理推算气相组成，由此计算组分的活度因子。沸点仪法有以下优点：仪器结构简单，实验数据质量高，达到平衡所需的时间短且不需要分析气液两相的组成，但其低压操作比较困难。

4. 色谱法

气相色谱法是一种新型的分离技术，它主要利用物质物理性质的差异对多组分混合物进行分离或分析。它具有分离效能高、分析速度快、样品用量少等特点，广泛用于化学、石油化工、生物、食品、医药等方面。在物理化学方面可用来研究催化动力学、化学吸附，以及测定溶解(气化)热等热力学函数。气相色谱法在热力学方面的应用主要有：测定样品的热力学参数，如活度因子、第二维利系数等；测定样品的物理参数，如汽化热、沸点以及蒸气压等。

第二节　基础实验

基础实验二十一　测定萘在硫酸铵水溶液中的活度因子(紫外分光光度法)

一、目的要求

(1)了解和初步掌握紫外分光光度计的使用方法。

（2）了解紫外分光光度法测定萘在硫酸铵水溶液中的活度因子的基本原理。

（3）用紫外分光光度计测定萘在硫酸铵水溶液中的活度因子，并求出极限盐效应常数。

二、实验原理

化合物分子内电子能级的跃迁发生在紫外及可见区的光谱称为电子光谱或紫外-可见光谱。通常紫外-可见分光光度计的测量范围在 $200\sim400$ nm 的紫外区及 $400\sim1\,000$ nm 的可见区及部分红外区。

许多有机物在紫外光区具有特征的吸收光谱，而对具有 π 键电子及共轭双键的化合物特别灵敏，在紫外光区具有强烈的吸收。

因萘的水溶液符合朗伯-比尔定律，可用三个不同波长（$\lambda=267$ nm，$\lambda=275$ nm，$\lambda=283$ nm）的光测定不同相对浓度的萘溶液的吸光度，以吸光度对萘的相对浓度作图，得到三条通过零点的直线。

$$A_0 = Kc_0 l \tag{1}$$

式中，A_0 为萘在纯水中吸光度；c_0 为萘在纯水中的溶液浓度；l 为溶液的厚度；K 为吸光系数。

对于萘的盐水溶液，用同样的波长进行测定得到如图 2-6-1 的吸收光谱。

从图 2-6-1 可以看出，萘在水溶液中和盐水溶液中，都是在 $\lambda=267$ nm，275 nm，283 nm 处出现三个峰，吸收光谱几乎相同，这说明盐（硫酸铵）的存在并不影响萘的吸收光谱。两种溶液中的吸光系数是一样的，则

$$A = Kcl \tag{2}$$

式中，A 为萘在盐水溶液中的吸光度；c 为萘在盐水中的浓度。

众所周知，把盐加入饱和的非电解质水溶液中，如果盐的加入增加非电解质的活度因子，其溶解度要比在纯溶剂中小，这个现象叫盐析，反之叫盐溶。

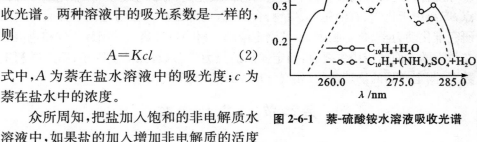

图 2-6-1　萘-硫酸铵水溶液吸收光谱

早在 1889 年 Setschenon 提出了盐效应的经验公式：

$$\lg \frac{c_0}{c} = Kc_s \tag{3}$$

式中，K 为盐析常数；c_s 为盐的浓度（mol·dm^{-3}）。如果 K 是正值，$c_0 > c$，这就是盐析作用；如果 K 是负值，$c_0 < c$，这就是盐溶作用。

当纯的非电解质和它的饱和溶液成平衡时,无论是在纯水或盐溶液里,非电解质的化学势是相同的:

$$a = \gamma c = \gamma_0 c_0 \tag{4}$$

式中,γ,γ_0 为活度因子。

$$\lg \frac{\gamma}{\gamma_0} = \lg \frac{c_0}{c} = \lg \frac{A_0}{A} = k c_s \tag{5}$$

通过测定萘水溶液的吸光度与萘盐水溶液的吸光度就可以求出活度因子。

本实验是用不同浓度的硫酸铵盐溶液测定萘在盐溶液中的活度因子,了解萘在水中的溶解度随硫酸铵的浓度增加而下降的趋势,硫酸铵对萘起盐析作用。

三、仪器及试剂

仪器:紫外分光光度计 1 台;容量瓶(50 mL,6 个;25 mL,3 个);锥形瓶(25 mL,6 个);刻度移液管(25 mL,1 支;10 mL,1 支)。

试剂:萘(A. R.);硫酸铵(A. R.)。

四、实验步骤

1. 溶液配置

(1)在 25℃下制备萘在纯水中饱和溶液 100 mL,取三只容量瓶(25 mL),分别配制 0.75,0.5,0.25 三个不同相对浓度(g·dm^{-3} 或 mol·dm^{-3})的萘水溶液。

(2)取 6 个 50 mL 的容量瓶配制硫酸铵溶液 1.2 mol·dm^{-3},1.0 mol·dm^{-3},0.8 mol·dm^{-3},0.6 mol·dm^{-3},0.4 mol·dm^{-3},0.2 mol·dm^{-3},每份溶液倒出一半至 25 mL 锥形瓶中,加入萘使之成为相应盐溶液浓度的饱和萘水盐溶液。

2. 光谱测定

(1)用 5 mL 饱和萘水溶液与 5 mL 水混合,以水作为参比液,测定 $\lambda = 260 \sim 290$ nm 间萘的吸收光谱。

(2)用 5 mL 饱和萘水溶液与 5 mL 1 mol·dm^{-3}硫酸铵溶液混合,用 5 mL 水加 5 mL(1 mol·dm^{-3})硫酸铵溶液为参比液,测定 $\lambda = 260 \sim 290$ nm 间萘的吸收光谱。

(3)在 $\lambda = 267$ nm,275 nm,283 nm 波长下测定不同相对浓度的萘水溶液的吸光度,以水作为参比液。

(4)用同浓度的硫酸铵水溶液作为参比液,在 $\lambda = 267$ nm,275 nm,283 nm 波长处分别测定不同浓度的饱和萘-硫酸铵水溶液的吸光度。

五、注意事项

(1)本实验所用试剂萘和硫酸铵纯度要求较高,可以通过重结晶处理以提高试剂纯度,满足实验需要。

(2)萘水饱和溶液和萘的盐水饱和溶液的饱和度一定要充分,可以通过振荡器使其充分饱和。

(3)萘易升华,称量时注意要用称量瓶称量固体萘。

六、数据处理

(1)根据所得不同浓度萘水溶液的吸光度值对萘溶液的相对浓度作图,得三条通过零点的直线,求出吸光系数 K'。

(2)根据测得不同浓度的硫酸铵饱和萘溶液的吸光度计算出一系列活度因子 γ 值(γ_0 作为 1),以 $\lg\gamma$ 对硫酸铵溶液的相应浓度作图,应呈直线关系。

(3)从图上求出极限盐效应常数。

七、思考题

(1)为什么要测定 $\lambda=260\sim290$ nm 的萘水溶液及萘水盐溶液的吸收光谱?

(2)影响本实验的因素有哪些?

(3)通过本实验是否可测定其他非电解质在盐水溶液中的活度因子?

(4)如果在 $\lambda=267$ nm,275 nm,283 nm 波长下测定萘在乙醇溶液中的含量是否可行?

(5)本实验中把萘在纯水中的饱和溶液的活度因子假设为 1,试讨论其可行性。

八、讨论

(1)盐效应表示离子与水分子之间静电力以及离子和非电解质间色散力二者大小的比较,如果静电力大于色散力结果造成盐析。

(2)从实验数据可看出,硫酸铵的加入对萘起盐析作用。萘的溶解度随硫酸铵浓度的增加而下降,活度因子增大。

(3)盐效应主要决定于离子与水分子间和离子与非电解质间的静电力与色散力二者之差,因此随离子晶体半径增加,离子与水分子间静电力逐渐下降,盐析效应相应降低。当离子半径增加至一定值时,色散力超过静电力,盐效应常数出现负值,出现盐溶效应。对于同类型的非电解质,偶极矩越大,盐效应越小。这是因为偶极矩越大,其分子与离子之间的静电引力也大,这种引力可部分抵消或减少离子与水分子之间的静电力,使体系总的静电力减少,盐效应常数也会相应地变小。

基础实验二十二　测定电解质溶液的活度因子

一、电动势法

(一)目的要求

(1)掌握电解质溶液活度、活度因子、平均活度和平均活度因子的概念。

(2)掌握用电动势法测定活度因子的基本原理和方法。

(3)用电动势法测定 $AgNO_3$ 稀溶液的离子平均活度因子($\gamma_\pm$),并计算 $AgNO_3$ 溶液的活度。

(二)实验原理

用硝酸银和饱和氯化钾溶液构成如下双液电池:

$$Hg \mid Hg_2Cl_2 \mid KCl(饱和) \parallel AgNO_3(m) \mid Ag$$

电池总反应: 　$AgCl + \dfrac{1}{2}Hg_2Cl_2 = Hg(l) + 2Cl^- + Ag$

根据总反应,电池电动势可按下式计算:

$$E = E(Ag^+/Ag) - E(甘汞) \tag{1}$$

因为饱和甘汞电极的电势值与温度的关系为

$$E(甘汞) = 0.241\ 5 - 7.6 \times 10^{-4}(t - 25)$$

如果温度恒定在 25℃,得:

$$E = E^0(Ag^+/Ag) + 0.059\ 15\lg a(Ag^+) - 0.241\ 5 \tag{2}$$

式中,$a(Ag^+) = m(Ag^+) \cdot \gamma(Ag^+)$。

由于 $AgNO_3$ 是 1-1 型电解质,所以 $m(Ag^+) = m$,而单种离子的活度因子不可测定,故常近似认为 $\gamma_+ = \gamma_- = \gamma_\pm$,所以(2)式可写为

$$E = E^0(Ag^+/Ag) + 0.059\ 15\lg\gamma_\pm m - 0.241\ 5 \tag{3}$$

即

$$\lg\gamma_\pm = \frac{E - (E^0(Ag^+/Ag) - 0.241\ 5) - 0.059\ 15\lg m}{0.059\ 15} \tag{4}$$

根据 Debye-Hückel 极限公式,对于 1-1 价型电解质的极稀溶液,离子平均活度因子有如下关系式:

$$\lg\gamma_\pm = -A\sqrt{m} \tag{5}$$

所以

$$\frac{E - (E^0(Ag^+/Ag) - 0.241\ 5) - 0.059\ 15\lg m}{0.059\ 15} = -A\sqrt{m} \tag{6}$$

设 $E' = E^0(Ag^+/Ag) - 0.241\ 5$,则

$$E-0.059\ 151\text{g}m=E'-0.059\ 15A\sqrt{m} \tag{7}$$

因此,若将不同浓度的 $AgNO_3$ 稀溶液构成上述双液电池,并分别测出其相应的 E 值,然后以 $E-0.059\ 151\text{g}m$ 为纵坐标,以 $\sqrt{m}$ 为横坐标作图,可得到一直线(见图 2-6-2)。将此直线外推到 $m=0$,则从纵坐标上得到的截距为 E'。将 E' 值与各不同浓度的 $AgNO_3$ 溶液所测得的相应的 E 值代入(7)式,即可计算出各溶液的 $\gamma_{\pm}$。同时根据 $a_{AgNO_3}=a_{Ag^+}\cdot a_{NO_3^-}=a_{\pm}^2=(\gamma_{\pm}m_{\pm})^2$,可计算出各溶液中 $AgNO_3$ 相应的活度。

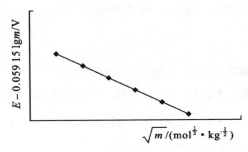

图 2-6-2 $AgNO_3$ 的 $E-0.059\ 151\text{g}m$-$\sqrt{m}$ 图

(三)仪器及试剂

(1)仪器:原电池测量装置 1 套(UJ-25 型电位差计、检流计、标准电池、稳压电源、电源接线)或数字电位差综合测试仪;217 型饱和甘汞电极 1 支;超级恒温槽 1 台;银电极 1 支;电极管 1 支。

(2)试剂:饱和 KNO_3 溶液;$0.100\ 0\ \text{mol}\cdot\text{kg}^{-1}$ $AgNO_3$ 标准溶液(二次蒸馏水配制)。

(四)实验步骤

(1)$AgNO_3$ 溶液的配置:用 $0.100\ 0\ \text{mol}\cdot\text{kg}^{-1}$ $AgNO_3$ 标准溶液配置质量摩尔浓度分别为 $0.001\ 5,0.003\ 0,0.005\ 0,0.008\ 0,0.010\ 0\ \text{mol}\cdot\text{kg}^{-1}$ 的 $AgNO_3$ 溶液(由于溶液较稀,所以可用浓度代替质量摩尔浓度)各 100 mL(均需用二次蒸馏水配制)。

(2)电池电动势的测定:将配置好的 $AgNO_3$ 溶液以由稀到浓的次序分别加入到插有银电极的电极管中,作为 $Ag|AgNO_3(m)$ 电极。以饱和 KNO_3 溶液为盐桥,$Ag|AgNO_3(m)$ 电极为正极,饱和甘汞电极为负极组成电池。将该电池置于温度为 25℃的超级恒温槽内,恒温 10 min 左右,用电位差计测定该电池的电动势。

(五)注意事项

(1)连接仪器时,防止将正负极接错。

(2)由于 Debye-Hückel 极限公式的使用范围 $I < 0.01$ mol·dm^{-3},因此实验时 $AgNO_3$ 溶液的质量摩尔浓度不要超过 0.01 mol·kg^{-1}。

(3)$AgNO_3$ 溶液的最低浓度不要小于 0.0011 mol·kg^{-1},否则测定时间太长。

(4)由于实验的质量摩尔浓度范围在 $0.001\sim0.01$ mol·kg^{-1},各溶液 E 的测定值差别不大,因此实验时操作一定要仔细,并注意温度一定要恒温在 $\pm(0.1℃\sim0.2℃)$。

(5)实验时取溶液的量器一定要准确,并且最好用同一支移液管。

(6)本实验甘汞电极是测定结果的关键,由于甘汞电极不稳定,实验前一定要检查电极是否合格。

（六）数据处理

(1)将不同浓度的 $AgNO_3$ 稀溶液测定实验记录列表。

表 2-6-1　不同浓度的 $AgNO_3$ 稀溶液的实验数据($t=25℃$)

$m/(mol·kg^{-1})$	$\sqrt{m}/(mol^{\frac{1}{2}}·kg^{-\frac{1}{2}})$	E/V	$(E-0.059\ 15lgm)/V$
0.001 5			
0.003 0			
0.005 0			
0.008 0			
0.010 0			

(2)根据表中数据,以 $E-0.059\ 15lgm$ 为纵坐标,以 $\sqrt{m}$ 为横坐标作图。

(3)将绘出的图中直线外推到 $m=0$ 处,从纵坐标上得到的截距 E'。将 E' 值与各不同浓度的 $AgNO_3$ 溶液所测得的相应的 E 值代入(5),(7)式,计算出各溶液的 $\gamma_\pm$。

(4)根据 $a_{AgNO_3}=a_{Ag^+}·a_{NO_3^-}=a_\pm^2=(\gamma_\pm m_\pm)^2$,计算出各溶液中 $AgNO_3$ 相应的活度。

（七）思考题

(1)测量电池电动势时,应该注意些什么?

(2)当实验温度接近 25℃时,为什么可用外推法来确定标准电动势?

(3)试述电动势法测定平均离子活度因子的基本原理。

(4)影响电池电动势准确测定的因素主要有哪些?

(5)本实验为什么用 KNO_3 做盐桥?

（八）讨论

（1）本实验除了测定上述的 $AgNO_3$ 溶液的平均离子活度因子外，还可以测定其他电解质溶液的平均离子活度因子，如 HCl 溶液、NaCl 溶液以及 $CuSO_4$ 溶液等。

（2）本实验亦可用来测定 2-1 价型电解质溶液的活度因子。例如将一系列不同浓度的稀 $ZnCl_2$ 溶液组成下列电池：

$$Zn \mid ZnCl_2(m) \parallel AgCl(s) \mid Ag$$

分别测定该电池的电动势 E。在 25℃时，可用 $E + 0.088\ 69 \lg m_\pm$ 对 $\sqrt{m_\pm}$ 作图，外推而求得该电池的 E^0，然后通过下式：

$$\lg \gamma_\pm = \frac{E^0 - (E + 0.088\ 69 \lg m_\pm)}{0.088\ 69}$$

计算不同浓度时 $ZnCl_2$ 溶液的平均离子活度因子，式中 $m_\pm = \sqrt[3]{m_{Zn^{2+}} \cdot m_{Cl^-}^2}$。由于 $ZnCl_2$ 极易水解，一般在配制 $ZnCl_2$ 溶液时，常常添加 HCl 以维持溶液的 pH＜3，所以在计算 $m_\pm$ 时，应将所加的 HCl 中 Cl^- 离子浓度一并计入 m_{Cl^-} 中。

二、电导法

（一）目的要求

（1）掌握用电导法测定活度因子的基本原理和方法，并进一步理解活度因子的概念。

（2）用电导法测定 NaCl 稀溶液的离子平均活度因子（$\gamma_\pm$）。

（二）实验原理

电解质在溶剂中的活度因子是溶液热力学研究的基本和重要的参数，它集中反映了在指定溶剂中离子之间及离子与溶剂分子之间的相互作用，对离子溶剂化、离子缔合及溶液结构改变的理论研究及其应用具有重要的意义。所以用电导法测定电解质水溶液组分的活度因子是一种简便、实用的方法。

由 Debye-Hiicker 公式：

$$\lg f_\pm = -\frac{A \cdot \mid Z_+ \cdot Z_- \mid \sqrt{I}}{1 + Ba\sqrt{I}} \tag{8}$$

Osager-Falkenhangen 公式：

$$\lambda = \lambda_0 - \frac{(B_- \cdot \lambda_0 + B_2)\sqrt{I}}{1 + Ba\sqrt{I}} \tag{9}$$

可以推出公式：

$$\lg f_\pm = -\frac{A \cdot \mid Z_+ \cdot Z_- \mid \sqrt{I}}{B_1\lambda_0 + B_2}(\lambda - \lambda_0) \tag{10}$$

令

$$a = \frac{A \cdot |Z_+ \cdot Z_-|}{B_1\lambda_0 + B_2}(\lambda - \lambda_0) \tag{11}$$

则 $\lg f_\pm = a \cdot \sqrt{I}$,其中

$$A = \frac{1.824\ 6 \times 10^6}{(\varepsilon T)^{3/2}}$$

$$B_1 = \frac{2.801 \times 10^6 (|Z_+| + |Z_-|)}{(\varepsilon T)^{3/2} \cdot (1 + \sqrt{q})} \tag{12}$$

$$B_2 = \frac{41.25^6 \cdot (|Z_+| + |Z_-|) \cdot q}{\eta(\varepsilon T)^{1/2}}$$

式中,ε 为溶剂的介电常数;η 为溶剂的黏度;T 为热力学温度;λ_0 为电解质无限稀释摩尔电导率;I 为溶液的离子强度。

$$q = \frac{|Z_+ \cdot Z_-|}{|Z_+| + |Z_-|} \cdot \frac{L_+^0 + L_-^0}{|Z_+| \cdot L_-^0 + |Z_-| \cdot L_+^0} \tag{13}$$

式中,L_+,L_- 是正、负离子的无限稀释摩尔电导率;Z_+,Z_- 是正、负离子的电荷数。对于实用的活度因子(电解质正、负离子的平均活度因子)$\gamma_\pm$,则有 $f_\pm = \gamma_\pm (1 + 0.001 \cdot \nu m M)$,所以 $\lg\gamma_\pm = \lg f_\pm - \lg(1 + 0.001 \cdot \nu m M)$,即

$$\lg\gamma_\pm = a(\lambda - \lambda_0) - \lg(1 + 0.001 \cdot \nu m M) \tag{14}$$

式中,M 为溶剂的摩尔质量(g·mol^{-1});ν 为一个电解质分子中所含正、负离子数目的总和,即 $\nu = \nu_+ + \nu_-$;m 为电解质溶液的质量摩尔浓度(mol·kg^{-1})。(14)式只适合于用于非缔合式电解质溶液且浓度在 0.1 mol·kg^{-1}以下。

NaCl 溶液的摩尔电导率的计算公式为

$$\lambda = (\kappa_{液} - \kappa_{水}) \times 10^3/c \tag{15}$$

用电导率仪测定不同浓度的 NaCl 溶液和溶剂(水)在一定温度时的电导率;应用 Kohlraush 经验规则 $\lambda = \lambda_0(1 - \beta\sqrt{c})$,以 λ 对$\sqrt{c}$作图(见图 2-6-3),外推得到无限稀释时 NaCl 溶液在水中的摩尔电导率值。然后根据(11)~(13)式,计算出 a 值,再根据(14)式即可计算电解质 NaCl 溶液的平均活度因子 $\gamma_\pm$。

(三)仪器及试剂

(1)仪器:DDS-11A(或 DDS-11C)电导率仪 1 台;超级恒温器 1 台;玻璃恒温水浴 1 台;电导池 1 个;0.5 mL,1 mL,5 mL,10 mL 刻度移液管各 1 支;100 mL 容量瓶 8 个;DJS-1 型光亮铂电导电极和 DJS-1 型铂黑电导电极各 1 支;洗瓶 1 个;洗耳球 1 个。

(2)试剂:0.50 mol·kg^{-1} NaCl 溶液作为母液(NaCl 用基准样品配制溶液);0.100 mol·dm^{-3} KCl 溶液。

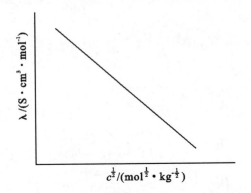

图 2-6-3　NaCl 溶液的摩尔电导率 λ~$\sqrt{c}$关系图

（四）实验步骤

（1）溶液配制：用 0.50 mol·kg^{-1} 的 NaCl 母液分别配制 0.01,0.02,0.03, 0.04,0.05,0.06,0.07,0.08 mol·kg^{-1} 的 NaCl 溶液各 100 mL。

（2）将恒温槽温度调到(25.0±0.1)℃或(30.0±0.1)℃。

（3）测定电导水的电导率：用电导水洗涤电导池和铂电极 2~3 次，然后注入电导水，恒温后测其电导率值，重复测定 3 次。

（4）测定电导池常数 K_{cell}：倾去电导池中蒸馏水，将电导池和铂电极用少量的 0.100 mol·dm^{-3} KCl 溶液洗涤 2~3 次后，装入 0.100 mol·dm^{-3} KCl 溶液。恒温后，用电导率仪测其电导率，重复测定 3 次。

（5）测定 NaCl 溶液的电导率：倾去电导池中电导水，将电导池和铂电极用少量待测溶液洗涤 2~3 次，最后注入待测溶液。恒温约 10 min，用电导率仪测其电导率，每份溶液重复测定 3 次。按照浓度由小到大的顺序，分别测定 8 种不同浓度电解质 NaCl 溶液的电导率。

（五）注意事项

（1）本实验需用电导水，并避免接触空气及灰尘杂质落入。

（2）配好的 NaCl 溶液要防止空气中的 CO_2 气体进入。

（3）溶液电导率的测量使用铂黑电导电极，水则采用光亮铂电导电极测量。实验过程中电导电极放在密闭的电极管中，以防溶剂挥发、浓度改变。

（4）电导池不用时，应把两铂黑电极浸在蒸馏水中，以免干燥致使表面发生改变。

（5）实验中温度要恒定，测量必须在同一温度下进行。恒温槽的温度要控制在(25.0±0.1)℃或(30.0±0.1)℃。

（6）测定前，必须将电导电极及电导池洗涤干净，以免影响测定结果。

（六）数据处理

（1）由 KCl 溶液的电导率值计算 25℃或（30℃）时的电导池常数。

（2）将实验数据列表。

表 2-6-2　298K（或 303K）时 NaCl 溶液和溶剂水的电导率值

名称	溶剂	NaCl 溶液							
质量摩尔浓度 $m/(\text{mol} \cdot \text{kg}^{-1})$		0.01	0.02	0.03	0.04	0.05	0.06	0.07	0.08
电导率 $\kappa_{液}/(\mu\text{S} \cdot \text{cm}^{-1})$									

（3）根据公式，计算不同浓度电解质 NaCl 溶液的摩尔电导率 λ 值。

（4）根据不同浓度电解质 NaCl 溶液的摩尔电导率 λ 值，应用 Kahlraush 经验规则 $\lambda = \lambda_0(1 - \beta\sqrt{c})$，以 λ 对 $\sqrt{c}$ 作图，外推得到无限稀释时 NaCl 溶液在水中的摩尔电导率值 λ_0。

（5）根据（10）～（12）式，计算出 a 值，由公式 $\lg\gamma_\pm = a\sqrt{I}$，计算不同 NaCl 溶液的平均活度因子 $\gamma_\pm$。

表 2-6-3　298 K（或 303 K）时 NaCl 溶液和溶剂水的电导率值

名称	NaCl 溶液							
质量摩尔浓度 $m/(\text{mol} \cdot \text{kg}^{-1})$	0.01	0.02	0.03	0.04	0.05	0.06	0.07	0.08
摩尔电导率 $\lambda/(\text{S} \cdot \text{cm}^2 \cdot \text{mol}^{-1})$								
活度因子 $\gamma_\pm$								

表 2-6-4　不同温度时溶剂水的介电常数与黏度数据

T/K	ε	η	A	B_1	B_2	a
293	80.10	1.002	0.507 5	0.161 4	806.17	
298	78.30	0.890 4	0.511 9	0.166 1	909.85	
303	76.55	0.797 5	0.516 5	0.167 6	1 018.87	
308	74.83	0.719 4	0.521 5	0.169 2	1 133.087	

（七）思考题

（1）为什么要先测电导池常数？如何得到该常数？

（2）测电导率时为什么要恒温？实验中测电导池常数和溶液电导,温度是否要一致？

（3）实验中测定溶液时为何用镀铂黑电极,而测定水时则使用光亮铂电导电极？使用时注意事项有哪些？

（4）溶液配制要注意什么问题？

（5）温度对溶液的平均活度因子有什么影响？

（八）讨论

（1）由表 2-6-3 计算出的不同浓度的活度因子可以得出：温度一定时,NaCl溶液浓度增加时,正、负离子之间静电吸引作用增强,电解质溶液中溶剂化自由离子浓度相对降低,导致活度因子逐渐减小。可以根据表中的数据,作电解质溶液活度因子随浓度变化的关系图。由图中曲线可以了解随电解质浓度的增加,电解质溶液活度因子的变化情况。

（2）用电导法测定电解质溶液的活度因子和用电动势法测定的区别。

（3）用电导法不仅可以测定不同的电解质溶液在水中的活度因子,还可以测定电解质在混合溶剂中的活度因子,如水和醇、水和 N-N-二甲基甲酰胺等。

第三节　设计实验

设计实验十九　膜电势法测定电解质溶液的活度因子

一、设计要求

（1）选择合适的半透膜和电解质溶液,了解用膜电势法测定电解质溶液平均离子活度因子的局限性。

（2）用精密电位差计测定某 1-1 型电解质溶液的平均离子活度因子。

二、设计原理

膜电势是一种相间电势。若用一种特殊的膜将两种不同电解质分开（溶剂相同）,则在膜两边的两溶液间会产生带电粒子的转移,待转移达到平衡后,会产生电势差。由于在膜中和在溶液中离子迁移的情况不同,所以用膜将两溶液隔开产生的电势差和通常所说的液接电势不同,把这种电势差称为膜电势。用膜电势法测定电解质溶液的平均活度因子的方法仅适用于膜两边的溶液中含有同种正离子（或负离子）的情况。

膜可以是固体的也可以是液体的。有的能让离子通过,如细胞膜和渗透膜；

有的不能让离子直接通过,如玻璃膜。无论何种类型的膜其膜电势是不能单独直接测定出来的,但可以通过测定原电池的电动势而计算出来。例如,

电极 A|溶液(1)|膜|溶液(2)|电极 B

(A 电极电势)　　　　(膜电势)　　(B 电极电势)

其中膜电势是膜两边溶液(1)和溶液(2)之间的相间电势差。设 A,B 电极为同一可逆参比电极(如饱和甘汞电极),两个溶液的溶质为同一种电解质,但浓度不同,上述原电池就成为一浓差电池。膜的各个部分的组成和结构完全相同和均匀,此原电池的膜电势就像浓差一样与溶液中离子的浓度(活度)有关:

$$E_{膜} = \frac{RT}{ZF} \ln \frac{a_{(1)}}{a_{(2)}}$$

式中,$E_{膜}$ 为膜电势;Z 为电荷数(或溶液中离子的价态);F 为法拉第常数;R 为摩尔气体常数;T 为热力学温度;$a_{(1)}$,$a_{(2)}$ 分别为两溶液中同种离子浓度(实际应为活度),其中一个溶液为已知离子浓度(活度)的标准溶液,而膜的另一边的溶液中离子的浓度(活度)为未知的。膜电势 $E_{膜}$ 将随未知离子浓度(活度)的值的不同而改变。所以只要测定上述原电池的电动势就可以计算出该膜的膜电势 $E_{膜}$,根据上式就可以求出非标准溶液中离子的浓度(活度),进而根据 $a_{\pm} = \gamma_{\pm} c/c^0$ 求出溶液的平均活度因子。

三、参考文献

(1)黄子卿. 电解质溶液理论导论(修订版)[M]. 北京:科学出版社,1964

(2)阎秉峰. 离子选择性电极的工作原理[J]. 应用技术,2005

(3)清华大学物理化学实验组. 物理化学实验[M]. 北京:清华大学出版社,1991

(4)傅献彩. 物理化学[M]. 北京:高等教育出版社,2006

设计实验二十　非电解质稀溶液中溶剂活度因子的测定(凝固点降低法)

一、设计要求

(1)选择合适的非电解质样品和浓度;根据测定的数据求出溶剂的活度和活度因子,并进一步理解稀溶液的依数性。

(2)用凝固点降低法测定非电解质稀溶液中溶剂的活度和活度因子。

二、设计原理

当稀溶液凝固析出纯固体溶剂时,其溶液的凝固点低于纯溶剂的凝固点。

在讨论凝固点降低时,若固态纯溶剂的摩尔溶化焓 $\Delta_{\text{fus}}H_{\text{m}}(A)$ 不随温度变化,得到公式:

$$\ln x_A = \frac{\Delta_{\text{fus}}H_{\text{m}}(A)}{R}\left(\frac{1}{T_f^*} - \frac{1}{T_f}\right)$$

式中,x_A 为溶剂的摩尔分数;$\Delta_{\text{fus}}H_{\text{m}}(A)$ 为固态纯溶剂摩尔溶解吉布斯焓变(可查表);T_f^* 为纯溶剂的凝固点;T_f 为溶液的凝固点,此时适用于稀溶液或理想溶液。对于任意溶液,同样假定 $\Delta_{\text{fus}}H_{\text{m}}(A)$ 不是温度的函数及 ΔT 变化不大时,则应有:

$$\ln a_A = \frac{\Delta_{\text{fus}}H_{\text{m}}(A)}{R}\left(\frac{1}{T_f^*} - \frac{1}{T_f}\right)$$
$$= -\frac{\Delta_{\text{fus}}H_{\text{m}}(A)}{R(T_f^*)^2}\Delta T$$

式中,$\Delta T = T_f^* - T_f$,由实验测定凝固点降低值 ΔT,可求出该浓度下溶剂的活度,然后根据 $a_A = \gamma_A x_A$,即可求出溶剂的活度因子 γ_A。

三、参考文献

(1)傅献彩,沈文霞,姚天扬. 物理化学[M]. 5 版. 高等教育出版社,2006

(2)陈金榜. 冰点下降法测定正十六烷中 TBP 的活度系数[J]. 物理化学学报,1993,9:263

(3)徐瑛,吴鼎泉,屈松生. 凝固点降低法研究外琳苯磺酸锉盐的平均活度系数[J]. 化学研究与应用,1996,8:314

第七章　表面与胶体化学参数的测定

第一节　概　述

一、基本概念

(1)界面和表面：密切接触的两相之间的过渡区称为界面，习惯上常称为表面。常见的界面有气-液界面、气-固界面、液-液界面、液-固界面、固-固界面。

(2)比表面：比表面通常用来表示物质分散的程度，有两种常用的表示方法：一种是单位质量的固体(或液体)所具有的表面积；另一种是单位体积的固体(或液体)所具有的表面积，即

$$A_m = A/m \quad \text{或} \quad A_V = A/V$$

式中，m 和 V 分别为固体(或液体)的质量和体积；A 为其表面积。

(3)表面功：温度、压力和组成恒定时，可逆使表面积增加 dA 所需要对体系做的功，称为表面功。用公式表示为

$$\delta W' = \gamma dA$$

式中，γ 为比例系数，它在数值上等于当 T，p 及组成恒定的条件下，增加单位表面积时所必须对体系做的可逆非膨胀功。

(4)表面自由能：狭义的表面自由能定义：

$$\gamma = (\frac{\partial G}{\partial A})_{p, T, n_B}$$

其单位为 J·m^{-2}。保持温度、压力和组成不变，每增加单位表面积时，Gibbs 自由能的增加值称为表面 Gibbs 自由能，或简称表面自由能或表面能，用符号 γ 或 σ 表示。

(5)表面张力：在两相(特别是气-液)界面上，处处存在着一种张力，这种力垂直于表面的边界，指向液体方向并与表面相切。把作用于单位边界线上的这种力称为表面张力，用 γ 或 σ 表示。表面张力的单位是 N·m^{-1}。

(6)表面活性物质：能使水的表面张力降低的溶质称为表面活性物质。这种物质通常含有亲水的极性基团和憎水的非极性碳链或碳环有机化合物。亲水基

团进入水中,憎水基团企图离开水而指向空气,在界面定向排列。表面活性物质的表面浓度大于本体浓度,增加单位面积所需的功较纯水小。非极性成分愈大,表面活性也愈强。

(7)胶束:表面活性剂是两亲分子,溶解在水中达一定浓度时,其非极性部分会自相结合,形成聚集体,使憎水基向里、亲水基向外,这种多分子聚集体称为胶束。

(8)临界胶束浓度(critical micelle concentration,简称 cmc):表面活性剂在水中随着浓度增大,表面上聚集的活性剂分子形成定向排列的紧密单分子层,多余的分子在体相内部也三三两两地以憎水基互相靠拢,聚集在一起形成胶束。这种开始形成胶束的最低浓度称为临界胶束浓度。

(9)吸附等温线:保持温度不变,显示吸附量与比压之间关系的曲线称为吸附等温线。

Langmuir 吸附等温式:

$$\theta = \frac{ap}{1+ap}$$

式中,a 称为吸附系数,它的大小代表了固体表面吸附气体能力的强弱程度。

Langmuir 吸附公式的另一表示形式为

$$\frac{p}{V} = \frac{1}{V_m a} + \frac{p}{V_m}$$

式中,a 是吸附系数;V_m 是铺满单分子层时的气体体积。用实验数据,以 p/V-p 作图得一直线,从斜率和截距求出吸附系数 a 和铺满单分子层的气体体积 V_m。

(10)吸附热:在吸附过程中的热效应称为吸附热。物理吸附过程的热效应相当于气体凝聚热,很小;化学吸附过程的热效应相当于化学键能,比较大。

积分吸附热:等温条件下,一定量的固体吸附一定量的气体所放出的热,用 Q 表示。积分吸附热实际上是各种不同覆盖度下吸附热的平均值。显然覆盖度低时的吸附热大。

微分吸附热:在吸附剂表面吸附一定量气体 q 后,再吸附少量气体 dq 时放出的热 dQ,用公式表示吸附量为 q 时的微分吸附热为 $\left(\frac{\partial Q}{\partial q}\right)_T$

(11)渗透压:溶胶的渗透压可以借用稀溶液渗透压公式计算:

$$\prod = cRT$$

式中,c 为胶粒的浓度。由于憎液溶液不稳定,浓度不能太大,所以测出的渗透压及其他依数性质都很小。但是亲液溶胶或胶体的电解质溶液,可以配制高浓度溶液,用渗透压法可以求它们的摩尔质量。

二、胶体和界面化学各种表面参数的测定

1. 液体表面张力的测定方法

（1）毛细管上升法：当半径为 r 的毛细管浸入密度为 ρ 的液体中时，液体在毛细管内上升。达平衡时，毛细管内高度为 h 的液柱重量和表面张力有如下关系：

$$2\pi r\gamma \cdot \cos\theta = \pi r^2 g\rho h$$

若溶液润湿毛细管壁，则 $\theta = 0$，故 $\gamma = \dfrac{g\rho hr}{2}$。

（2）环法（脱环法）：环法是应用相当广泛的方法，它可以测定纯液体及溶液的表面张力，也可测定液体的界面张力。将一个金属环（如铂丝环）放在液面（或界面）上与润湿该金属环的液体相接触，则把金属环从该液体拉出所需的拉力 P 是由液体表面张力、环的内径及环的外径所决定的。当与液体浸湿的金属环由液面提升时，由于液体表面张力的作用形成了一个内径为 R'，外径为 $R'+2r$ 的环形液柱，这时向上的总拉力 W 将与此环形液柱重量相等，也与内外两边的表面张力乘上脱离表面的周长相等：

$$W = mg = 2\pi rR'\gamma + 2\pi(R'+2r)\gamma$$

因为环的平均半径为 $R = R'+r'$，则 $W = 4\pi\gamma R$，$\gamma = \dfrac{W}{4\pi R}$。

（3）吊片法（Wilhelmy）：吊片法的原理和圆环法相同，实验时用垂直于液面的吊片代替圆环，在吊片周长已知的情况下可求出表面张力。

（4）滴体积法（滴重法）：这是一个很精确而又可能是最方便的方法之一，见图 2-7-1。若自一毛细管滴头滴下液体时，可以发现液滴的大小（用体积或重量表示）和液体表面张力有关，表面张力大，则液滴亦大。其公式为

$$W = 2\pi r\gamma$$

——硅胶管

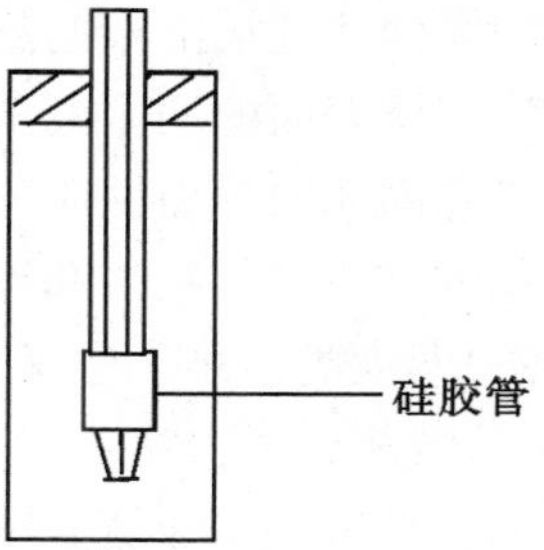

图 2-7-1　滴体积法测量装置

式中，r 为滴头半径。在实际测定中需加以校正。校正公式为

$$W = 2\pi r\gamma f$$

$$\gamma = \frac{W}{2\pi rf} = \frac{W}{r}F$$

式中，f 为校正系数；$F = \dfrac{1}{2\pi f}$ 为校正因子。上式为自滴重法求表面张力的公式。

一般在实验室中，用滴体积法求表面张力更为方便，则上式变为

$$\gamma = \frac{V\rho g}{r}F$$

式中，V 为液滴体积；ρ 为液体密度；g 为重力加速度常数。由液滴体积 V 的测量数据，即可求出表面张力值。

（5）悬滴法（滴外形法）：悬滴法与重重法有本质区别。此法适用于溶液在界面上吸附较慢的溶液。它是通过测定在玻璃管端形成液滴的形状来求得表面张力。在带有测微计的注射器末端安装毛细管尖，管尖的口径随表面张力和溶液密度而异，一般在 $0.2\sim1$ mm。将

图 2-7-2　悬滴选面法示意图

液滴的形状拍摄下来并放大，正确量度最大水平直径 d_e 和 A，B 部位的水平直径 d_s，如图 2-7-2 所示，可方便地测定平衡表面张力及表面张力随时间变化的关系。

$$\gamma = \frac{(\rho_1 - \rho_2)g d_e^2}{H}$$

式中，ρ_1，ρ_2 分别为液相和蒸气相（或油相）的密度；H 是形状参数，是 S 的函数，而 $S = d_s/d_e$（$0.05 \leqslant S \leqslant 1.03$）。利用不同 S 值时的 $1/H$ 值表格（可参考相应的文献），即可求得 $1/H$。

（6）最大气泡法：最常用的方法之一（见基础实验），但该法不适用于泡沫较丰富的表面活性剂溶液的测定。

2. 固体表面的测定方法

研究固体的界面性质一般是研究它的比表面和吸附。目前常用的测定固体表面积的方法有气相法和液相法。气相法分为静态法（BET）和动态法（色谱法、流动法）两大类。静态法又分为容量法和重量法。

（1）气相（静态）法：

①容量法是在液氮温度下通过测定被吸附气体的容积与其平衡蒸气压的变化关系获得等温线，利用等温线求出固体的比表面。这种方法精确度较高，可测定比表面为 $0.1\sim1\,500$ $m^2 \cdot g^{-1}$ 的任何物质。

②重量法是在不同平衡压力下，吸附量是通过石英弹簧秤长度的变化来直接测定。此法可用于低温下，但常用于室温下，以有机蒸气分子为吸附质，测定比表面大于 50 $m^2 \cdot g^{-1}$ 的物质，精度稍差于容量法。

（2）气相（动态）法：此法是在一定温度和压力下使气体通过吸附剂床，不断测定其重量，直至不再增加为止。若改变压力重复测量即可得吸附量与压力的关系。

①流动吸附法是通过载气来调节吸附质分压,用天平称量不同分压下的吸附量,进一步计算比表面。该法可测定比表面大于 $200\ \mathrm{m^2 \cdot g^{-1}}$ 的物质。

②色谱法也可按 BET 公式计算比表面,不同的是通过色谱流出曲线来计算相对压力和平衡吸附量。此法精确度较高。

③溶液法:将吸附剂放在一定浓度的溶液中,待吸附剂对吸附质达到单分子饱和吸附平衡后,测定溶液浓度的变化,从而求出饱和吸附量。在已知吸附质分子的横截面积的条件下即可求出吸附剂的比表面。达到单分子层饱和平衡吸附的标志是从根据实验数据做出的吸附量和吸附平衡时的溶液浓度关系的 Langmuir 等温线上求出,也可根据 Langmuir 等温线的直线形式求出。

$$\frac{c}{\Gamma} = \frac{1}{\Gamma_\infty a} + \frac{1}{\Gamma_\infty} c$$

式中,c 为平衡浓度;a 为常数;Γ 和 Γ_∞ 为吸附量和饱和吸附量。Γ_∞ 可根据实验数据由 c/Γ-c 图,从直线斜率求出。溶液的平衡浓度 c 可用物理或化学方法求出。该法仪器简单,操作方便,还可以同时测定许多个样品,常被采用。但该方法有放大的误差(约为 10%),这是因为吸附时非球型吸附层在各种吸附剂的表面取向并不一致,每个吸附分子的投影面积可以相差很远,溶剂也可能被吸附。所以,该法测得的数值应以其他方法校正。

三、胶体和界面的电学性质的测定

1. 电动现象

由于胶粒带电,而溶胶是电中性的,则介质带与胶粒相反的电荷。在外电场作用下,胶粒和介质分别向带相反电荷的电极移动,就产生了电泳和电渗的电动现象,这是因电而动。胶粒在重力场作用下发生沉降,而产生沉降电势;带电的介质发生流动,则产生流动电势。以上四种现象都称为电动现象。

电泳:胶粒带电荷,在外加电场的作用下,根据它的电荷正负在分散介质中朝着电极的某一方向作定向移动,这种现象称为电泳。

电渗:在外加电场下,分散介质通过多孔膜或极细的毛细管(半径为 $1\sim10$ nm)而移动,即固相不动而液相移动,这种现象称为电渗。

流动电势:在外力作用下使液体在毛细管中流经多孔膜时,在膜的两边会产生电势差,称之为流动电势,它是电渗现象的逆过程。

沉降电势:若使分散粒子在分散介质中迅速沉降,则在液体的表面层与底层之间产生电势差,称之为沉降电势,它是电泳现象的逆过程。

2. 双电层

当固体与液体接触时,固体从液体中选择性吸附某种离子,或由于固体分子本身的电离作用使离子进入溶液,以致固、液两相分别带有不同的电荷,在界面上形成双电层的结构。

3.ξ电位

电动电势亦称为 ξ 电势。带电的固体或胶粒在移动时,移动的切动面与液体本体之间的电位差称为电动电势。在扩散双电层模型中,切动面 AB 与溶液本体之间的电位差为 ξ 电位;在 Stern 模型中,带有溶剂化层的滑移界面与溶液之间的电位差称为 ξ 电位。

第二节　基础实验

基础实验二十三　溶液表面张力的测定(最大气泡法)

一、目的要求

(1)掌握最大气泡法测定溶液表面张力的原理和技术。

(2)测定不同浓度正丁醇溶液的表面张力,计算吸附量。

(3)了解气液界面的吸附作用,计算表面层被吸附分子的截面积及吸附层的厚度。

二、实验原理

从热力学观点来看,液体表面缩小是一个自发过程,这是使体系总自由能减小的过程。欲使液体产生新的表面 ΔA,就需对其做功,其大小应与 ΔA 成正比:

$$-W = \sigma \cdot \Delta A \tag{1}$$

如果 ΔA 为 1 m²,则 $-W' = \sigma$ 是在恒温恒压下形成 1 m² 新表面所需的可逆功,所以 σ 称为比表面吉布斯自由能,其单位为 J·m⁻²。也可将 σ 看作作用在界面上每单位长度边缘上的力,称为表面张力,其单位是 N·m⁻¹。在定温下纯液体的表面张力为定值,当加入溶质形成溶液时,表面张力发生变化,其变化的大小决定于溶质的性质和加入量的多少。根据能量最低原理,溶质能降低溶剂的表面张力时,表面层中溶质的浓度比溶液内部大;反之,溶质使溶剂的表面张力升高时,它在表面层中的浓度比在内部的浓度低,这种表面浓度与内部浓度不同的现象叫做溶液的表面吸附。在指定的温度和压力下,溶质的吸附量与溶液的表面张力及溶液的浓度之间的关系遵守吉布斯(Gibbs)吸附方程:

$$\Gamma = -\frac{c}{RT}\left(\frac{\mathrm{d}\sigma}{\mathrm{d}c}\right)_T \tag{2}$$

式中,Γ 为溶质在表层的吸附量;σ 为表面张力;c 为吸附达到平衡时溶质在介质中的浓度。

当 $(\frac{d\sigma}{dc})_T < 0$ 时，$\Gamma > 0$ 称为正吸附；当 $(\frac{d\sigma}{dc})_T > 0$ 时，$\Gamma < 0$ 称为负吸附。吉布斯吸附等温式应用范围很广，但上述形式仅适用于稀溶液。

引起溶剂表面张力显著降低的物质叫表面活性物质，被吸附的表面活性物质分子在界面层中的排列，决定于它在液层中的浓度，这可由图 2-7-3 看出。图 2-7-3 中(1)和(2)是不饱和层中分子的排列，(3)是饱和层分子的排列。

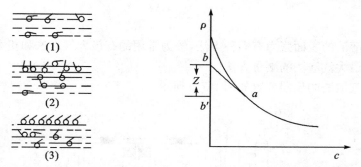

图 2-7-3　被吸附的分子在界面上的排列图　　图 2-7-4　表面张力和浓度关系图

当界面上被吸附分子的浓度增大时，它的排列方式在改变着，最后，当浓度足够大时，被吸附分子盖住了所有界面的位置，形成饱和吸附层，分子排列方式如图 2-7-3(3)所示。这样的吸附层是单分子层，随着表面活性物质的分子在界面上愈紧密排列，则此界面的表面张力也就逐渐减小。如果在恒温下绘成曲线 $\sigma = f(c)$（表面张力等温线），当 c 增加时，σ 在开始时显著下降，而后下降逐渐缓慢下来，以至 σ 的变化很小，这时 σ 的数值恒定为某一常数（见图 2-7-4）。利用图解法进行计算十分方便，如图 2-7-4 所示，经过切点 a 作平行于横坐标的直线，交纵坐标于 b' 点。以 Z 表示切线和平行线在纵坐标上截距间的距离，显然 Z 的长度等于 $c \cdot (\frac{d\sigma}{dc})_T$：

$$(\frac{d\sigma}{dc})_T = -\frac{Z}{c}$$

$$Z = -(\frac{d\sigma}{dc})_T \cdot c$$

$$\Gamma = -\frac{c}{RT}(\frac{d\sigma}{dc})_T = \frac{Z}{RT} \tag{3}$$

以不同的浓度对其相应的 Γ 可作出曲线，$\Gamma = f(c)$ 称为吸附等温线。

根据朗格谬尔（Langmuir）公式：

$$\Gamma = \Gamma_\infty \frac{kc}{1+kc} \tag{4}$$

式中，Γ_∞ 为饱和吸附量，即表面被吸附物铺满一层分子时的 Γ。

$$\frac{c}{\Gamma} = \frac{kc+1}{k\Gamma_\infty} = \frac{c}{\Gamma_\infty} + \frac{1}{k\Gamma_\infty} \tag{5}$$

以 c/Γ 对 c 作图，得一直线，该直线的斜率为 $1/\Gamma_\infty$。

由所求得的 Γ_∞ 代入 $A = 1/\Gamma_\infty L$ 可求被吸附分子的截面积（L 为阿佛加得罗常数）。

若已知溶质的密度 ρ 和摩尔质量 M，就可计算出吸附层厚度 δ：

$$\delta = \frac{\Gamma_\infty \cdot M}{\rho} \tag{6}$$

测定溶液的表面张力有多种方法，较为常用的有最大气泡法和扭力天平法。下面叙述最大气泡法的测量方法。

最大气泡法的仪器装置如图 2-7-5 所示。

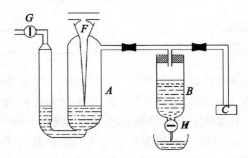

图 2-7-5　表面张力测定装置

当不断向系统压入空气时，毛细管出口将出现一小气泡，且不断增大。若毛细管足够细，管下端气泡将呈球缺形，液面可视为球面的一部分。随着小气泡的变大，气泡的曲率半径将变小。当气泡的半径等于毛细管的半径时，气泡的曲率半径最小，液面对气体的附加压力达到最大。此后气泡若再增大，气泡半径也将增大，并且气泡将从液体内部逸出。将毛细管的端面与液面相切，液面即沿毛细管上升，打开抽气瓶的活塞，让水缓慢地滴下，使毛细管内溶液受到的压力比样品管中液面上来得大。当此压力差在毛细管端面上产生的作用力稍大于毛细管口液体的表面张力时，毛细管口的气泡即被压出，压差的最大值可以从数字压力计上读出。其关系为

$$p_{最大} = p_{大气} - p_{系统} = \Delta p \tag{7}$$

如果毛细管的半径为 r，气泡由毛细管口逸出时受到向下的总压力为 $\pi r^2 p_{最大}$，气泡在毛细管受到的表面张力引起的作用力为 $2\pi r\sigma$，两个压力相等，即

$$\pi r^2 p_{最大} = \pi r^2 \Delta p = 2\pi r\sigma$$

$$\sigma = r\Delta p/2 = K\Delta p \tag{8}$$

对于同一支毛细管来说,式中 K 值为一常数,称为仪器常数,用表面张力已知的液体为标准,即可求得其他液体的表面张力。

三、仪器及试剂

(1)仪器:最大泡压法表面张力仪 1 台;洗耳球 1 个;移液管(25 mL 和 1 mL 各 1 支);烧杯(500 mL,1 个)。

(2)试剂:正丁醇(A. R.);蒸馏水。

四、实验步骤

(1)仪器常数的测定:

①仔细洗净表面张力管与毛细管,连接装置。预热 10 min,置零将系统内大气压设为 0。

②加入 25 mL 蒸馏水于表面张力管中,毛细管端面与液面相切。

③打开滴液漏斗缓慢抽气,使气泡从毛细管缓慢逸出,调节逸出气泡每分钟 20 个左右。读出最大压差,读 3 次,取平均值。

(2)待测样品表面张力的测定:依次取 0.1 mL,0.1 mL,0.1 mL,0.25 mL, 0.25 mL,0.5 mL,0.5 mL 正丁醇加入水中,测定最大压力差。每次读三次,取平均值。

五、注意事项

(1)仪器系统不能漏气。

(2)所用毛细管必须干净、干燥,应保持垂直,其管口刚好与液面相切。

(3)读取压力计的压差时,应取气泡单个逸出时的最大压力差,气泡逸出速度不能过快。

(4)加入正丁醇后要用洗耳球打气数次,保证正丁醇充分溶解。

六、数据处理

(1)计算仪器常数 K 和溶液表面张力 σ,绘制 $\sigma\text{-}c$ 等温线。

(2)作切线求 Z,并求出 Γ,c/Γ。

(3)绘制 $\Gamma\text{-}c$,$c/\Gamma\text{-}c$ 等温线,求 Γ_∞ 并计算 A 和 δ。

七、思考题

(1)毛细管尖端为何必须调节得恰与液面相切? 否则对实验有何影响?

(2)最大气泡法测定表面张力时为什么要读最大压力差? 如果气泡逸出的很快,或几个气泡一齐出,对实验结果有无影响?

(3)本实验选用的毛细管尖的半径大小对实验测定有何影响? 若毛细管不

清洁会不会影响测定结果?

八、讨论

测定液体表面张力有多种方法,如环法、滴体积法、毛细管法和最大气泡压力法等。拉脱法表面张力仪主要分为吊环法和吊片法两种,仪器有 sigma703 数字表面张力仪、JYW-200 全自动界面张力仪等多种仪器。吊环法是将吊环浸入溶液中,然后缓缓将吊环拉出溶液,在快要离开溶液表面时,溶液在吊环的金属环上形成一层薄膜,随着吊环被拉出液面,溶液的表面张力将阻止吊环被拉出,当液膜破裂时,吊环的拉力将达到最大值。自动界面张力仪将记录这个最大值 P。

环法精确度在 1‰以内,它的优点是测量快,用量少,计算简单。最大的缺点是控制温度困难,对易挥发性液体常因部分挥发使温度较室温略低。最大气泡法所用设备简单,操作和计算也简单,一般用于温度较高的熔融盐表面张力的测定,对表面活性剂此法很难测准。毛细管上升法最精确(精确度可达0.05‰)。但此法的缺点是对样品润湿性要求极严。滴体积法设备简单操作方便,准确度高同时易于温度的控制,已在很多科研工作中开始应用,但对毛细管要求较严,要求下口平整、光滑、无破口。

另外,针对本实验中利用吉布斯吸附等温方程计算正丁醇的饱和吸附量时,有一个需要考虑的问题。对表面活性剂,随着浓度增加,表面张力先是急剧下降,然后在某一浓度处出现拐点,之后表面张力基本不随浓度改变,但若按照本实验中图解法来计算吸附量时,所取浓度如果小于表面张力出现拐点的位置,则会得到随着浓度增加表面吸附量增加的结果,但如果所取浓度大于拐点浓度的话,则会出现吸附量随着浓度增加表面吸附量减少的现象。这是因为随着浓度的逐渐增大,Z 的长度不断减小,最终趋于零,从而得到吸附量最后趋于零的结果,显然与理论相违背,处理方法欠妥。因此,本实验中利用吉布斯吸附等温式计算饱和吸附量,以计算正丁醇分子截面积以及单分子层吸附厚度时,对浓度的选取应该有一限定范围。

基础实验二十四　固体比表面的测定

一、固-液吸附法——次甲基蓝在活性炭上的吸附

(一)目的要求

(1)了解朗格缪尔(Langmuir)单分子层吸附理论和溶液吸附法测定比表面的基本原理。

(2)掌握溶液吸附法测定活性炭比表面的测定方法。

(二)实验原理

比表面是指单位质量(或单位体积)的物质所具有的表面积,是粉末及多孔性物质的一个重要特性参数,它在催化、色谱、环保、纺织等许多生产和科研部门有着广泛应用,其数值与分散粒子大小有关。

测定固体比表面的方法很多,常用的有 BET 低温吸附法、电子显微镜法和气相色谱法,但它们都需要复杂的仪器装置或较长的实验时间。而溶液吸附法则仪器简单,操作方便。本实验用次甲基蓝水溶液吸附法测定活性炭的比表面。此法虽然误差较大,但比较实用。

活性炭对次甲基蓝的吸附,在一定的浓度范围内是单分子层吸附,符合朗格缪尔(Langmuir)吸附等温式。根据朗格缪尔单分子层吸附理论,当次甲基蓝与活性炭达到吸附饱和后,吸附与脱附处于动态平衡,这时次甲基蓝分子铺满整个活性炭粒子表面而不留下空位。此时吸附剂活性炭的比表面可按下式计算:

$$S_0 = \frac{(c_0 - c)G}{m} \times 2.45 \times 10^6 \tag{1}$$

式中,S_0 为比表面($m^2 \cdot kg^{-1}$);c_0 为原始溶液的浓度;c 为平衡溶液的浓度;G 为溶液的加入量(kg);m 为吸附剂试样质量(kg);2.45×10^6 是 1 kg 次甲基蓝可覆盖活性炭样品的面积($m^2 \cdot kg^{-1}$)。

本实验溶液浓度的测定是借助于分光光度计来完成的,根据朗伯-比耳(Lambert-Beer)定律,当入射光为一定波长的单色光时,某溶液的吸光度与溶液中有色物质的浓度及溶液的厚度成正比,即

$$A = Kcl \tag{2}$$

式中,A 为吸光度;K 为吸光系数;c 为溶液浓度;l 为液层厚度。

实验首先测定一系列已知浓度的次甲基蓝溶液的吸光度,绘出 A-c 工作曲线,然后测定次甲基蓝原始溶液及平衡溶液的吸光度,再在 A-c 曲线上查得对应的浓度值,代入(1)式计算比表面。次甲基蓝具有以下矩形平面结构:

$$\left[\begin{array}{c} H_3C \\ \diagdown \\ N \\ \diagup \\ H_3C \end{array} \quad \underset{S}{\overset{N}{\diagup\diagdown}} \quad \begin{array}{c} CH_3 \\ \diagup \\ N \\ \diagdown \\ CH_3 \end{array} \right] Cl \cdot 3H_2O$$

其摩尔质量为 373.9 g · mol^{-1}。

(三)仪器及试剂

(1)仪器:分光光度计 1 套;振荡器 1 台;分析天平 1 台;离心机 1 台;台秤(0.1 g)1 台;三角烧瓶(100 mL)3 个;容量瓶(500 mL,4 个;100 mL,5 个)。

(2)试剂:次甲基蓝原始溶液 2.00 g · dm^{-3};次甲基蓝标准溶液 0.10

g·dm^{-3};颗粒活性炭。

（四）实验步骤

（1）活化样品：将活性炭置于瓷坩埚中放入马弗炉中 500℃活化 1 h(或在真空箱中 300℃活化 1 h)，然后置于干燥器中备用。

（2）溶液吸附：取 100 mL 三角烧瓶 2 个，各放入准确称量过的已活性的活性炭约 0.1 g，再加入 40 g 浓度为 2 g·dm^{-3}左右的次甲基蓝原始溶液，塞上橡皮塞，然后放在振荡器上振荡 3 h。

（3）配制次甲基蓝标准溶液：用移液管分别量取 4.00 mL，6.00 mL，8.00 mL，10.00 mL，12.00 mL 浓度为 0.10 g·dm^{-3}的标准次甲蓝溶液于 100 mL 容量瓶中，用蒸馏水稀释至刻度，即得浓度分别为 4 mg·dm^{-3}，6 mg·dm^{-3}，8 mg·dm^{-3}，10 mg·dm^{-3}，12 mg·dm^{-3}的标准溶液。

（4）原始溶液的稀释：为了准确测定原始溶液的浓度，用移液管量取浓度为 2.00 g·dm^{-3}的原始溶液 2.50 mL 放入 500 mL 容量瓶中，稀释至刻度。

（5）平衡液处理：样品振荡 3 h 后，取平衡溶液 5 mL 放入离心管中，用离心机旋转 10 min，得到澄清的上层溶液。取 2.50 mL 澄清液放入 500 mL 容量瓶中，并用蒸馏水稀释到刻度。

（6）选择工作波长：用 6 mg·dm^{-3}的标准溶液和 0.5 cm 的比色皿，以蒸馏水为空白液，在 500～700 nm 范围内测量吸光度，以最大吸收时的波长作为工作波长。

（7）测量吸光度：在工作波长下，依次分别测定 4 mg·dm^{-3}，6 mg·dm^{-3}，8 mg·dm^{-3}，10 mg·dm^{-3}，12 mg·dm^{-3}的标准溶液的吸光度，以及稀释以后的原始溶液及平衡溶液的吸光度。

（五）注意事项

（1）标准溶液的浓度要准确配制。

（2）活性炭颗粒要均匀并干燥，且三份质量应尽量接近。

（3）振荡时间要充足，以达到吸附饱和，一般不应小于 3 h。

（六）数据处理

（1）把数据填入下表：

溶液/(mg·dm^{-3})	4	6	8	10	12	原始液	平衡液
吸光度							

（2）作 A-c 工作曲线。

（3）求次甲基蓝原始溶液的浓度 c_0 和平衡溶液的浓度 c。从 A-c 工作曲线上查得对应的浓度,然后乘以稀释倍数 200,即得 c_0 和 c。

(4)计算比表面,求平均值。

(七)思考题

(1)比表面的测定与温度、吸附质的浓度、吸附剂颗粒、吸附时间等有什么关系?

(2)用分光光度计测定次甲基蓝水溶液的浓度时,为什么还要将溶液再稀释到 $mg \cdot dm^{-3}$ 级浓度才进行测量?

(3)固体在稀溶液中对溶质分子的吸附与固体在气相中对气体分子的吸附有何共同点和区别?

(4)溶液被吸附时,如何判断其达到平衡?

(八)讨论

(1)测定固体比表面时所用溶液中溶质的浓度要选择适当,即初始溶液的浓度以及吸附平衡后的浓度都选择在合适的范围内,既要防止初始浓度过高导致出现多分子层吸附,又要避免平衡后的浓度过低使吸附达不到饱和。本实验原始溶液的浓度为 $2 \cdot dm^{-3}$ 左右,平衡溶液的浓度不小于 $1 g \cdot dm^{-3}$。

(2)按朗格谬尔吸附等温线的要求,溶液吸附必须在等温条件下进行,使盛有样品的三角瓶置于恒温器中振荡,使之达到平衡。本实验是在空气浴中将盛有样品的三角瓶置于振荡器上振荡。实验过程中温度会有变化,这样会影响测定结果。

二、BET 色谱法

(一)目的要求

(1)了解 BET 多分子层吸附理论的基本假设、适用范围以及如何应用 BET 公式求算多孔固体的比表面积。

(2)掌握色谱法固体比表面的测定方法。

(3)掌握 SSA-3500 型全自动比表面积分析仪的测定原理和使用方法。

(二)实验原理

1 g 多孔固体所具有的总表面积(包括外表面积和内表面积)定义为比表面,以 $m^2 \cdot g^{-1}$ 表示。在气固多相催化反应机理的研究中,大量事实证明,气固多相催化反应是在固体催化剂表面上进行的。某些催化剂的活性与其比表面有一定的对应关系。因此测定固体的比表面,对多相反应机理的研究有着重要意义。测定多孔固体比表面的方法很多,而 BET 气相吸附法则是比较有效、准确的方法。

处在固体表面的原子,由于周围原子对它的作用力不对称,即原子所受的力不饱和,因而有剩余力场,可以吸附气体或者液体分子。当气体在固体表面被吸附时,固体叫吸附剂,被吸附的气体叫做吸附质。当吸附质的温度接近于正常沸点的时候,往往发生多分子层吸附。

BET 吸附理论的基本假设是:多分子层吸附理论认为固体表面已经吸附了一层分子之后,以后与被吸附的气体本身的范德华力,还可以继续发生多分子层吸附。在物理吸附中,吸附质与吸附剂之间的作用力是范德华力,而吸附分子之间的作用力也是范德华力;同一层吸附分子之间无相互作用;第二层及其以后各层分子的吸附热相同等于气体的液化热。(简单来说,吸附可以是单分子层的,也可以是多分子层的;除第一层外,其他各层的吸附热等于该吸附质的液化热。)根据这个假设,推导得到 BET 方程式如下:

$$\frac{p_{N_2}/p_S}{V_d(1-p_{N_2}/p_S)}=\frac{1}{V_mC}+\frac{C-1}{V_mC}\cdot\frac{p_{N_2}}{p_S} \tag{3}$$

式中,p_{N_2} 为混合气中氮的分压;p_S 为吸附平衡温度下吸附质的饱和蒸汽压;V_m 为铺满一单分子层的饱和吸附量(标准态);C 为与第一层吸附热及凝聚热有关的常数;V_d 为不同分压下所对应的固体样品吸附量(标准状态下)。

或者
$$\frac{p}{V(p_0-p)}=\frac{1}{V_mC}+\frac{(C-1)p}{V_mCp_0}$$

式中,p 为气体的吸附平衡压力;p_0 为吸附平衡温度下被吸附气体的饱和蒸汽压;V 为平衡时的气体吸附量(换算成标准状态);V_m 为吸附剂形成单分子层时所吸附的气体量(换算成标准状态);C 为与温度、吸附热有关的常数。

选择相对压力 $\frac{p}{p_0}$ 在 0.05~0.35 范围内。实验得到与各相对 $\frac{p}{p_0}$ 相应的吸附量 V 后,根据 BET 公式,将 $\frac{p}{V(p_0-p)}$ 对 $\frac{p}{p_0}$ 做图,得一条直线,其斜率为 $\frac{(C-1)}{V_mC}$,截距 $\frac{1}{V_mC}$ 由斜率和截距可以求得单分子层饱和吸附量 V_m:

$$V_m=\frac{1}{a+b} \tag{4}$$

根据每一个被吸附分子在吸附表面上所占有的面积,即可计算出每克固体样品所具有的表面积。

$$A=\frac{V_m\times N_A\times\sigma}{22\ 400\times W}[m^2\cdot g^{-1}]$$

式中,N_A 为阿佛加德罗常数;σ 为一个吸附质分子的截面积;W 为吸附剂质量,g。由于 V_m 的单位为毫升,所以除以 22 400(1 mol 气体在标准条件下的毫升数)。实验中,通常用氮气做吸附质,在液氮温度下,每个 N_2 分子在吸附剂表面所占有的面积为 $16.2 A^2$,因此,固体的比表面积可表示为

$$A = \frac{6.023 \times 10^{23} \times 16.2 \times 10^{-20}}{22\ 400} \times \frac{V_m}{W} = 4.36\ \frac{V_m}{W} (\mathrm{m^2 \cdot g^{-1}}) \tag{5}$$

本实验采用氢气做载气,故只能测量对 H_2 不产生吸附的样品。在液氮温度下, H_2 和 N_2 的混合气连续流动通过固体样品,固体吸附剂对 N_2 产生物理吸附。

BET 多分子层吸附理论的基本假设,使 BET 公式只适用于相对压力 $\frac{p}{p_0}$ 在 $0.05 \sim 0.35$ 之间的范围。因为在低压下,固体的不均匀性突出,各个部分的吸附热也不相同,建立不起多层物理吸附模型。在高压下,吸附分子之间有作用,脱附时彼此有影响,多孔性吸附剂还可能有毛细管作用,使吸附质气体分子在毛细管内凝结,也不符合多层物理吸附模型。

测定比表面的方法有多种。色谱法是 Nelsen 和 Eggersen 于 1958 年首先提出。由于该方法不需要复杂的真空系统,不接触汞,且操作和数据处理也较简单,因而得到广泛应用。

本设备以氢气为载气,氮气为吸附气体,二者按照 4:1 的比例通入样品管。当样品浸入液氮时,在低温作用下,混合气中的氮气被样品物理吸附,直至吸附饱和。在随后的样品管及样品的升温过程中,样品吸附的氮气全部解析出来,此时混合气体中氮气的比例将发生变化。在此吸附和脱附过程中,高精度的热导检测器会完成相关的检测工作,再经过模数转换系统,把模拟电信号转换成数字信号,并通过微机处理系统进行基于 BET 的多层吸附理论及其公式计算出固体的比表面积。色谱法仍以氮气为吸附质,以氦气或氢气为载气。氮气和载气一定比例在混合器中混合,使之达到指定的相对压力,混合后气体通过热导池的参考臂,然后通过吸附剂(即样品管),再到热导池的测量臂,最后经过流量计再放空。当样品管置于液氮杯中时(约为 $-195\,^\circ\!\mathrm{C}$),样品对混合气中氮气发生物理吸附,而载气不被吸附,这时,记录纸上出现一个吸附峰;当把液氮杯移去,样品管又回到室温环境,被吸的氮脱附出来,在记录上出现与吸附峰方向相反的脱附峰。脱附峰面积的大小与吸附量成比例,比例系数可以在保持相同的检测条件下采用直接标定法求得,因而根据脱附峰面积可测量物质吸附 N_2 的吸附量。

(三)仪器及试剂

(1)仪器:比表面测定仪 1 台;氢气发生器。

(2)试剂: N_2 气(钢瓶气)液氮;活性炭; Al_2O_3 。

(四)实验步骤

(1)样品的准备。

①将适当筛目(最好在 $80 \sim 100$ 目范围内)的固体样品放与蒸发皿中,在恒

温干燥箱中 120℃温度下恒温干燥 2～4 h,取出立即放入干燥塔中封闭冷却。

②取一支烘干的样品管,在分析天平上准确称其重量 W_1,使用漏斗把样品装入样品管中,在分析天平上称一下样品的量。样品质量控制在 200～300 mg。

③把准确称量好的样品管接在测量室内样品管的接头上。注意此时一定要将样品管两端同时塞入,管上要有硅橡胶垫圈防止漏气,旋转螺帽时两手同时进行,以防止样品管因受力不均匀而断裂。

(2)仪器操作。

①打开氢气发生器,5～10 min 之后,打开氮气气瓶,调节减压阀在 0.1 M～0.2 MPa。

②打开比表面测量仪的电源,观察仪器上的压力表显示,稳定后用旋钮调节氢气(仪器上的氢气显示窗口)的流量为 80 左右(0.08 MPa),氮气为 20 左右(0.02 MPa)。在整个测量中气流必须保持稳定。

③计算机开机,点击"Pioneer"应用软件,在软件的图谱窗口下出现基线,等待基线平稳,需要 20 min 左右。然后在工具栏中选择"调零"。

④在保温杯中倒入液氮,要注意安全,倒至杯中容量的四分之三即可。倾倒完成后将液氮保温杯放置到升降托盘中。

⑤待基线稳定 3 min 后即开始测量,点击"测量"下的"开始测量",弹出"进样器控制",同时测量 2 中的样品,其中 1 为标准物质。选择"1","2",点击"吸附"。升降托盘会逐个匀速上升,直到将 U 型管完全浸泡于杯中液氮中。注意操作前一定确定保温杯的盖子要拿掉。

⑥软件的图谱窗口上出现向下的吸附峰,时间跟被测样品的比表面积有关。需要 5～10 min。基线平稳后点击"调零",让基线归零。

⑦点击"测量"中"进样控制",选择"1",点击"脱附"。第一组升降托盘自动下降,对样品一进行脱附操作。注意:千万不能再点击"开始测量",否则原来的曲线消失。

⑧点击工具栏中"手切",用出现的十字交叉线选择峰的起点和终点,在出现的"表面积数据属性"窗口中,选择"标准样品",填入"名称"、"重量"、"表面积"。然后"保存"、"关闭",该信息以刚才的编号存在"报告窗口"里。注意:编号自动生成,标准样品的数据存贮一次即可,标准样品为活性碳,表面积为 30.6 $m^2 \cdot g^{-1}$。

⑨基线"调零",基线平稳后,点击"测量"中"进样控制",选择"2",点击"脱附"。第二组升降托盘自动下降,对样品 2 进行脱附操作。

⑩"手切"后在出现的"表面积数据属性"窗口中,选择"被测样品",填入"重量",比表面积自动生成,记录数据,然后点击"保存"和"关闭",完成对被测样品的测量。

⑪测量完毕后关闭"Pioneer"软件,然后关闭比表面仪器电源、氢气发生器电源,关闭氮气钢瓶。剩余的液氮倒回液氮瓶中,注意安全。

（五）注意事项

(1)装样品管时,要两个螺帽同时旋转,防止样品管因受力不均匀而断裂。

(2)实验时先通载气,再开电源;实验结束时,先关电源,再关载气。仪器未接通气体前,严禁接通电源。

(3)倾倒液氮时,同样要注意安全,保温杯放置在合适的地方,液氮不要太满,以免溅出冻伤,也不要太少,影响测试,倒至杯中容量四分之三即可。不能倒得太快,中间最好停一下。

（六）数据处理

将计算机上记录的数据,按照公式(5)可以计算未知固体的比表面

（七）思考题

(1)本实验中,p/p_0 为何必须控制在 $0.05 \sim 0.35$ 之间?

(2)实验误差主要来自哪几个方面?怎样减小?

(3)为什么必须测量标准物质?

基础实验二十五　溶胶的制备及电泳

一、目的要求

(1)掌握 $Fe(OH)_3$ 及 Sb_2S_3 溶胶的制备及纯化方法。

(2)明确求算 ζ 公式中各物理量的意义。

(3)掌握电泳法测定 $Fe(OH)_3$ 及 Sb_2S_3 溶胶电动电势的原理和方法。

二、实验原理

几乎所有的胶体体系都带有电荷。因为胶体是一个多分散体系,其分散相胶粒的大小在 $1\ nm \sim 1\ \mu m$ 之间。由于胶体本身的电离或胶粒对某些离子的选择性吸附,使胶粒的表面带有一定的电荷。在外电场作用下,胶粒向异性电极定向泳动,这种胶粒向正极或负极移动的现象称为电泳。荷电的胶粒与分散介质间的电势差称为电动电势,用符号 ζ 表示,电动电势的大小直接影响胶粒在电场中的移动速度。原则上,任何一种胶体的电动现象都可以用来测定电动电势,其中最方便的是用电泳现象中的宏观法来测定,也就是通过观察溶胶与另一种不含胶粒的导电液体的界面在电场中移动速度来测定电动电势。电动电势 ζ 与胶粒的性质、介质成分及胶体的浓度有关。在指定条件下,ζ 的数值可根据下式计算:

$$\zeta = \frac{K\pi\eta}{\varepsilon E} \cdot u(\text{V})$$

式中，K 为与胶粒有关的常数（对于球型离子，$K=5.4\times10^{10}$ $V^2 \cdot S^2 \cdot kg^{-1} \cdot m^{-1}$；对于棒型离子，$K=3.6\times10^{10}$ $V^2 \cdot S^2 \cdot kg^{-1} \cdot m^{-1}$）；$E$ 为电势梯度（$V \cdot m^{-1}$），$E=V/L$，V 为外加电压，L 为两极间距离（m）；ε 为介质的介电常数；η 为介质的黏度（单位为 $Pa \cdot s$）；u 为电泳速度（$m \cdot s^{-1}$）。

由上式知，对于一定溶胶而言，若固定 E 和 L 测得胶粒的电泳速度（$u=d/t$，d 为胶粒移动的距离，t 为通电时间），就可以求算出 ζ 电位。

溶胶的制备方法分为分散法和凝聚法。分散法是用适当方法把较大的物质颗粒变为胶体大小的质点；凝聚法是先制成难溶物的分子（或离子）的过饱和溶液，再使之相互结合成胶体粒子而得到溶胶。$Fe(OH)_3$ 溶胶的制备就是采用的化学法即通过化学反应使生成物呈过饱和状态，然后粒子再结合成溶胶。

制成的胶体体系中常有其他杂质存在，而影响其稳定性，因此必须纯化。常用的纯化方法是半透膜渗析法。

三、仪器及试剂

(1)仪器：直流稳压电源 1 台；万用电炉 1 台；电泳管 1 只；电导率仪 1 台；直流电压表 1 台；秒表 1 块；铂电极 2 支；锥形瓶（250 mL）1 个；烧杯（800,250,100 mL 各 1 个）；超级恒温槽 1 台；容量瓶（100 mL）1 个。

(2)试剂：火棉胶；$FeCl_3$（10%）溶液；KCNS（1%）溶液；$AgNO_3$（1%）溶液；稀 HCl 溶液（NaCl 或 KCl）；0.5%酒石酸锑钾溶液；50%盐酸溶液；硫化铁。

四、实验步骤

方法一 $Fe(OH)_3$ 溶胶的制备及纯化

1.$Fe(OH)_3$ 溶胶的制备及纯化

(1)半透膜的制备：在一个内壁洁净、干燥的 250 mL 锥形瓶中，加入约 20 mL 火棉胶液，小心转动锥形瓶，使火棉胶液黏附在锥形瓶内壁上形成均匀薄层，倾出多余的火棉胶于回收瓶中。此时锥形瓶仍需倒置，并不断旋转，待剩余的火棉胶流尽，使瓶中的乙醚蒸发至已闻不出气味为止（此时用手轻触火棉胶膜，已不粘手）。然后再往瓶中注满水（若乙醚未蒸发完全，加水过早，则半透膜发白），浸泡 10 min。倒出瓶中的水，小心用手分开膜与瓶壁之间隙。慢慢注水于夹层中，使膜脱离瓶壁，轻轻取出，在膜袋中注入水，观察有否漏洞。制好的半透膜不用时，要浸放在蒸馏水中。

(2)用水解法制备 $Fe(OH)_3$ 溶胶：在 250 mL 烧杯中，加入 100 mL 蒸馏水，加热至沸，慢慢滴入 5 mL（10%）$FeCl_3$ 溶液，并不断搅拌，继续保持沸腾 5 min，即可得到红棕色的 $Fe(OH)_3$ 溶胶，其结构式可表示为 $\{m[Fe(OH)_3]nFeO^+(n-x)Cl^-\}^{x+}xCl^-$。在胶体体系中存在过量的 H^+，Cl^- 等离子需要除去。

(3)用热渗析法纯化 $Fe(OH)_3$ 溶胶：将制得的 $Fe(OH)_3$ 溶胶，注入半透膜内用线拴住袋口,置于 800 mL 的清洁烧杯中,杯中加蒸馏水约 300 mL,维持温度在 60℃左右,进行渗析。每 20 min 换一次蒸馏水,4 次后取出 1 mL 渗析水,分别用 1‰ $AgNO_3$ 及 1‰ KCNS 溶液检查是否存在 Cl^- 及 Fe^{3+},如果仍存在,应继续换水渗析,直到检查不出为止。将纯化过的 $Fe(OH)_3$ 溶胶移入一清洁干燥的 100 mL 小烧杯中待用。

2. HCl 辅助液的制备

调节恒温槽温度为(25.0±0.1)℃,用电导率仪测定 $Fe(OH)_3$ 溶胶在 25℃时的电导率,然后配制与之相同电导率的 HCl 溶液。方法是根据 25℃时 HCl 电导率-浓度关系,用内插法求算与该电导率对应的 HCl 浓度,并在 100 mL 容量瓶中配制该浓度的 HCl 溶液。(本实验也可以用 NaCl 或 KCl 溶液做辅助液)

3. 仪器的安装

用蒸馏水洗净电泳管后,再用少量溶胶洗一次,将渗析好的 $Fe(OH)_3$ 溶胶倒入电泳管中,使液面超过图 2-7-6 中的活塞(2),(3)。关闭这两个活塞,把电泳管倒置,将多余的溶胶倒净,并用蒸馏水洗净活塞(2),(3)以上的管壁。打开活塞(1),用配制的 HCl 溶液冲洗一次后,再加入该溶液,并超过活塞(1)少许。插入铂电极按装置图 2-7-6 连接好线路。

4. 溶胶电泳的测定

接通直流稳压电源 6,迅速调节输出电压为 45 V。关闭活塞(1),同时打开活塞(2)和(3),并同时计时和准确记下溶胶在电泳管中液面位置。1 h 后断开电源,记下准确的通电时间 t 和溶胶面上升的距离 d,从伏特计上读取电压 E,并且量取两极之间的距离 L。

实验结束后,拆除线路。用自来水洗电泳管多次,最后用蒸馏水洗一次。

方法二　Sb_2S_3 溶胶的制备及电泳

(1)Sb_2S_3 溶胶的制备:将一个 250 mL 锥形瓶用蒸馏水洗净,倒入 50 mL 0.5‰酒石酸锑钾溶液,把制备 H_2S 的小锥形瓶(100 mL)及导气管洗净,并向其中放入三块硫化亚铁,在通风橱内,向小锥形瓶中加入 10 mL 50%HCl,用导气管将 H_2S 通入酒石酸锑钾溶液中。经常摇动锥形瓶,至溶液的颜色不再加深为止(约 10 min),即得 Sb_2S_3 溶胶。将剩余的硫化亚铁及 HCl 倒入回收瓶,洗净锥形瓶及导气管。

(2)配制 HCl 溶液(见 $Fe(OH)_3$ 溶胶的制备及电泳中有关内容)。

(3)装置仪器和连接线路,见图 2-7-6。

(4)测定溶胶电泳速度。

接通直流稳压电源 6,迅速调节输出电压为 100 V(注意:实验中随时观察,使电压稳定在 100 V,并不要振动电泳管)。关闭活塞(1),同时打开活塞(2)和(3),当溶胶界面达到电泳管正极部分零刻度时,开始计时。分别记下溶胶界面移动到 0.50 cm,1.00 cm,1.50 cm,2.00 cm 等刻度时所用时间。

实验结束时,测量两个铂电极在溶液中的实际距离,关闭电源,拆除线路。用自来水洗电泳管多次,最后用蒸馏水洗一次。

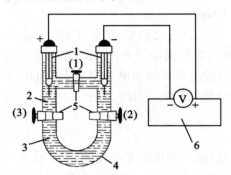

1—Pt 电极;2—HCl 溶液;3—溶胶;4—电泳管;5—活塞;6—可调直流稳压电源

图 2-7-6　电泳仪器装置图

方法三　用 JS94J 型微电泳仪测定 Al_2O_3 胶粒的电动电势

1. Al_2O_3 溶胶的制备

(1)将一定量的 Al_2O_3 分散在 10^{-3} mol·dm^{-3} 的 NaCl 水溶液中,配制成 Al_2O_3 含量为 0.05%(质量百分比)的悬浮液,并置于超声波清洗池中超声分散 5~10 min。

(2)将 40~50 mL 分散过的悬浮液放入 100 mL 的烧杯中,加 0.1 mol·dm^{-3} HCl 调节 pH 在 4 左右。

(3)用待测液清洗电泳杯。

2. JS94J 型微电泳仪使用步骤

(1)沟通:点击桌面上的仪器图标,进入界面后,点击"活动图像",进入主界面后,点击 OPTION 菜单中的 CONNECT 选项,出现"Connect"窗口后,点击"OK",表明计算机与仪器的通讯沟通成功。

(2)调焦与定位:找到十字标后就可以开始试样的测量,用待测液清洗电泳杯,将被测样品注入电泳杯,插入十字标(有"前"字标志的一面朝前);将电泳杯平稳放入有三维平台的样品槽,点击程序主界面上的活动图像,然后调节上下、左右旋钮和焦距直到在计算机屏幕上看到清晰的十字图像,以此为测量最佳位置。

(3)采样操作:取 0.5 mL 样品注入电泳杯,并缓缓插入电极装置(注意在两电极间不能有气泡),将电泳杯平稳放入样品槽(有"前"字标志的一面朝前),连上电极连线。然后点按活动图像调节所需电压,设置文件名,输入样品 pH 值,按启动。当待测颗粒处于取景框内,立即按存盘,程序将截取图像供分析计算时使用。

(4)设定:点击 Option 菜单中的 Setting 选项,输入文件名和电压切换时间。

(5)分析:按分析程序进入分析计算子程序界面,点按开始,输入文件名,系统将调出相应的图像和数据供用户分析。

实验结束后可以利用目录下的 dhprint. exe 程序打印实验数据和图像。

五、注意事项

(1)在 $Fe(OH)_3$ 溶胶实验中制备半透膜时,一定要使整个锥形瓶的内壁上均匀地附着一层火棉胶液。在取出半透膜时,一定要借助水的浮力将膜托出。

(2)制备 $Fe(OH)_3$ 溶胶时,$FeCl_3$ 一定要逐滴加入,并不断搅拌。

(3)纯化 $Fe(OH)_3$ 溶胶时,换水后要渗析一段时间再检查 Fe^{3+} 及 Cl^- 的存在。

(4)量取两电极的距离时,要沿电泳管的中心线量取。

六、数据处理

(1)将实验数据记录如下:电泳时间(s);电压(V);两电极间距离(cm);溶胶液面移动距离(cm)。

(2)将数据代入公式中计算 ζ 电势。

七、思考题

(1)本实验中所用的稀盐酸溶液的电导为什么必须和所测溶胶的电导率相等或尽量接近?

(2)电泳的速度与哪些因素有关?

(3)在电泳测定中如不用辅助液体,把两电极直接插入溶胶中会发生什么现象?

(4)溶胶胶粒带何种符号的电荷?为什么它会带此种符号的电荷?

八、讨论

(1)电泳的实验方法有多种,本实验方法称为界面移动法,适用于溶胶或大分子溶液与分散介质形成的界面在电场作用下移动速度的测定。此外还有显微电泳法和区域电泳法。显微电泳法用显微镜直接观察质点电泳的速度,要求研究对象必须在显微镜下能明显观察到,此法简便、快速、样品用量少,在质点本身所处的环境下测定,适用于粗颗粒的悬浮体和乳状液。区域电泳是以惰性而均匀的固体或凝胶作为被测样品的载体进行电泳,已达到分离与分析电泳速度不同的各组分的目的。该法简便易行,分离效率高,用样品少,还可避免对流影响,现已成为分离与分析蛋白质的基本方法。

(2)本实验还可研究电泳管两极上所加电压不同,对 Fe(OH)$_3$ 溶胶胶粒 ζ 电位的测定有无影响。

(3)Fe(OH)$_3$ 溶胶纯化时不用渗析法,而改为使用强酸强碱离子交换树脂来除去其他离子的方法来提纯溶胶。

(4)分散体系在生物界和非生物界普遍存在,在实际生产中占有很重要的地位,根据需要有时要求分散相中的固体颗粒能稳定地分散于分散相介质中(如涂料),有时则相反,希望固体颗粒聚沉(如废水处理过程中要求固体颗粒很快地聚沉)。而胶体分散体系中固体颗粒的分散与聚沉都与电动电势(ζ 电势)有密切关系。因此 ζ 电势是表征胶体特性的重要物理量之一,对于分析和研究分散体系的性能和应用有着重要意义。在一般憎液溶胶中,ζ 电位数值愈小,稳定性越差。当 ζ 为零时,溶胶的聚焦稳定性最差,此时可观察到聚沉现象。

基础实验二十六　表面活性剂 cmc 值的测定(电导法)

一、目的要求

(1)掌握 DDS 型电导率仪和恒温槽的使用方法。

(2)了解表面活性剂的性质与应用。

(3)利用电导法测定 SDS 的临界胶束浓度(cmc)。

二、实验原理

具有明显"两亲"性质的分子,既含有亲油的足够长的烃基,又含有亲水的极性基团。由这一类分子组成的物质称为表面活性剂,见图 2-7-7(a)。

表面活性剂要成为溶液中的稳定分子,有可能采取两种途径:一是当它们以低浓度存在于某一体系中时,可被吸附在该体系的表面上,采取极性基团向着水、非极性基团脱离水的表面定向,形成定向排列的单分子膜,从而使表面自由能明显降低,见图 2-7-7(c);二是在表面活性剂溶液中,当溶液浓度增大到一定值时,表面活性剂离子或分子不但在表面聚集而形成单分子层,而且在溶液本体内部也三三两两地以憎水基相互靠拢,聚在一起形成胶束。胶束可以成球状、棒状或层状。形成胶束的最低浓度称为临界胶束浓度(Critical Micelle Concentration,简写为 cmc)(图 2-7-7(b))。

cmc 是表面活性剂的一种重要量度,cmc 越小,则表示这种表面活性剂形成胶束所需浓度越低,达到表面(界面)饱和吸附的浓度越低,只有溶液浓度稍高于 cmc 时,才能充分发挥表面活性剂的作用,如图 2-7-8 的洗涤去污过程。目前表面活性剂广泛用于石油、纺织、农药、采矿、食品、民用洗涤等各个领域,具有润湿、乳化、洗涤、发泡等重要作用。

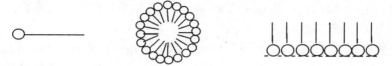

(a)表面活性剂分子　　　　(b)胶束　　　(c)表面活性剂在水的表面形成的单分子层

图 2-7-7　表面活性剂的状态

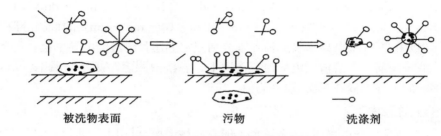

被洗物表面　　　　　　　　　污物　　　　　　　　　洗涤剂

图 2-7-8　表面活性剂的洗涤过程

由于溶液的结构发生改变,表面活性剂溶液的许多物理化学性质(如表面张力、电导、渗透压、浊度、光学性质等)都会随着胶团的出现而发生突变。原则上,这些物理化学性质随浓度的变化都可以用于测定 cmc,常用的方法有表面张力法、电导法、染料法等。本实验采用电导法来测定表面活性剂的 cmc 值。在溶液中对电导有贡献的主要是带长链烷基的表面活性剂离子和相应的反离子,而胶束的贡献则极为微小。从离子贡献大小来考虑,反离子大于表面活性剂离子。对于浓度低于 cmc 的表面活性剂稀溶液,电导率的变化规律与强电解质一样,摩尔电导率 λ_m 与 c、电导率 κ 与 c 均呈线性关系。当溶液浓度达 cmc 时,随着溶液中表面活性剂浓度的增加,单体的浓度不再变化,增加的是胶束的个数,由于对电导贡献大的反离子固定于胶束的表面,它们对电导的贡献明显下降,电导率随溶液浓度增加的趋势将会变缓,这就是确定 cmc 的依据。

因此利用离子型表面活性剂水溶液的电导率随浓度的变化关系,作 κ-c 曲线,由曲线的转折点求出 cmc 值。

三、仪器及试剂

(1)仪器:25 mL 容量瓶 10 个;50 mL 烧杯 1 个;移液管(0.5 mL)1 支;电导率仪 1 台;恒温槽 1 台。

(2)试剂:0.10 mol·dm^{-3} 十二烷基硫酸钠溶液;0.01 mol·dm^{-3} KCl 标准

溶液。

四、实验步骤

(1)打开电导率仪开关,预热 15 min,用 KCl 标准溶液校正电极常数。

(2)调节恒温槽温度为 25℃。

(3)分别移取 0.25 mL,0.5 mL,1.0 mL,1.5 mL,2.0 mL,2.5 mL,3.0 mL,3.5 mL,4.0 mL,4.5 mL,5.0 mL 的 0.1 mol·dm^{-3} 的十二烷基硫酸钠溶液,定容到 25 mL,配制成浓度为 $1.0×10^{-3}$ mol·dm^{-3},$2.0×10^{-3}$ mol·dm^{-3},$4.0×10^{-3}$ mol·dm^{-3},$6.0×10^{-3}$ mol·dm^{-3},$8.0×10^{-3}$ mol·dm^{-3},$1.0×10^{-2}$ mol·dm^{-3},$1.2×10^{-2}$ mol·dm^{-3},$1.4×10^{-2}$ mol·dm^{-3},$1.6×10^{-2}$ mol·dm^{-3},$1.8×10^{-2}$ mol·dm^{-3},$2.0×10^{-2}$ mol·dm^{-3} 的待测溶液。

(4)用 DDS 型电导率仪从稀到浓分别测定上述各溶液的电导率值。用后一个溶液荡洗前一个溶液的电导池三次以上。各溶液测定时必须恒温 10 min,每个溶液的电导率读数三次,取平均值。

五、注意事项

(1)清洗电导电极时,两个铂片不能有机械摩擦,可用电导水淋洗,后将其竖直,用滤纸轻吸,将水吸净,并且不能使滤纸擦洗内部铂片。

(2)注意电导率仪应由低到高的浓度顺序测量样品的电导率。

(3)电极在冲洗后必须擦干或用待测液润洗电极,电极在使用过程中电极片必须完全浸入到所测溶液中。

六、数据处理

(1)记录实验温度下不同溶液的电导率值。

数据记录:

浓度/(mol·dm^{-3})	电导率/(μS·cm^{-1})

(2)作电导率对浓度图,得到两条直线的交点,该交点即为表面活性剂的 cmc。

(3)查文献值,计算实验误差。

七、思考题

(1)若要知道所测得的临界胶束浓度是否准确,可用什么实验方法验证?

(2)非离子型表面活性剂能否用电导方法测定临界胶束浓度?若不能,则可用何种方法测定?

（3）试说出电导法测定临界胶束浓度的原理。

（4）实验中影响临界胶束浓度的因素有哪些？

（5）改变恒温槽温度可以得到不同温度下表面活性剂的 cmc，通过不同温度下表面活性剂的 cmc 可以得到哪些热力学函数？怎样得到？

（6）电导率法可测定表面活性剂的 cmc 值。什么类型的表面活性剂可用电导率法测定表面活性剂的 cmc 值？

（7）无机盐对于电导率法测定表面活性剂的 cmc 值有什么影响？

八、讨论

（1）临界胶束浓度可以作为表面活性剂的表面活性的一种量度。因为 cmc 越小，则表示这种表面活性剂形成胶束所需浓度越低，达到表面（界面）饱和吸附的浓度越低，因而改变表面性质起到润湿、乳化、增溶和起泡等作用所需的浓度越低。另外，临界胶束浓度又是表面活性剂溶液性质发生显著变化的一个"分水岭"。因此，表面活性剂的大量研究工作都与各种体系中的 cmc 测定有关。

（2）测定 cmc 的方法很多，常用的有表面张力法、电导法、染料法、增溶作用法、光散射法等。这些方法，原理上都是从溶液的物理化学性质随浓度变化关系出发求得。其中表面张力和电导法比较简便准确。表面张力法除了可求得 cmc 之外，还可以求出表面吸附等温线。此外还有一优点，就是无论对于高表面活性还是低表面活性的表面活性剂，其 cmc 的测定都具有相似的灵敏度，此法不受无机盐的干扰，也适合非离子表面活性剂。电导法是经典方法，简便可靠，但只限于离子性表面活性剂，此法对于有较高活性的表面活性剂准确性高，但过量无机盐存在会降低测定灵敏度，因此配制溶液应该用电导水。

第三节　设计实验

设计实验二十一　表面活性剂在固体表面吸附量的测定

一、设计要求

（1）掌握滴体积法测定溶液表面张力的基本原理。

（2）用表面张力法测定表面活性剂在固体表面上的吸附量，并判断其吸附类型。

二、设计原理

表面活性剂在固-液界面上的吸附在许多过程中都起着重要的作用，如印染、洗涤、选矿、采油、医药、农药、化工等都与此密切相关,因此引起了人们的广泛兴趣。表面活性剂在固液界面上的吸附可导致界面自由能改变和形成吸附层,从而赋予体系相应的特征和应用性能。一般研究表面活性剂在固体界面上的吸附时,常将表面活性剂作为吸附质,将固体叫做吸附剂。吸附质的量以 g 或 mol 为单位,吸附剂的量以 g 或 m^2 表示,则吸附量的单位为 $mol \cdot m^{-2}$,$g \cdot g^{-1}$ 或 $mol \cdot g^{-1}$。

将一定量的固体($BaSO_4$、碳酸钙、活性炭、硅胶等)和已知浓度的阴离子表面活性剂(十二烷基硫酸钠)、阳离子表面活性剂(十六烷基三甲基氯化铵)、非离子表面活性剂(壬基酚聚氧乙烯醚)等溶液一起振摇,平衡后测定其溶液的浓度。由于溶质在固液界面上富集,溶液浓度降低。自平衡前后表面活性剂溶液浓度改变值可计算溶质的吸附量 Γ,这叫做浓差法,计算公式如下:

$$\Gamma = \frac{\Delta n_2}{m} = \frac{V(c_0 - c)}{m}$$

式中,Δn_2 为溶质在吸附前后在溶液中的物质的量之差,亦即被吸附的量;V 为溶液体积;c_0 和 c 为溶质在吸附前后的浓度;m 为吸附剂的质量(g)。因此,如果能正确测定出吸附前后表面活性剂在溶液中的浓度,即可根据上式计算表面活性剂在固体表面的吸附量,进而以吸附量为纵坐标,以溶液的平衡浓度为横坐标,绘制吸附等温线,判断吸附等温线的类型。

可用表面张力法测定吸附前后溶液的浓度差,具体做法是先作表面活性剂溶液表面张力对浓度的标准曲线,待吸附平衡后测定溶液的表面张力,自标准曲线读出它的浓度值,根据吸附前后的浓度差再根据上式计算吸附量 Γ。表面张力的测定用滴体积法。

三、参考文献

(1)傅献彩,沈文霞,姚天扬. 物理化学[M]. 5 版. 北京:高等教育出版社,2006

(2)东北师范大学. 物理化学实验[M]. 北京:高等教育出版社,1998

(3)赵国玺,朱步瑶. 表面活性剂作用原理[M]. 北京:中国轻工业出版社,2003

设计实验二十二　表面活性剂在固体表面吸附量的测定

一、设计要求

(1)用连续流动色谱法测定气体在固体样品上的平衡吸附量。

(2)用 BET 方程式计算固体样品的比表面。

二、设计原理

BET(Brunauer-Emmett-Teller)多层吸附的基本假设是固体表面是均匀的;吸附质与吸附剂之间以及吸附质分子之间的作用力均是范德华力,所以当气相中的吸附质分子被吸附在固体表面上之后,它们还可能从气相中吸附同类分子,因而吸附是多层的;吸附平衡是动态平衡。在吸附层数 $n \rightarrow \infty$ 时的 BET 方程为

$$\frac{p/p_0}{V(1-p/p_0)} = \frac{1}{V_m \times C} + \frac{C-1}{V_m \times C} \times \frac{p}{p_0} \tag{1}$$

式中,p 为平衡压力;p_0 为吸附平衡温度下吸附质的饱和蒸气压;V 为平衡时的吸附量(以标准状态毫升计);V_m 为单分子层饱和吸附所需的气体量(以标准状态毫升计);C 为与温度、吸附热和液化热有关的常数。

在相对压力 p/p_0 为 $0.35 \sim 0.35$ 时,通过实验可测量一系列的 p 和 V,以 $(p/p_0)/[V(1-p/p_0)]$ 对 p/p_0 作图得一直线,其斜率为 $a=(C-1)/(V_m \times C)$,截距为 $b=1/V_m \times C$,则 $V_m = 1/a + b$。若知道 1 个吸附质分子的截面积,则可计算出吸附剂的比表面积:

$$A = \frac{V_m N_A \sigma_A}{22\ 400W} \tag{2}$$

式中,N_A 为阿伏加德罗常数;σ_A 为 1 个吸附质分子的截面积;W 为固体吸附剂量(g);224 00 为标准状态下 1 mol 气体的体积(mL)。如果实验中取 N_2 为吸附质,在液氮温度 78 K 时其截面积 σ_A 为 16.2×10^{-20} m²,将数据代入上式,得到:

$$A = 4.36 \frac{V_m}{W} \tag{3}$$

实验时将活化好的吸附剂装在吸附柱中,将作为载气的惰性气体 H_2 或 He 与适量的吸附质蒸汽(可用 N_2)混合通过吸附柱。分析吸附后出口气的成分或分析用惰性气体洗下的被吸附气体的成分即可。

三、参考文献

(1)复旦大学. 物理化学实验[M]. 北京:人民教育出版社,1989

(2)段世铎,谭逸玲. 界面化学[M]. 北京:高等教育出版社,1990

设计实验二十三　微量量热法测定 cmc 和热力学参数

一、设计要求

用微量量热计测定表面活性物质的临界胶束浓度(cmc)和热力学参数。

二、设计原理

表面活性剂溶液的许多物理化学性质都随着胶束的形成而发生较大的改变。表面活性剂溶液中临界胶束浓度是一个重要参数,由于表面活性剂在多方面的广泛应用,因此,研究表面活性剂溶液的性质及应用具有重要意义。前已述及,测定 cmc 的方法很多,如通过测密度、表面张力、电导、黏度等方法来确定。对于表面活性剂分子聚集成胶束可看成是一种缔合过程,在 cmc 以下,表面活性剂仅以单体分子存在,在 cmc 以上,表面活性剂分子的浓度为常数,该体系的某些物理化学性质的平均值在 cmc 附近出现不连续变化。可用相分离模型来描述和处理这一过程,该模型将胶束溶液作为两相处理,一相为水体系,另一相为胶束。临界胶束浓度是体系进入两相时的浓度。离子型表面活性剂形成胶束时,1 mol 表面活性剂离子从水相转移到胶束相的同时,也将有相当量的反离子从本体溶液相转移到胶束相。对于临界胶束浓度不大的表面活性剂溶液有:

$$\Delta G_m^0 = RT\ln X_s + (1-\alpha)RT\ln X_x \tag{1}$$

式中,X_s 表示表面活性剂摩尔分数;X_x 表示胶束的反离子的摩尔分数;α 表示反离子的离解度。设胶束相由表面活性剂离子与等量反离子组成,$\alpha=0$,由式(1)可得:

$$\Delta G_m^0 = 2RT\ln X_{cmc} \tag{2}$$

$$\Delta G_m^0 = 2RT(\ln cmc - \ln W) \tag{3}$$

式中,W 表示含水量,25℃时为 55.50 mol·dm^{-3};cmc 的单位为 mol·dm^{-3};X_{cmc} 表示临界胶束浓度时的摩尔分数。在临界胶束浓度时产生的热可以由滴定热功率-时间曲线获得,进而可求出 ΔG_m^0,此时热功率-时间曲线有一转折点,此点对应的浓度即为 cmc。

根据 Gibbs-Helmholts 方程可得:

$$\left[\frac{\partial \ln X_{cmc}}{\partial T}\right]_p = \frac{\Delta H_m^0}{RT^2} \tag{4}$$

积分上式得到:

$$\ln X_{cmc} = -\frac{\Delta H_m^0}{RT} + B \tag{5}$$

根据滴定热功率-时间曲线,可根据不同温度下的转折点求出各温度的 cmc

值,由 $\ln X_{cmc}$-$1/T$ 作图,从图中截距可求出不同温度下的 ΔH_m^0,进而根据热力学公式求出不同温度下的熵变。

另外,对于表面活性剂的非水溶剂体系,用微量量热计同样可以测定临界胶束浓度和热力学参数。

三、参考文献

(1)顾国兴,陈文海,阎海科.量热法在表面活性剂溶液中的应用[J].化学通报,1991,7:13

(2)魏西莲,尹宝霖,孙德志,李干佐.CnNCl 和 SDS 在水溶液中的相互作用[J].应用化学,2005,22:427

(3)张洪林.微量量热法研究阴离子表面活性剂在 DMA/长链醇体系中 CMC 和热力学函数[J].化学学报,2007,65(10):906

第八章　摩尔质量的测定

第一节　概　述

一、摩尔质量

1 mol 物质所具有的质量,称为摩尔质量(molar mass),用符号 M 表示。摩尔质量是化学中一个重要的物理量,在近代高分子材料的发展过程中,摩尔质量测定更显得重要。聚合物的相对摩尔质量及其分布是高分子材料最基本的参数之一,它与高分子材料的使用性能与加工性能密切相关,相对摩尔质量太低,材料的机械强度和韧性都很差,没有应用价值;相对摩尔质量太高,熔体黏度增加,给加工成型造成困难,因此聚合物的相对分子质量一般控制在 $10^3 \sim 10^7$。由此可以看出,对高聚物测定摩尔质量尤为重要。摩尔质量有多种表示方法,常见表示方法有如下几种。

1. 数均摩尔质量

按分子数统计平均的相对摩尔质量称为数均相对摩尔质量,定义为

$$\overline{M}_n = \frac{\sum\limits_i n_i M_i}{\sum\limits_i n_i}$$

2. 重均摩尔质量

按重量统计平均的相对摩尔质量称为重均相对摩尔质量,定义为

$$\overline{M}_W = \frac{\sum N_B M_B{}^2}{\sum N_B M_B} = \frac{\sum W_B M_B}{\sum W_B}$$

3. Z 均摩尔质量

按 Z 值统计平均的相对摩尔质量称为 Z 均相对摩尔质量,定义为

$$\overline{M}_Z = \frac{\sum N_B M_B{}^3}{\sum N_B M_B{}^2} = \frac{\sum Z_B M_B}{\sum Z_B}$$

$$Z_B = W_B M_B \quad W_B = N_B M_B$$

4.黏均摩尔质量

用稀溶液黏度法测得的平均相对摩尔质量为黏均相对摩尔质量,定义为

$$\overline{M}_\eta = \left[\frac{\sum m_B M_B{}^\alpha}{\sum m_B} \right]^{1/\alpha} \quad \alpha \text{ 为 Mark-Houwink 方程中的参数}$$

对于相对摩尔质量均一的试样,$\overline{M}_n = \overline{M}_w = \overline{M}_z = \overline{M}_\eta$,分子不均一的试样其值是不同的。

二、摩尔质量的测定方法

1.端基分析法

线型聚合物的化学结构明确,而且分子链端带有可供定量化学分析的基团,则测定链端基团的数目,就可确定已知重量样品中的大分子链数目。用端基分析法测得的是数均摩尔质量。

试样的摩尔质量越大,单位重量聚合物所含的端基数就越小,测定的准确度就越差。对于多分散聚合物试样,用端基分析法测得的平均摩尔质量是聚合物试样的数均分子量:

$$M = \frac{W}{N} = \frac{\sum W_i}{\sum N_i} = \frac{\sum N_i M_i}{\sum N_i} = \overline{M}_n$$

2.沸点升高和冰点下降法

在溶剂中加入不挥发性溶质后,溶液的蒸气压下降,导致溶液的沸点高于纯溶剂、冰点低于纯溶剂、这些性质的改变值都正比于溶液中溶质分子的数目:

$$\Delta T_b = K_b \cdot m$$
$$\Delta T_f = K_f \cdot m$$

式中,ΔT_b 为沸点的升高值;ΔT_f 为冰点的降低值;m 为溶液的质量摩尔浓度;K_b,K_f 为溶剂的沸点升高常数和冰点降低常数,是溶剂的特性常数。

用沸点升高法或冰点降低法测定的是聚合物的数均摩尔质量。

3.渗透压法

为维持只允许溶剂分子通过的膜所隔开的溶液与纯溶剂之间的渗透平衡而需要的超额压力,定义为渗透压 $\prod$ 。

对于高分子的稀溶液,当浓度很低时,渗透压公式为 $\prod = \dfrac{RT}{M_n}c + Ac^2$

通过渗透压方法可同时得到 $\overline{M}_n$ 和维利常数 A。

4.光散射法

光散射法是利用光的散射性质测定摩尔质量。当一束光通过介质时,在入射光方向以外的各个方向也能观察到光强的现象称为光散射现象,其本质是光

波的电磁场与介质分子相互作用的结果。

光散射法研究聚合物的溶液性质时，溶液浓度比较稀，可不考虑外干涉。

光散射法可测定的摩尔质量范围为 $10^3 \sim 10^7$。一次测定可以同时得到重均摩尔质量 $\overline{M_W}$。

5. 黏度法

高分子溶液理论表明，在溶液中的高分子线团若卷曲紧密，流动时线团内的溶剂分子随高分子一起流动，$[\eta] \propto M^{1/2}$；若高分子线团松懈，流动时线团内的溶剂分子是完全自由的，即高分子线团可为溶剂分子自由穿透，那么 $[\eta] \propto M$。实验结果也表明，当聚合物、溶剂和温度确定后，$[\eta]$ 的数值仅由试样的摩尔质量 M 决定：

$$\eta = K M_\eta^\alpha \quad \text{Mark-Houwink 方程}$$

根据公式，只要知道参数 K 和 α，即可根据所测得的值 $[\eta]$ 计算试样的黏均摩尔质量 M_η。K 和 α 值为常数。

黏度法测得的摩尔质量为黏均摩尔质量，M_η 值不仅与试样的摩尔质量分布有关，而且还与 α 值有关。

6. 凝胶色谱法

现代蛋白质药物的研究中，凝胶色谱法测定分子量是蛋白质分子量的快速测定方法之一。

根据凝胶色谱的原理，样品物质在凝胶色谱柱中的洗脱性质与该物质的分子大小有关。因此选用不同的凝胶色谱柱后，能方便地测定物质的分子量。用此法测定分子量时，可以在各种酸度、离子强度和温度条件下进行。所测定的物质可以是天然状态，也可以是变性后的状态。

实际应用中，可先选用一系列已知摩尔质量的标准样品在同一色谱条件下进行色谱分离分析，并以保留体积（或保留时间）对摩尔质量的对数作图，在一定摩尔质量范围内得到一直线（标准曲线），而后根据待测定物在同一条件下的保留体积（或保留时间），从标准曲线上查得计算出摩尔质量。

摩尔质量的测定方法还有多种，如葡聚糖凝胶过滤法、离心沉降平衡技术和聚丙烯酰胺圆盘电泳法等。

第二节 基础实验

基础实验二十七 凝固点降低法测定摩尔质量

一、目的要求

(1)掌握溶液凝固点的测定技术,并加深对稀溶液依数性质的理解。

(2)掌握精密数字温度(温差)测量仪的使用方法。

(3)测定水的凝固点降低值,计算尿素(或蔗糖)的摩尔质量。

二、实验原理

当稀溶液凝固析出纯固体溶剂时,溶液的凝固点低于纯溶剂的凝固点,其降低值与溶液的质量摩尔浓度成正比,即

$$\Delta T_f = T_{f^*} - T_f = K_f m_B \tag{1}$$

式中,ΔT_f 为凝固点降低值;T_{f^*} 为纯溶剂的凝固点;T_f 为溶液的凝固点;m_B 为溶液中溶质 B 的质量摩尔浓度;K_f 为溶剂的凝固点降低常数,它的数值仅与溶剂的性质有关。

若称取一定量的溶质 W_B 和溶剂 W_A 配成稀溶液,则此溶液的质量摩尔浓度为

$$m_B = \frac{W_B}{M_B W_A}$$

式中,M_B 为溶质的摩尔质量。将该式代入(1)式,整理得

$$M_B = K_f \frac{W_B}{W_A \Delta T_f} \tag{2}$$

若已知某溶剂的凝固点降低常数 K_f 值,通过实验测定此溶液的凝固点降低值 ΔT_f,即可根据(2)式计算溶质的摩尔质量 M_B。

显然,全部实验操作归结为凝固点的精确测量。其方法是将溶液逐渐冷却成为过冷溶液,然后通过搅拌或加入晶种促使溶剂结晶,放出的凝固热使体系温度回升,当放热与散热达到平衡时,温度不再改变,此固液两相平衡共存的温度,即为溶液的凝固点。本实验测纯溶剂与溶液凝固点之差,由于差值较小,所以测温采用精密数字温度(温差)测量仪或贝克曼温度计。

从相律看,溶剂与溶液的冷却曲线形状不同。对纯溶剂两相共存时,自由度 $f^* = 1 - 2 + 1 = 0$,冷却曲线形状如图 2-8-1(1)所示,水平线段对应着纯溶剂的

凝固点。对溶液两相共存时,自由度 $f^* = 2-2+1=1$,温度仍可下降,但由于溶剂凝固时放出凝固热而使温度回升,并且回升到最高点又开始下降,其冷却曲线如图 2-8-1(2)所示,所以不出现水平线段。由于溶剂析出后,剩余溶液浓度逐渐增大,溶液的凝固点也要逐渐下降,在冷却曲线上得不到温度不变的水平线段。如果溶液的过冷程度不大,可以将温度回升的最高值作为溶液的凝固点;若过冷程度太大,则回升的最高温度不是原浓度溶液的凝固点,严格的做法应作冷却曲线,并按图 2-8-1(2)中所示的方法加以校正。

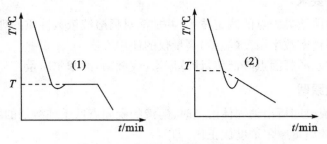

图 2-8-1 溶剂与溶液的冷却曲线

三、仪器及试剂

(1)仪器:凝固点测定仪 1 套;精密数字温度(温差)测量仪 1 台或贝克曼温度计 1 支;分析天平 1 台;普通温度计(0～50℃)1 支;压片机 1 台;移液管(50 mL)1 支。

(2)试剂:尿素(A.R.);蔗糖(A.R.);粗盐;冰。

四、实验步骤

(1)调节精密数字温度(温差)测量仪:按照精密数字温度(温差)测量仪的调节方法调节测量仪。

(2)调节寒剂的温度:取适量粗盐与冰水混合,使寒剂温度为 $-2℃～-3℃$,在实验过程中不断搅拌并不断补充碎冰,使寒剂保持此温度。

(3)溶剂凝固点的测定:仪器装置如图 2-8-2 所示。用移液管向清洁、干燥的凝固点管内加入 30 mL 纯水,并记下水的温度,插入调节好的精密数字温度(温差)测量仪的温度传感器,且拉动搅拌同时应避免碰壁及产生摩擦。

先将盛水的凝固点管直接插入寒剂中,上下移动搅棒(勿拉过液面,约每秒钟一次),使水的温度逐渐降低。当过冷到水冰点以后,要快速搅拌(以搅棒下端擦管底),幅度要尽可能的小。待温度回升后,恢复原来的搅拌,同时注意观察温差测量仪的数字变化,直到温度回升稳定为止,此温度即为水的近似凝固点。

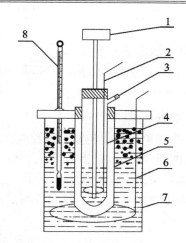

1—精密数字温差测量仪；2—内管搅棒；3—投料支管；4—凝固点管；
5—空气套管；6—寒剂搅棒；7—冰槽；8—温度计

图 2-8-2 凝固点降低实验装置

取出凝固点管，用手捂住管壁片刻，同时不断搅拌，使管中固体全部溶化。将凝固点管放在空气套管中，缓慢搅拌，使温度逐渐降低，当温度降至近 0.7℃ 时，自支管加入少量晶种，并快速搅拌（在液体上部），待温度回升后，再改为缓慢搅拌。直到温度回升到稳定为止，重复测定 3 次，每次之差不超过 0.006℃，3 次平均值作为纯水的凝固点。

（4）溶液凝固点的测定：取出凝固点管，如前将管中冰溶化，用压片机将尿素（或蔗糖）压成片，用分析天平精确称重（约 0.48 g），其质量约使凝固点下降 0.3℃，自凝固点管的支管加入样品，待全部溶解后，测定溶液的凝固点。测定方法与纯水的相同，先测近似的凝固点，再精确测定，但溶液凝固点是取回升后所达到的最高温度。重复 3 次，取平均值。

五、注意事项

（1）搅拌速度的控制是做好本实验的关键，每次测定应按要求的速度搅拌，并且测溶剂与溶液凝固点时搅拌条件要完全一致；此外，准确读取温度也是实验的关键所在，应读准至小数点后第三位。

（2）环境温度对实验结果也有很大影响，过高会导致冷却太慢，过低则测不出正确的凝固点。

（3）纯水过冷温度为 0.7℃～1℃（视搅拌快慢），为了减少过冷，可加入少量晶种，每次加入晶种大小应尽量一致。

六、数据处理

(1)由水的密度,计算所取水的质量 W_A。

(2)由所得数据计算尿素(或蔗糖)的摩尔质量,并计算与理论值的相对误差。

七、思考题

(1)为什么要先测近似凝固点?

(2)为什么会产生过冷现象? 如何控制过冷程度?

(3)为什么测定溶剂的凝固点时,过冷程度大一些对测定结果影响不大,而测定溶液凝固点时却必须尽量减少过冷现象?

(4)在冷却过程中,冷冻管内固液相之间和寒剂之间,有哪些热交换? 它们对凝固点的测定有何影响?

八、讨论

(1)理论上,在恒压下对单组分体系只要两相平衡共存就可以达到凝固点,但实际上只有固相充分分散到液相中,也就是固液两相的接触面相当大时,平衡才能达到。例如将冷冻管放到冰浴后温度不断降低,达到凝固点后,由于固相是逐渐析出的,当凝固热放出速度小于冷却速度时,温度还可能不断下降,因而使凝固点的确定比较困难。因此采用过冷法先使液体过冷,然后突然搅拌,促使晶核产生,很快固相会骤然析出形成大量的微小结晶,这就保证了两相的充分接触。与此同时液体的温度也因为凝固热的放出开始回升,一直达到凝固点,保持一定时间的恒定温度,然后又开始下降。

(2)液体在逐渐冷却过程中,当温度达到或稍低于其凝固点时,由于新相形成需要一定的能量,故结晶并不析出,这就是过冷现象。在冷却过程中,如稍有过冷现象是合乎要求的,但过冷太厉害或寒剂温度过低,则凝固热抵偿不了散热,此时温度不能回升到凝固点,在温度低于凝固点时完全凝固,就得不到正确的凝固点。因此,实验操作中必须注意掌握体系的过冷程度。

(3)当溶质在溶液中有离解、缔合、溶剂化和络合物生成等情况存在时,会影响溶质在溶剂中的表观摩尔质量。因此为获得比较准确的摩尔质量数据,常用外推法,即以公式(2)计算得到的分子量为纵坐标,以溶液浓度为横坐标作图,外推至浓度为零而求得较准确的摩尔质量数据。

基础实验二十八　黏度法测定高聚物的摩尔质量(乌氏黏度计法)

一、目的要求

(1)掌握用乌氏(Ubbelohde)黏度计测定高聚物溶液黏度的原理和方法。

（2）测定聚乙烯醇的平均摩尔质量。

二、实验原理

在高聚物中，分子的聚合度不一定相同，因此高聚物的摩尔质量往往是不均一的，没有一个确定的值。通过实验的方法可测得某一聚合物的摩尔质量分布情况和摩尔质量的统计平均值，即平均摩尔质量。由于测定原理和计算方法不同，所得结果也不相同，常见的平均摩尔质量有数均摩尔质量、重均摩尔质量、Z均摩尔质量和黏均摩尔质量。在多种测量高聚物平均摩尔质量的方法之中，黏度法具有设备简单、操作方便、有很好实验精度的特点，因而是常用的方法之一。

黏度是指液体对流动所表现的阻力，这种力反抗液体中邻接部分的相对运动，因而是液体流动时内摩擦力大小的一种量度。因此，高聚物稀溶液的黏度（η）应包括溶剂分子之间的内摩擦、高聚物分子与溶剂分子之间的内摩擦以及高聚物分子之间的内摩擦。其中溶剂分子之间的内摩擦表现出来的黏度为纯溶剂黏度，用 η_0 表示。在相同的温度下，通常 $\eta > \eta_0$，为了比较这两种黏度，将增比黏度定义为

$$\eta_{sp} = \frac{\eta - \eta_0}{\eta_0} = \eta_r - 1 \tag{1}$$

式中，η_r 称为相对黏度，它是溶液黏度和溶剂黏度的比值，它反映的也是溶液的黏度行为。增比黏度 η_{sp} 反映了扣除溶剂分子的内摩擦以后，仅仅高聚物分子与溶剂分子之间和高聚物分子间的内摩擦所表现出来的黏度。

高聚物溶液的增比黏度 η_{sp} 往往随溶液浓度的增加而增加。为方便比较，将单位浓度下所显示的增比黏度 $\frac{\eta_{sp}}{c}$ 称为比浓黏度，将 $\frac{\ln \eta_r}{c}$ 称为比浓对数黏度。

Huggins（1941 年）和 Kramer（1938 年）分别发现比浓黏度和比浓对数黏度与溶液浓度之间符合下述经验关系式：

$$\frac{\eta_{sp}}{c} = [\eta] + k[\eta]^2 c \tag{2}$$

$$\frac{\ln \eta_r}{c} = [\eta] + \beta[\eta]^2 c \tag{3}$$

式中，c 为溶液的浓度；k 和 β 分别称为 Huggins 和 Kramer 常数。根据上述二式，以 $\frac{\eta_{sp}}{c}$-c 或 $\frac{\ln \eta_r}{c}$-c 作图可得两条直线，见图 2-8-3。对同一高聚物，外推至 $c=0$ 时，两条直线相交于一点，所得截距为 $[\eta]$，$[\eta]$ 称为特性黏度，如图 2-8-3 所示。显然，特性黏度可定义为

$$[\eta] = \lim_{c \to 0} \frac{\eta_{sp}}{c} = \lim_{c \to 0} \frac{\ln \eta_r}{c} \tag{4}$$

当溶液无限稀释时,高聚物分子彼此相隔很远,它们之间的摩擦效应可以忽略不计。因此,特性黏度主要反映了溶剂分子和高聚物分子之间的内摩擦效应,其值决定于溶剂的性质,更决定于聚合物分子的形态和大小,是一个与聚合物摩尔质量有关的量。由于 η_{sp} 和 η_r 均是无因次量,所以 $[\eta]$ 的单位是浓度单位的倒数,它的数值随浓度表示方法的不同而不同。

实验证明,当聚合物、溶剂和温度确定以后,聚合物的特性黏度只与聚合物的摩尔质量有关,它们之间的关系可用 Mark-Houwink 经验方程式来表示:

$$[\eta] = K\overline{M}_\eta^\alpha \tag{5}$$

式中,$\overline{M}_\eta$ 是黏均摩尔质量;K 和 α 都是与温度、聚合物、溶剂的性质有关的常数,在一定的摩尔质量范围内与分子的大小无关。K 和 α 的数值只能通过其他绝对方法(如渗透压法、光散射法等)确定,若已知 K 和 α 的数值,只要测得 $[\eta]$ 就可求出 $\overline{M}_\eta$。

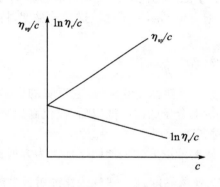

图 2-8-3　外推法求 $[\eta]$

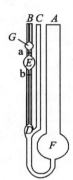

图 2-8-4　乌氏黏度计

液体黏度的测定方法主要有三类:①用旋转式黏度计测定液体与同心轴圆柱体相对转动的情况来确定黏度;②用落球式黏度计测定圆球在液体里的下落速度来确定黏度;③用毛细管黏度计测定液体在毛细管里的流出时间来确定黏度。前两种方法适于高、中黏度的溶液,毛细管黏度计适用于较低黏度的溶液。本实验采用毛细管黏度计,见图 2-8-4。

玻璃毛细管黏度计测量原理是,当液体在重力作用下流经黏度计中的毛细管时,遵守泊塞勒(Poiseuille)公式:

$$\frac{\eta}{\rho} = \frac{\pi h g r^4 t}{8lV} - m\frac{V}{8\pi lt} \tag{6}$$

式中,η 是液体黏度;ρ 是液体密度;l 是毛细管的长度;r 是毛细管半径;g 是重力加速度;t 是流出时间;h 是流经毛细管的液体平均液柱高度;V 是流经毛细管的液体体积；m 是毛细管末端校正的系数，当 $\frac{r}{l} \ll 1$ 时，可取 $m=1$。

对于指定的某一黏度计，令 $A = \frac{\pi h g r^4}{8lV}$，$B = \frac{mV}{8\pi l}$，则上式可写成

$$\frac{\eta}{\rho} = At - \frac{B}{t} \tag{7}$$

式中，$B < 1$，当 $t > 100$ s 时，等式右边第二项可以忽略。又因为通常测定是在稀溶液中进行（$c < 1$ g $\cdot$ 100 mL^{-1}），溶液与溶剂的密度近似相等，则有

$$\eta_r = \frac{\eta}{\eta_0} = \frac{t}{t_0} \tag{8}$$

式中，t 为溶液的流出时间；t_0 为纯溶剂的流出时间。所以只需分别测定溶液和溶剂在毛细管中的流出时间就可得到 η_r。

三、仪器及试剂

(1)仪器：恒温槽 1 套；乌氏黏度计 1 支；分析天平 1 台；秒表 1 块；移液管（5 mL，1 支；10 mL，2 支）；容量瓶（50 mL）1 个；洗耳球 1 个；烧杯（50 mL）1 个；3 号玻璃砂漏斗 1 个；电吹风 1 个；橡皮夹 2 个；橡皮管（约 5 cm 长，2 根）；吊锤 1 个。

(2)试剂：聚乙烯醇（A.R.）；无水乙醇（A.R.）。

四、实验步骤

(1)聚乙烯醇溶液的配制：用分析天平准确称取聚乙烯醇 1 g 于烧杯中，加 30 mL 蒸馏水，加热至 40℃ 使其溶解，冷至室温后，将溶液移至 50 mL 容量瓶中，加蒸馏水稀释至刻度，并摇匀，浓度计为 c_1。

(2)洗涤黏度计：本实验采用乌氏黏度计，如图 2-8-4 所示。先将经玻璃砂漏斗过滤的热洗液倒入黏度计内浸泡，再用自来水、蒸馏水冲洗。对经常使用的黏度计需用蒸馏水浸泡，除去黏度计中残余的聚合物，黏度计的毛细管要反复用水冲洗。最后，加少量无水乙醇溶解管内水滴，将乙醇倒入指定试剂瓶中，用电吹风的热风吹黏度计 F，D 球，造成热气流，烘干黏度计。

(3)调节恒温槽温度：恒定温度在（25.0±0.1）℃，将黏度计垂直置于恒温槽中，使水浴浸在 G 球以上，并用吊锤检查是否垂直。

(4)测定溶液的流出时间 t：移取 10 mL 已配置好的聚乙烯醇溶液，由 A 管注入黏度计内，恒温 15 min 后，封闭 C 管，用洗耳球由 B 管吸溶液上升至 G 球的 2/3 处，同时松开 A，B 管。G 球内液体在重力作用下流经毛细管，当液面恰好到达刻度线 a 时，立即按下秒表，开始计时，待液面下降到刻度线 b 时再按下秒表，记录溶液流经毛细管的时间。重复测定三次，每次测得的时间差不大于

0.3 s,取其平均值,即为溶液的流出时间 t_1。

然后依次由 A 管用移液管加入 5 mL,5 mL,10 mL,15 mL 蒸馏水,将溶液稀释,使溶液浓度分别为 c_2,c_3,c_4,c_5,用同样方法测定每份溶液流经毛细管的时间 t_2,t_3,t_4,t_5。应注意每次加入蒸馏水后,要充分混合均匀,并抽洗黏度计的 E 球和 G 球,使黏度计内溶液各处的浓度相等。

(5)测定溶剂的流出时间 t_0:用蒸馏水洗涤黏度计,尤其要反复洗涤黏度计的毛细管部分,然后由 C 管加入约 15 mL 的蒸馏水,用同样方法测定溶剂流出的时间 t_0。

五、注意事项

(1)做好实验的关键在于黏度计必须洗净,直至毛细管壁不挂水珠;恒温槽的温度要控制在±0.1℃内;高聚物在溶剂中溶解缓慢,配制溶液时,要确保其完全溶解,否则,这些因素都会影响结果的准确性。

(2)毛细管黏度计的选择:常用毛细管黏度计有乌氏和奥氏两种,本实验采用乌氏黏度计。其中毛细管的直径和长度以及 E 球体积的选择,应根据所用溶剂的黏度而定,使溶剂流出的时间在 100 s 以上,但毛细管直径也不宜太小,否则测定时容易阻塞。

(3)黏度计要垂直放置,实验过程中不要振动黏度计,否则会影响结果的准确性。

六、数据处理

(1)按下表记录并计算各种数据。

室温_____ 大气压_____ 恒温槽温度_____ 原溶液浓度_____ g·100 mL^{-1}

$c/(\text{g·cm}^{-3})$	t_1/s	t_2/s	t_3/s	$t_{平均}/\text{s}$	η_r	$\ln\eta_r$	η_{sp}	$\dfrac{\eta_{sp}}{c}$	$\dfrac{\ln\eta_r}{c}$

注:本实验是用 100 mL 溶液中所含聚合物的克数作为浓度单位。

(2)以 $\dfrac{\eta_{sp}}{c}$ 和 $\dfrac{\ln\eta_r}{c}$ 对浓度 c 作图得两直线,外推至 $c\to0$,求出 $[\eta]$。

(3)计算出聚乙烯醇的黏均摩尔质量 $\overline{M}_\eta$。

七、思考题

(1)乌氏黏度计中的支管 B 的作用是什么?除去支管 C 是否仍可以测定黏度?

(2)分析实验成功与失败的原因。

(3)特性黏度$[\eta]$和纯溶剂的黏度是否一样？为什么？

(4)分析$\dfrac{\eta_{sp}}{c}$和$\dfrac{\ln\eta_r}{c}$对c作图不是线性的原因？

八、讨论

(1)最常用的毛细管黏度计有两种，一种是三管黏度计，即本实验采用的乌氏黏度计。其特点是溶液的流出时间与加入到 F 球中待测液的体积无关，因而可以在黏度计里加入溶剂或溶液改变待测液的浓度。另一种是二管黏度计，即奥氏黏度计。因为液体的流出时间与加入黏度计中的溶液的液面高度有关，因此，测定时标准液和待测液的体积必须相同。考虑到式(6)右边第二项可以忽略，需选择适宜的毛细管长度、直径的大小和 E 球的大小，使流出时间大于 100 s，最好在 120 s 左右为宜。但毛细管也不宜太细，否则测定时容易堵塞黏度计。黏度计使用完毕，应立即清洗，防止聚合物黏结甚至堵塞毛细管孔径。清洗后在黏度计内注满蒸馏水并加塞，防止落进灰尘。

(2)特性黏度的单位与浓度的单位互为倒数，然而在文献和现发行的实验教材中所用的单位也不完全相同，致使$[\eta]=K\overline{M}_\eta^\alpha$一式中的常数$K$有数量级的不同。参数$K$的单位与$[\eta]$相同，而参数$\alpha$则是无因次的量。对同一聚合物，在不同的温度和不同的溶剂条件下，K及α的值不同，使用时应加注意。

(3)以$\eta_{sp}/c\text{-}c$及$\ln\eta_r/c\text{-}c$作图不是线性的影响因素：

1)温度的波动

一般而言，对于不同的溶剂和高聚物，温度的波动对黏度的影响不同。溶液黏度与温度的关系可以用 Andraole 方程$\eta=Ae^{B/RT}$表示，式中A与B对于给定的高聚物和溶剂是常数，R为气体常数。因此，这要求恒温槽具有很好的控温精度。

2)溶液的浓度

随着浓度的增加，高聚物分子链之间的距离逐渐缩短，因而分子链间作用力增大，当浓度超过一定限度时，高聚物溶液的η_{sp}/c或$\ln\eta_r/c$与c的关系不呈线性。通常选用$\eta_r=1.2\sim2.0$的浓度范围。

(4)在实验过程中，有时$\dfrac{\eta_{sp}}{c}$和$\dfrac{\ln\eta_r}{c}$对c作图仍然会遇到图 2-8-5 所表示的异常现象，这可能是聚合物本身的结构及其在溶液中的形态所致。对这些异常现象应以$\dfrac{\eta_{sp}}{c}$与c的关系作为基准来确定聚合物溶液的特性黏度$[\eta]$。这是因为 Huggins 方程中的k值和$\dfrac{\eta_{sp}}{c}$值与聚合物结构和形态有关，具有明确的物理意义;而 Kramer 方程基本上是数学运算式,含义不太明确。

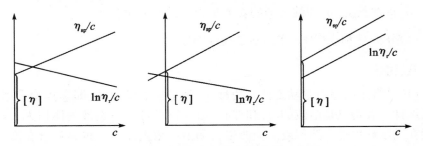

图 2-8-5　黏度测定中的异常现象示意图

第三节　设计实验

设计实验二十四　沸点升高法测定摩尔质量

一、设计要求

(1)测定溶液的沸点升高值,计算苯甲酸的摩尔质量。

(2)掌握溶液沸点的测定技术,并加深对稀溶液依数性质的理解。

二、设计原理

当稀溶液沸腾时,溶液的沸点高于纯溶剂的沸点,其升高值与溶液的质量摩尔浓度成正比,即

$$\Delta T_b = T_b - T_{b^*} = K_b m_B$$

式中,ΔT_b 为沸点升高值;T_{b^*} 为纯溶剂的沸点;T_b 为溶液的沸点;m_B 为溶液中溶质 B 的质量摩尔浓度;K_b 为溶剂的沸点升高常数,它的数值仅与溶剂的性质有关。

若称取一定量的溶质 W_B 和溶剂 W_A,配成稀溶液,则此溶液的质量摩尔浓度为

$$m_B = \frac{W_B}{M_B W_A}$$

式中,M_B 为溶质的摩尔质量。将该式代入上式,整理得:

$$M_B = K_b \frac{W_B}{W_A \Delta T_b}$$

若已知某溶剂的沸点升高常数 K_b 值,通过实验测定此溶液的沸点升高值

ΔT_b,即可根据公式计算溶质的摩尔质量 M_B。

三、参考文献

(1)顾月姝.物理化学实验[M].北京:化学工业出版社,2004

(2)复旦大学,等,编.蔡显鄂,项一非,刘衍光,修订.物理化学实验[M].北京:高等教育出版社,1993

(3)孙尔康,徐维清,邱金恒.物理化学实验[M].南京:南京大学出版社,1998

设计实验二十五 NaCl 注射液渗透压的测定

一、设计要求

(1)测定氯化钠注射液的凝固点降低值,计算其渗透压。

(2)掌握溶液凝固点的测定技术,并加深对稀溶液依数性质的理解。

二、设计原理

渗透压与人体生物膜的溶液扩散或液体转移的生物过程有很大关系。生产注射剂等药物时必须考虑其渗透压。理想的渗透压可以通过计算得出,在生理范围内及很稀的溶液中,一般渗透压与理想计算值的偏差很小。

一般采用冰点降低法测定注射剂的渗透压,此法具有简单、快速、结果准确等特点。当稀溶液凝固析出纯固体溶剂时,则溶液的凝固点低于纯溶剂的凝固点,其降低值与溶液的质量摩尔浓度成正比,即

$$\Delta T_f = T_f^* - T_f = K_f m_B$$

式中,ΔT_f 为凝固点降低值;T_f^* 为纯溶剂的凝固点;T_f 为溶液的凝固点;m_B 为溶液中溶质 B 的质量摩尔浓度;K_f 为溶剂的质量摩尔凝固点降低常数,它的数值仅与溶剂的性质有关。

因为氯化钠注射液是很稀的溶液,所以可近似认为 m_B 与 c_B 在数值上相等,通过上式可以计算出 m_B,从而得出 c_B。通过渗透压的公式 $\prod = c_B RT$ 就可求出。

本实验可采用的凝固点降低实验装置。

同样,可以设计测试糖尿病人的血、尿的渗透压,并与正常人的相关数据进行比较。

三、参考文献

(1)顾月姝,宋淑娥.基础化学实验(Ⅲ)—物理化学实验[M].2 版.北京:化

学工业出版社,2012

(2)王舜.物理化学组合实验[M].北京:科学出版社,2011

设计实验二十六　黏度法测定摩尔质量(奥氏黏度计法)

一、设计要求

(1)了解黏度的物理意义、测定原理和方法。

(2)掌握用奥氏黏度计测量溶液黏度的方法,测定聚乙烯醇的平均摩尔质量。

二、设计原理

当流体受外力作用产生流动时,在流动着的液体层之间存在着切向的内部摩擦力。如果要使液体通过管子,必须消耗一部分功来克服这种流动的阻力。在流速低时管子中的液体沿着与管壁平行的直线方向前进,最靠近管壁的液体实际上是静止的,与管壁距离愈远,流动的速度也愈大。

流层之间的切向力 f 与两层间的接触面积 A 和速度差 Δv 成正比,而与两层间的距离 Δx 成反比:

$$f = \eta A \frac{\Delta v}{\Delta x} \tag{1}$$

式中,η 是比例系数,称为液体的黏度系数,简称黏度。黏度系数的单位在 C. G. S. 制单位中用"泊"表示,在国际单位制(SI)中用 Pa · s 表示,1 泊 $= 10^{-1}$ Pa · s。

液体的黏度可用毛细管法测定。泊肃叶(Poiseuille)得出液体流出毛细管的速度与黏度系数之间存在如下关系式:

$$\eta = \frac{\pi p r^4 t}{8VL} \tag{2}$$

式中,V 为在时间 t 内流过毛细管的液体体积;p 为管两端的压力差;r 为管半径;L 为管长。按(2)式由实验直接来测定液体的绝对黏度是困难的,但测定液体对标准液体(如水)的相对黏度是简单的。在已知标准液体的绝对黏度时,即可算出被测液体的绝对黏度。设两种液体在本身重力作用下分别流经同一毛细管,且流出的体积相等,则

$$\eta_1 = \frac{\pi r^4 p_1 t_1}{8VL}$$

$$\eta_2 = \frac{\pi r^4 p_2 t_2}{8VL}$$

$$\Rightarrow \frac{\eta_1}{\eta_2} = \frac{p_1 t_1}{p_2 t_2} \tag{3}$$

式中，$p = hg\rho$，这里 h 为推动液体流动的液位差，ρ 为液体密度，g 为重力加速度。如果每次取用试样的体积一定，则可保持 h 在实验中的情况相同，因此可得

$$\frac{\eta_1}{\eta_2} = \frac{\rho_1 t_1}{\rho_2 t_2} \tag{4}$$

已知标准液体的黏度和它们的密度，则可得到被测液体的黏度。

三、参考文献

(1)顾月姝. 物理化学实验[M]. 北京:化学工业出版社,2004

(2)夏海涛. 物理化学实验[M]. 南京:南京大学出版社,2006

(3)复旦大学,等,编. 蔡显鄂,项一非,刘衍光,修订. 物理化学实验[M]. 北京:高等教育出版社,1993

(4)孙尔康,徐维清,邱金恒. 物理化学实验[M]. 南京:南京大学出版社,1998

(5)刘健平,郑玉斌. 高分子科学与材料工程实验[M]. 北京:化学工业出版社,2005

(6)韩哲文. 高分子科学实验[M]. 上海:华东理工大学出版社,2004

(7)〔瑞典〕Jan F. Rabek. 吴世康,等,译. 高分子科学实验方法[M]. 北京:科学出版社,1987

第九章 物质结构参数的测定

第一节 概 述

物质的性质从本质上说是由物质内部的结构所决定的,深入了解物质内部的结构,不仅可以理解化学变化的内因,而且可以预见在适当的外因的作用下,物质的结构将发生怎样的变化。例如,测定偶极矩可以了解分子结构中有关电子云的分布和分子的对称性;测定磁化率可以了解配合物的配位类型;利用现代实验方法——色谱、质谱、热谱、光谱、波谱、能谱、衍射、激光技术、电子显微镜技术等研究一些物质后,从不同的角度获取我们所需要的信息,然后,在理论的指导下进行分析、综合、推理、判断,得出关于结构的合乎逻辑的结论。因此,学习测定分子结构参数的实验方法和原理是十分重要的,下面就介绍几种基本参数的测量原理及方法。

一、偶极矩

分子偶极矩通常可用微波波谱法、分子束法、介电常数法和其他一些间接方法来进行测量。由于前两种方法在仪器上受到的局限性较大,因而文献上发表的偶极矩数据绝大多数来自于介电常数法。

1. 偶极矩与极化度

分子呈电中性,但因空间构型的不同,正负电荷中心可能重合,也可能不重合,前者为非极性分子,后者称为极性分子。分子极性大小用偶极矩 μ 来度量,其定义为

$$\mu = gd \tag{1}$$

式中,g 为正、负电荷中心所带的电荷量;d 是正、负电荷中心间的距离。偶极矩的 SI 单位是库[仑]米($C \cdot m$)。而过去习惯使用的单位是德拜(D),$1D = 3.338 \times 10^{-30} C \cdot m$。

通过偶极矩的测定可以了解分子结构中有关电子云的分布和分子的对称性等情况,还可以用来判别几何异构体和分子的立体结构。

　　极性分子具有永久偶极矩,由于分子热运动的影响,偶极矩在空间各个方向的取向几率相等,偶极矩的统计平均值仍为零,即宏观上亦测不出其偶极矩。非极性分子虽因振动可能使正负电荷中心发生相对位移而产生瞬时偶极矩,但宏观统计平均的结果,实验测得的偶极矩为零。若将极性分子置于均匀的电场中,则偶极矩在电场的作用下会趋向电场方向排列。这时,我们称这些分子被极化了,极化的程度可以用摩尔极化度 $P_{转向}$ 来衡量。

　　$P_{转向}$ 与永久偶极矩的平方成正比,与热力学温度 T 成反比:

$$P_{转向} = \frac{4}{3} \pi N_A \frac{\mu^2}{3kT} = \frac{4}{9} \pi N_A \frac{\mu^2}{kT} \tag{2}$$

式中,k 为玻耳兹曼常数;N_A 是阿伏加德罗常数。

　　在外电场作用下,不论极性分子或非极性分子都会发生电子云对分子骨架的相对位移,分子骨架也会变形,这种现象称为诱导极化或变形极化,用摩尔诱导极化度 $P_{诱导}$ 来表示。显然,$P_{诱导}$ 可以分为两项,即电子极化度 $P_{电子}$ 和原子极化度 $P_{原子}$,因此 $P_{诱导} = P_{电子} + P_{原子}$。$P_{诱导}$ 与外加电场强度成正比,与温度无关。

　　如果外电场是交变电场,极性分子的极化情况则与交变电场的强度有关。当处于频率小于 $10^{10}\ s^{-1}$ 的低频电场或静电场中,极性分子所产生的摩尔极化度 P 是转向极化、电子极化和原子极化的总和:

$$P = P_{转向} + P_{电子} + P_{原子} \tag{3}$$

　　当频率增加到 $10^{12} \sim 10^{14}\ s^{-1}$ 的中频(红外频率)时,电场的交变周期小于分子偶极矩的弛豫时间,极性分子的转向运动跟不上电场的变化,即极性分子来不及沿电场方向定向,故 $P_{转向} = 0$。此时极性分子的摩尔极化度等于摩尔诱导极化度 $P_{诱导}$。当交变电场的频率进一步增强到 $10^{15}\ s^{-1}$ 的高频(可见光和紫外频率)时,极性分子的转向运动和分子骨架变形都跟不上电场的变化,此时极性分子的摩尔极化度就等于电子的极化度 $P_{电子}$。

　　因此,原则上只要在低频电场下测得极性分子的摩尔极化度 P,在红外频率下测得极性分子的摩尔诱导极化度 $P_{诱导}$,两者相减得到极性分子的摩尔转向极化度 $P_{转向}$,代入(2)式就可计算出极性分子的永久偶极矩。

　　2.测量方法

　　偶极矩一般是通过测定介电常数、密度、折射率和浓度来求算的。对介电常数的测定除电桥法外,主要还有拍频法和谐振法等。对于气体和电导很小的液体以拍频法为好;有相当电导的液体用谐振法较为合适;对于有一定电导但不大的液体用电桥法较为理想。虽然电桥法不如拍频法和谐振法精确,但设备简单,价格便宜。

　　测定偶极矩的方法除由对介电常数等的测定来求外,还有多种方法,如分子射线法、分子光谱法、温度法以及利用微波谱的斯塔克效应等。

本书测定偶极矩选用小电容仪(溶液法)进行测量。

二、磁化率

1.分子的磁性

物质在外磁场中,会被磁化并感生一附加磁场,其磁场强度 H' 与外磁场强度 H 之和称为该物质的磁感应强度 B,即

$$B=H+H' \tag{4}$$

H' 与 H 方向相同的叫顺磁性物质,相反的叫反磁性物质。还有一类物质如铁、钴、镍及其合金,H' 比 H 大得多,H'/H 高达 10^4,而且附加磁场在外磁场消失后并不立即消失,这类物质称为铁磁性物质。

物质的磁化可用磁化强度 I 来描述,$H'=4\pi I$。对于非铁磁性物质,I 与外磁场强度 H 成正比:

$$I=\chi H \tag{5}$$

式中,χ 为物质的单位体积磁化率(简称磁化率),是物质的一种宏观磁性质。在化学中常用单位质量磁化率 χ_m 或摩尔磁化率 χ_M 表示物质的磁性质,它的定义是

$$\chi_m=\chi/\rho \tag{6}$$

$$\chi_M=M\chi/\rho \tag{7}$$

式中,ρ 和 M 分别是物质的密度和摩尔质量。由于 χ 是无量纲的量,所以 χ_m 和 χ_M 的单位分别是 $cm^3 \cdot g^{-1}$ 和 $cm^3 \cdot mol^{-1}$。

磁感应强度 SI 单位是特[斯拉](T),而过去习惯使用的单位是高斯(G),$1T=10^4G$。

2.分子磁矩与磁化率

物质的磁性与组成它的原子、离子或分子的微观结构有关,在反磁性物质中,由于电子自旋已配对,故无永久磁矩。但是内部电子的轨道运动,在外磁场作用下产生的拉摩进动,会感生出一个与外磁场方向相反的诱导磁矩,所以表示出反磁性,其 χ_M 就等于反磁化率 $\chi_{反}$,且 $\chi_M<0$。在顺磁性物质中,存在自旋未配对电子,所以具有永久磁矩。在外磁场中,永久磁矩顺着外磁场方向排列,产生顺磁性。顺磁性物质的摩尔磁化率 χ_M 是摩尔顺磁化率与摩尔反磁化率之和,即

$$\chi_M=\chi_{顺}+\chi_{反} \tag{8}$$

通常 $\chi_{顺} \gg |\chi_{反}|$,所以这类物质总表现出顺磁性,其 $\chi_M>0$。顺磁化率与分

子永久磁矩的关服从居里定律：

$$\chi_{顺} = \frac{N_A \mu_m^2 \mu_0}{3kT} \tag{9}$$

式中，N_A 为阿伏加德罗常数；k 为 Boltzmann 常数（1.38×10^{-23} J・K^{-1}）；T 为热力学温度；μ_m 为分子永久磁矩（erg・G^{-1}）。由此可得

$$\chi_M = \frac{N_A \mu_m^2 \mu_0}{3kT} + \chi_{反} \tag{10}$$

由于 $\chi_{反}$ 不随温度变化（或变化极小），所以只要测定不同温度下的 χ_M 对 $1/T$ 作图，截距即为 $\chi_{反}$，由斜率可求 μ_m。由于 $\chi_{反}$ 比小 $\chi_{顺}$ 得多，所以在不很精确的测量中可忽略 $\chi_{反}$ 作近似处理

$$\chi_M = \chi_{顺} = \frac{N_A \mu_m^2 \mu_0}{3kT} \tag{11}$$

顺磁性物质的 μ_m 与未成对电子数 n 的关系为

$$\mu_m = \mu_B \sqrt{n(n+2)} \tag{12}$$

式中，μ_B 是玻尔磁子，其物理意义是单个自由电子自旋所产生的磁矩。

$$\mu_B = \frac{eh}{4\pi m_e} = 9.274 \times 10^{-24} \text{J・T}^{-1} \tag{13}$$

3. 磁化率与分子结构

(11)式将物质的宏观性质 χ_M 与微观性质 μ_m 联系起来。由实验测定物质的 χ_M，根据(11)式可求得 μ_m，进而计算未配对电子数 n。这些结果可用于研究原子或离子的电子结构，判断络合物分子的配键类型。

络合物分为电价络合物和共价络合物。电价络合物中心离子的电子结构不受配位体的影响，基本上保持自由离子的电子结构，靠静电库仑力与配位体结合，形成电价配键。在这类络合物中，含有较多的自旋平行电子，所以是高自旋配位化合物。共价络合物则以中心离子的价电子轨道接受配位体的孤对电子，形成共价配键，这类络合物形成时，往往发生电子重排，自旋平行的电子相对减少，所以是低自旋配位化合物。例如 Co^{3+} 其外层电子结构为 $3d^6$，在络离子 $(CoF_6)^{3-}$ 中，形成电价配键，电子排布为

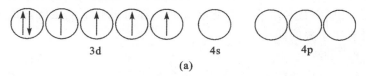

(a)

此时，未配对电子数 $n=4$，$\mu_m = 4.9\mu_B$。Co^{3+} 以上面的结构与 6 个 F^- 以静电力相吸引形成电价络合物。而在 $[Co(CN)_6]^{3-}$ 中则形成共价配键，其电子排

布为

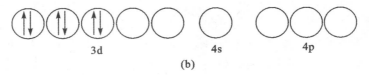

3d　　　　　　　　**4s**　　　　**4p**

(b)

此时，$n=0$，$\mu_m=0$。Co^{3+}将6个电子集中在3个3d轨道上，6个CN^-的孤对电子进入Co^{3+}的6个空轨道，形成共价络合物。

因此，只要测出磁化率就可以推测配合物的结构。磁化率的测定可以用磁天平。

第二节　基础实验

基础实验二十九　偶极矩的测定（小电容仪测定偶极矩）

一、目的要求

(1)掌握溶液法测定偶极矩的原理和方法。

(2)熟悉小电容仪、折射仪和比重瓶的使用。

(3)测定正丁醇的偶极矩，了解偶极矩与分子电性质的关系。

二、实验原理

测量偶极矩可以用溶液法，所谓溶液法就是将极性待测物溶于非极性溶剂中进行测定，然后外推到无限稀释。因为在无限稀的溶液中，极性溶质分子所处的状态与它在气相时十分相近，此时分子的偶极矩可按下式计算：

$$\mu=0.0426\times10^{-30}\sqrt{(P_2^\infty-R_2^\infty)T}(C\cdot m) \tag{1}$$

式中，P_2^∞ 和 R_2^∞ 分别表示无限稀时极性分子的摩尔极化度和摩尔折射度（习惯上用摩尔折射度表示折射法测定的 $P_{电子}$）；T 是热力学温度。

本实验是将正丁醇溶于非极性的环己烷中形成稀溶液，然后在低频电场中测量溶液的介电常数和溶液的密度求得 P_2^∞，在可见光下测定溶液的 R_2^∞，然后由(1)式计算正丁醇的偶极矩。

1. 极化度的测定

无限稀时，溶质的摩尔极化度 P_2^∞ 的公式为

$$P=P_2^\infty=\lim_{x_2\to0}P_2=\frac{3\varepsilon_1\alpha}{(\varepsilon_1+2)^2}\cdot\frac{M_1}{\rho_1}+\frac{\varepsilon_1-1}{\varepsilon_1+2}\cdot\frac{M_2-\beta M_1}{\rho_1} \tag{2}$$

式中，ε_1，ρ_1，M_1 分别是溶剂的介电常数、密度和摩尔质量，其中密度的单位是 g·cm^{-3}；M_2 为溶质的摩尔质量；α 和 β 为常数，可通过稀溶液的近似公式求得：

$$\varepsilon_溶 = \varepsilon_1(1+\alpha x_2) \tag{3}$$

$$\rho_溶 = \rho_1(1+\beta x_2) \tag{4}$$

式中，$\varepsilon_溶$ 和 $\rho_溶$ 分别是溶液的介电常数和密度；x_2 是溶质的摩尔分数。

无限稀释时，溶质的摩尔折射度 R_2^∞ 的公式为

$$P_{电子} = R_2^\infty = \lim_{x_2\to 0} R_2 = \frac{n_1^2-1}{n_1^2+2}\cdot\frac{M_2-\beta M_1}{\rho_1} + \frac{6n_1^2 M_1\gamma}{(n_1^2+2)^2\rho_1} \tag{5}$$

式中，n_1 为溶剂的折射率；γ 为常数，可由稀溶液的近似公式求得：

$$n_溶 = n_1(1+\gamma x_2) \tag{6}$$

式中，$n_溶$ 是溶液的折射率。

2.介电常数的测定

介电常数 ε 可通过测量电容来求算：

$$\varepsilon = C/C_0 \tag{7}$$

式中，C_0 为电容器在真空时的电容；C 为充满待测液时的电容。由于空气的电容非常接近于 C_0，故(7)式改写成

$$\varepsilon = C/C_空 \tag{8}$$

本实验利用电桥法测定电容，其桥路为变压器比例臂电桥，如图 2-9-1 所示。电桥平衡的条件是

$$\frac{C'}{C_s} = \frac{u_s}{u_x} \tag{9}$$

式中，C' 为电容池两极间的电容；C_s 为标准差动电器的电容。调节差动电容器，当 $C'=C_s$ 时，$u_s=u_x$，此时指示放大器的输出趋近于零。C_s 可从刻度盘上读出，这样 C' 即可测得。由于整个测试系统存在分布电容，所以实测的电容 C' 是样品电容 $C_溶$ 和分布电容 C_d 之和，即

$$C' = C_溶 + C_d \tag{10}$$

显然，为了求 C 首先就要确定 C_d 值，方法是先测定无样品时空气的电容 $C'_空$，则有

$$C'_空 = C_空 + C_d \tag{11}$$

再测定一已知介电常数($\varepsilon_标$)的标准物质的电容 $C'_标$，则有

$$C'_标 = C_标 + C_d = \varepsilon_标 C_空 + C_d \tag{12}$$

由(11)和(12)式可得：

$$C_d = \frac{\varepsilon_标 C'_空 - C'_标}{\varepsilon_标 - 1} \tag{13}$$

将 C_d 代入(10)和(11)式即可求得 $C_溶$ 和 $C_空$,这样就可计算待测液的介电常数。

三、仪器及试剂

(1)仪器:小电容测量仪 1 台;阿贝折射仪 1 台;超级恒温槽 1 台;电吹风 1 个;比重瓶(10 mL,1 个);滴瓶 5 个;滴管 1 支。

(2)试剂:环己烷(A. R.);正丁醇摩尔分数分别为 0.04,0.06,0.08,0.10 和 0.12 的五种正丁醇-环己烷溶液。

四、实验步骤

(1)折射率的测定:在 25℃ 条件下,用阿贝折射仪分别测定环己烷和五份溶液的折射率。

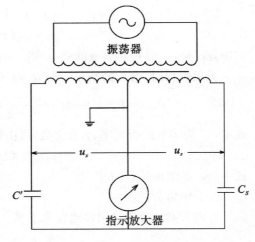

图 2-9-1　电容电桥示意图

(2)密度的测定:在 25℃ 条件下,用比重瓶分别测定环己烷和五份溶液的密度。

(3)电容的测定:

1)将 PCM-1A 精密电容测量仪通电,预热 20 min。

2)将电容仪与电容池连接线先接一根(只接电容仪,不接电容池),调节零电位器使数字表头指示为零。

3)将两根连接线都与电容池接好,此时数字表头上所示值即为 $C'_空$ 值。

4)用 2 mL 移液管移取 2 mL 环己烷加入到电容池中,盖好,数字表头上所示值即为 $C'_标$。

5)将环己烷倒入回收瓶中,用冷风将样品室吹干后再测 $C'_空$ 值,与前面所测的 $C'_空$ 值应小于 0.02pF,否则表明样品室有残液,应继续吹干,然后装入溶液,同样方法测定五份溶液的 $C'_溶$。

五、数据处理

(1)将所测数据列表。

(2)根据式(11)和(13)计算 C_d 和 $C_空$。其中环己烷的介电常数与温度 t 的关系式为 $\varepsilon_标 = 2.023 - 0.001\,6(t-20)$。

(3)根据式(8)和(10)计算 $C_溶$ 和 $\varepsilon_溶$。

(4)分别作 $\varepsilon_溶 - x_2$ 图,$\rho_溶 - x_2$ 图和 $n_溶 - x_2$ 图,由各图的斜率求 α,β,γ。

(5)根据(2)和(5)式分别计 P 和 R。

(6)最后由(1)式求算正丁醇的 μ。

六、注意事项

(1)每次测定前要用冷风将电容池吹干,并重测 $C'_空$,与原来的 $C'_空$ 值相差应小于 0.02 pF。严禁用热风吹样品室。

(2)测 $C'_溶$ 时,操作应迅速,池盖要盖紧,防止样品挥发和吸收空气中极性较大的水汽。装样品的滴瓶也要随时盖严。

(3)每次装入量严格相同,样品过多会腐蚀密封材料渗入恒温腔使实验无法正常进行。

(4)要反复练习差动电容器旋钮、灵敏度旋钮和损耗旋钮的配合使用和调节,在能够正确寻找电桥平衡位置后,再开始测定样品的电容。

七、思考题

(1)本实验测定偶极矩时做了哪些近似处理?

(2)准确测定溶质的摩尔极化度和摩尔折射度时,为何要外推到无限稀释?

(3)试分析实验中误差的主要来源,如何改进?

基础实验三十　磁化率的测定

一、目的要求

(1)掌握古埃(Gouy)法测定磁化率的原理和方法。

(2)熟悉特斯拉计的使用。

(3)测定三种络合物的磁化率,求算未成对电子数,判断其配键类型。

二、实验原理

1. 磁化率

物质的磁化可用磁化强度 I 来描述,I 是矢量,它与磁场强度成正比:

$$\boldsymbol{I} = \chi H \tag{1}$$

式中,χ 为物质的体积磁化率。

在化学上常用摩尔磁化率 χ_M 表示物质的磁性质,它的定义是

$$\chi_M = M \cdot \chi / \rho \tag{2}$$

式中,ρ,M 分别是物质的密度和摩尔质量。χ_M 的单位是 $m^3 \cdot mol^{-1}$。

在外磁场中,永久磁矩顺着外磁场方向排列,产生顺磁性。顺磁性物质的摩尔磁化率 χ_M 是摩尔顺磁化率与摩尔反磁化率之和,通常 $\chi_顺 \gg |\chi_反|$,即

$$\chi_M = \chi_{顺} + \chi_{反} \approx \chi_{顺} \tag{3}$$

所以这类物质总表现出顺磁性，其 $\chi_M > 0$。

顺磁化率与分子永久磁矩的关系服从居里定律：

$$\chi_{顺} = \frac{N_A \mu_m^2 \mu_0}{3kT} \tag{4}$$

式中，N_A 为阿伏加德罗常数；k 为 Boltzmann 常数；T 为热力学温度；μ_m 为分子永久磁矩。由此可得顺磁性物质的 μ_m 与未成对电子数 n 的关系为

$$\mu_m = \mu_B \sqrt{n(n+2)} \tag{5}$$

式中，μ_B 为玻尔磁子，其物理意义是单个自由电子自旋所产生的磁矩：

$$\mu_B = \frac{eh}{4\pi m_e} = 9.274 \times 10^{-24} \text{J} \cdot \text{T}^{-1} \tag{6}$$

2.古埃法测定磁化率

古埃磁天平如图 2-9-2 所示。将样品管悬挂在天平上，样品管底部处于磁场强度最大的区域 (H)，管顶端则位于场强最弱（甚至为零）的区域 (H_0)。整个样品管处于不均匀磁场中。设圆柱形样品的截面积为 A，沿样品管长度方向上 $\mathrm{d}z$ 长度的体积 $A\mathrm{d}z$，在非均匀磁场中受到的作用力 $\mathrm{d}F$ 为

$$\mathrm{d}F = \chi \mu_0 A H \frac{\mathrm{d}H}{\mathrm{d}z} \mathrm{d}z \tag{7}$$

式中，χ 为体积磁化率；H 为磁场强度；$\mathrm{d}H/\mathrm{d}z$ 为磁场强度梯度，积分上式得

$$F = \frac{1}{2}(\chi - \chi_0)\mu_0 (H^2 - H_0^2)A \tag{8}$$

式中，χ_0 为样品周围介质的体积磁化率（通常是空气，χ_0 值很小）。如果 χ_0 可以忽略，且 $H_0 = 0$，整个样品受到的力为

$$F = \frac{1}{2}\chi \mu_0 H^2 A \tag{9}$$

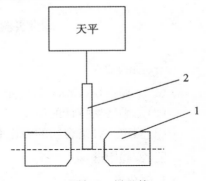

1—磁铁；2—样品管

图 2-9-2 古埃磁天平示意图

在非均匀磁场中，顺磁性物质受力向下所以增重；而反磁性物质受力向上所以减重。设 Δm 为施加磁场前后的质量差，则

$$F = \frac{1}{2}\chi \mu_0 H^2 A = g\Delta m \tag{10}$$

由于 $\chi = \dfrac{\chi_M \rho}{M}$，$\rho = \dfrac{m}{hA}$，代入式(10)得

$$\chi_M = \frac{2(\Delta m_{空管+样品} - \Delta m_{空管})ghM}{\mu_0 m H^2} \tag{11}$$

式中，$\Delta m_{空管+样品}$为样品管加样品后在施加磁场前后的质量差；$\Delta m_{空管}$为空样品管在施加磁场前后的质量差；g为重力加速度；h为样品高度；M为样品的摩尔质量；m为样品的质量。

磁场强度H可用"特斯拉计"测量，或用已知磁化率的标准物质进行间接测量。例如用莫尔氏盐来标定磁场强度，它的质量磁化率χ_m与热力学温度T的关系为

$$\chi_m = \frac{9\ 500}{T+1} \times 4\pi \times 10^{-9} (\text{m}^3 \cdot \text{kg}^{-1}) \tag{12}$$

三、仪器试剂

(1)仪器：古埃磁天平1台；特斯拉计1台；样品管4支；样品管架1个；直尺1把。

(2)试剂：$(NH_4)_2SO_4 \cdot FeSO_4 \cdot 6H_2O$(A. R.)；$K_4Fe(CN)_6 \cdot 3H_2O$(A. R.)；$FeSO_4 \cdot 7H_2O$(A. R.)；$K_3Fe(CN)_6$(A. R.)。

四、实验步骤

(1)磁极中心磁场强度的测定：

1)用特斯拉计测量：将特斯拉计探头放在磁铁的中心架上，套上保护套，调节特斯拉计数字显示为零。除下保护套，把探头平面垂直于磁场两极中心。接通电源，调节"调压旋钮"使电流增大至特斯拉计上示值为0.35T，记录此时电流值I。以后每次测量都要控制在同一电流，使磁场强度相同。在关闭电源前应先将特斯拉计示值调为零。

2)用莫尔氏盐标定：取一支清洁干燥的空样品管悬挂在磁天平上，样品管应与磁极中心线平齐，注意样品管不要与磁极相触。准确称取空管的质量$m_{空管}$（$H=0$），重复称取三次取其平均值。接通电源，调节电流为I，记录加磁场后空管的称量值$m_{空管}$（$H=H$），重复三次取其平均值。

取下样品管，将莫尔氏盐通过漏斗装入样品管，边装边在橡皮垫上碰击，使样品均匀填实，直至装满，继续碰击至样品高度不变为止，用直尺测量样品高度h。按前述方法称取$m_{空管+样品}$（$H=0$）和$m_{空管+样品}$（$H=H$），测量完毕将莫尔氏盐倒回试剂瓶中。

(2)测定未知样品的摩尔磁化率χ_M：同法分别测定$FeSO_4 \cdot 7H_2O$，$K_3Fe(CN)_6$和$K_4Fe(CN)_6 \cdot 3H_2O$的$m_{空管}$（$H=0$），$m_{空管}$（$H=H$），$m_{空管+样品}$（$H=0$）和$m_{空管+样品}$（$H=H$）。

五、注意事项

(1)所测样品应研细并保存在干燥器中。

(2)样品管一定要干燥洁净。如果空管在磁场中增重,表明样品管不干净,应更换。

(3)装样时尽量把样品紧密均匀地填实。

(4)挂样品管的悬线及样品管不要与任何物体接触。

六、数据处理

(1)根据实验数据计算外加磁场强度 H,并计算三个样品的摩尔磁化率 χ_M,永久磁矩 μ_m 和未配对电子数 n。

(2)根据 μ_m 和 n 讨论络合物中心离子最外层电子结构和配键类型。

(3)根据(11)式计算测量 $FeSO_4 \cdot 7H_2O$ 的摩尔磁化率的最大相对误差,并指出哪一种直接测量对结果的影响最大?

七、思考题

(1)本实验在测定 χ_M 时作了哪些近似处理?

(2)为什么可用莫尔氏盐来标定磁场强度?

(3)样品的填充高度和密度以及在磁场中的位置有何要求? 如果样品填充高度不够,对测量结果有何影响?

基础实验三十一　双原子气态分子 HCl 的红外光谱

一、目的要求

(1)了解红外分光光度计的结构、使用及其样品处理等知识。

(2)掌握双原子分子振转光谱的基本原理,以及刚性转子和非谐振子模型结构参数的计算。

二、实验原理

当用一束红外光照射一物质时,该物质的分子就会吸收一部分光能。如果以波长或波数为横坐标,以百分吸收率或透过率为纵坐标,把物质分子对红外光的吸收情况记录下来,就得到了该物质的红外吸收光谱图。

分子的运动可分为平动、转动、振动和电子运动,每个运动状态都具有一定的能级,因此分子的能量可写成:

$$E = E_平 + E_转 + E_振 + E_电$$

式中,$E_平$ 是分子的平动能,分子的平动不产生光谱。因此能够产生光谱的运动是分子的转动、分子的振动和分子中电子的运动。

分子的转动能级间隔最小($\Delta E < 0.05$ eV),其能级跃迁仅需远红外光或微

波照射即可;振动能级间的间隔较大($\Delta E=0.05\sim1.0$ eV),从而欲产生振动能级的跃迁需要吸收较短波长的光,所以振动光谱出现在中红外区;由于在振动跃迁的过程中往往伴随有转动跃迁的发生,因此中红外区的光谱是分子的振动和转动联合吸收引起的,常称为分子的振-转光谱;分子中电子能级间的间隔更大($\Delta E=1\sim20$ eV),其光谱只能出现在可见、紫外或波长更短的光谱区。

本实验所用的 HCl 气体为异核双原子分子,是振转光谱的典型例子。分子转动的物理模型可视为刚性转子,其转动能量为

$$E_r=\frac{h^2}{8\pi^2 I}J(J+1)$$

式中,$J=0,1,2,\cdots$ 为转动量子数;I 为转动惯量。而分子振动可用非谐振子模型来处理,其振动能级公式为

$$E_V=\left(V+\frac{1}{2}\right)h\nu-\left(V+\frac{1}{2}\right)^2\chi_e h\nu$$

式中,$V=0,1,2,\cdots$ 为振动量子数;χ_e 为非谐振性校正系数;ν 为特征振动频率,其数值由下式计算:

$$\nu=\frac{1}{2\pi}\sqrt{\frac{K_e}{\mu}}$$

式中,K_e 为化学键的力常数;μ 为分子的折合质量。所以,由上面讨论可知,分子振转能量若以波数表示,其值如下式:

$$\tilde{\nu}=\frac{E_{V,r}}{hc}=\frac{E_V+E_r}{hc}=\left[\left(V+\frac{1}{2}\right)\omega_e-\left(V+\frac{1}{2}\right)^2\chi_e\omega_e\right]+BJ(J+1) \qquad (1)$$

式中,$\omega_e=\dfrac{\nu}{c}$ 称为特征波数;$B=\dfrac{h}{8\pi^2 Ic}$(cm^{-1})为转动常数。

分子中振转能级的跃迁不是随意两个能级都能发生,它遵循一定的规律,即光谱选律。对振转光谱来说,其选律为

$$\Delta V=\pm1,\pm2,\cdots;\qquad\Delta J=\pm1$$

当 ΔV 不为 ±1 时,其谱带强度随 ΔV 的绝对值加大而迅速减弱。若从基态出发,$\Delta V=+1$ 的谱带称为基频谱带;$\Delta V=+2$ 的谱带称为倍频谱带。

当分子的振转能级由 E''(其振动能级为基态)升高到 E'(其振动能级为第一激发态)时,吸收的辐射波数为(注意:同一分子其基态与激发态的转动常数不同)

$$\tilde{\nu}=\frac{E'_{V,r}-E''_{V,r}}{hc}=\frac{E'_V-E''_V}{hc}+\frac{E'_r-E''_r}{hc}=\tilde{\nu}_1+\frac{E'_r-E''_r}{hc}$$
$$=\tilde{\nu}_1+B'J'(J'+1)-B''J''(J''+1) \qquad (2)$$

式中,B'',B' 分别为振动基态和第一激发态的转动常数;$\tilde{\nu}_1$ 为纯振动跃迁产生的

谱线的波数,亦即基态振动频率(以 cm^{-1} 为单位)。由(2)式知,振转能级的跃迁产生的吸收光谱不是一条而是一组谱带,光谱上将其进行了命名,当 $\Delta J = J' - J'' = -1$ 时为 P 支谱线,代入(2)式整理后得

$$\tilde{\nu}_P = \tilde{\nu}_1 - (B' + B'')J'' + (B' - B'')J''^2$$

令 $m = -J'' = -1, -2, -3, \cdots$,则有

$$\tilde{\nu}_P = \tilde{\nu}_1 + (B' + B'')m + (B' - B'')m^2 \tag{3}$$

同样,当 $\Delta J = J' - J'' = +1$ 时为 R 支谱线,代入(2)式整理后得

$$\tilde{\nu}_R = \tilde{\nu}_1 + (B' + B'')(J'' + 1) + (B' - B'')(J'' + 1)^2$$

令 $m = J'' + 1 = 1, 2, 3, \cdots$,则有

$$\tilde{\nu}_R = \tilde{\nu}_1 + (B' + B'')m + (B' - B'')m^2 \tag{4}$$

合并 P 支和 R 支谱线,得谱线公式为

$$\tilde{\nu} = \tilde{\nu}_1 + (B' + B'')m + (B' - B'')m^2$$
$$m = +1, +2, +3, \cdots \text{时为 R 支}$$
$$m = -1, -2, -3, \cdots \text{时为 P 支} \tag{5}$$

此外,由实验谱图的谱线可得经验公式:

$$\tilde{\nu} = c + dm + em^2 \tag{6}$$

对比(5)和(6)两式可求得基态振动频率 ν_1,振动基态和第一激发态的转动常数 B'',B',并由此可计算 HCl 分子的一系列结构参数,方法如下:

(1)由 B'' 可求 HCl 的基态键长 R_e:

$$R_e = \sqrt{\frac{I}{\mu}} = \sqrt{\frac{h}{8\pi^2 B'' c} \cdot \frac{1}{\mu}} \tag{7}$$

(2)由 $\tilde{\nu}_1$ 及 $\tilde{\nu}_2$($\tilde{\nu}_2 = 5\,668.0\ cm^{-1}$ 为基态到第二激发态纯振动跃迁产生的谱线的波数)可求特征波数 ω_e。非谐振性校正系数 χ_e,并进一步求得表征化学键强弱的力常数 K_e:

$$\tilde{\nu}_1 = (1 - 2\chi_e)\omega_e$$
$$\tilde{\nu}_2 = (1 - 3\chi_e)2\omega_e \tag{8}$$

$$\nu = c\omega_e = \frac{1}{2\pi}\sqrt{\frac{K_e}{\mu}} \tag{9}$$

(3)求基态平衡离解能 D_e、摩尔离解能 D_0。D_e 即为振动量子数 V 趋向无穷大时的振动能量 $E_{V_{max}}$,利用 $E_{V_{max}} = E_{(V_{max}-1)}$,可求得 $V_{max} \approx \frac{1}{2\chi_e}$。

因此

$$D_e = E_{V_{max}} = \left(V_{max} + \frac{1}{2}\right)hc\omega_e - \left(V_{max} + \frac{1}{2}\right)^2 hc\omega_e\chi_e$$

$$=V_{max}hc\omega_e-V_{max}^2hc\omega_e\chi_e=\frac{1}{4\chi_e}hc\omega_e \tag{10}$$

$$D_0=D_e-E_0\approx\frac{1}{4\chi_e}hc\omega_e-\frac{1}{2}hc\omega_e \tag{11}$$

三、仪器试剂

（1）仪器：红外分光光度计 1 台；微机 1 台；气体池（程长 10 cm）1 只；真空泵 1 台；气体制备装置 1 套。

（2）试剂：NaCl（C. P.）；浓 H_2SO_4（C. P.）。

四、实验步骤

（1）气体制备装置如图 2-9-3 所示。

1）将浓 H_2SO_4 滴入 NaCl 中制得 HCl 气体，经浓硫酸干燥后，存入储气瓶中备用。

2）将气体池减压，然后连接储气瓶，吸入 HCl 气体。气体池选用氯化钠单晶为窗口。

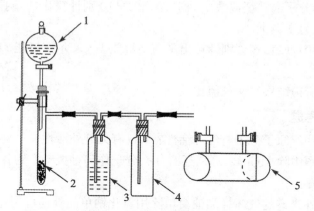

1—装有浓 H_2SO_4 的分液漏斗；2—装有 NaCl 晶体；3—装有浓 H_2SO_4 的洗气瓶；4—储气瓶；5—气体池

图 2-9-3　HCl 气体发生装置图

（2）测定谱图：

①按照红外分光光度计操作步骤开启仪器。

②将装有样品的气体池放入样品光路气体池托架上。

③在 4 000～600 cm^{-1} 波数范围内进行扫描，观察并绘制谱图。

④选取 3 200～2 500 cm^{-1} 波数范围内横坐标扩展 2 倍，据谱图尺寸进行纵坐标扩展，绘制谱图。

(3)后处理:用氮气冲洗气体池以保护氯化钠窗口,关上气体池活塞,将其置于干燥器中。

五、注意事项

(1)实验时,必须在教师指导下严格按操作规程使用红外光谱仪。

(2)氯化钠窗口切勿沾水,也不要直接用手拿。实验完后一定要将样品池内样品抽空,用氮气冲洗干净。

(3)排出的气体要引向室外。

六、数据处理

(1)从 $3\ 200 \sim 2\ 500\ cm^{-1}$ 波数范围中读出测得的 24 条谱线的波数(P 支及 R 支各 12 条)。

(2)进行下列各项计算:

①用最小二乘法确定(6)式中 c, d, e 值。

②据(5),(7)式分别计算出基态转动常数 B'' 和平衡核间距 R_e。

③计算分子的特征波数 ω_e,据(8),(9)式分别计算出非谐振性校正系数 χ_e 和化学键的力常数 K_e。

④据(10),(11)式分别计算出平衡离解能 D_e、摩尔离解能 D_0 和零点振动能 E_0。

(3)将所得结果与文献值比较。

七、思考题

(1)哪些双原子分子有红外活性?HD 有无红外活性?

(2)谱图中除 HCl 峰以外,还有什么分子作何种振动?为什么看不见 N_2 和 O_2 的吸收峰?

(3)红外光谱的气体样品池窗口除用氯化钠单晶外还可用什么材料?

八、讨论

(1)半导体中当温度比较高时,由于晶格的热振动,处于基态的电子与声子碰撞,吸收声子的能量 $h\nu$,都跃迁到导带中。因此在红外吸收谱中看不见浅能级杂质的吸收峰。只有当温度足够低,即在晶格振动非常微弱的情况下,杂质原子才处于基态,杂质的额外电子(或空穴)便束缚于它的周围。对于硅来说,这一温度一般在 $20 \sim 30\ K$ 以下;对锗来说,就更低,一般约在 $10\ K$ 以下。这与杂质在硅、锗中的能级深度不同有关。锗中杂质能级深度比硅中浅。因此可以低温下测定半导体中浅能级杂质浓度。

(2)利用化合物在反应过程中,红外区域的特征吸收峰的变化还可以测定反应速度和机理。

第三节　设计实验

设计实验二十七　磁化率法研究 $Fe(ClO_4)_3$ 的水解反应

一、设计要求

（1）初步了解磁化率法在化学研究中的应用。

（2）用磁化率法研究三价铁盐的水解反应。

二、设计原理

顺磁性物质的重量在磁场中会发生变化，由此可得到物质的结构等方面的信息。溶液的磁化率可用水作为校准剂来测定：

$$\kappa_{溶液}=\frac{\Delta W_{溶液}}{\Delta W_{水}}(\kappa_{水}-\kappa_0)+\kappa_0$$

$$\chi_{溶液}=\frac{\kappa_{溶液}}{\rho_{溶液}}$$

式中 $\kappa_{溶液}$，$\chi_{溶液}$ 分别为溶液的表观磁化率和真实磁化率；κ_0 是空气的体积磁化率。

溶液的磁化率是由溶质和溶剂磁化率加合而成的，有如下关系：

$$\chi_{溶液}=\chi_{溶质}Y\%+\chi_{溶剂}(100-Y\%)$$

由于溶质在溶液中可以多种形式存在，因此我们由实验得到的溶质离子的磁化率或磁矩实际上是其平均结果。由于铁在不同状态下其磁矩不同，因而可以通过磁技术测定 Fe^{3+} 的水解或缔合。

本实验要求用磁化率法研究 $Fe(ClO_4)_3$ 的水解反应（实验药品：$Fe(ClO_4)_3$，$NaClO_4$，$NaOH$），并对实验结果进行分析讨论。

三、参考文献

（1）杨文治.物理化学实验技术[M].北京：北京大学出版社，1992

第十章　热分析测定

第一节　概　述

热分析技术是研究物质的物理、化学性质与温度之间的关系，或者说研究物质的热态随温度进行的变化。温度本身是一种量度，它几乎影响物质的所有物理常数和化学常数。概括地说，整个热分析内容应包括热转变机理和物理化学变化的热动力学过程的研究。

国际热分析联合会（International Conference on Thermal Analysis. IC-TA.）规定的热分析定义为，热分析法是在控制温度下测定一种物质及其加热反应产物的物理性质随温度变化的一组技术。根据所测定物理性质种类的不同，热分析技术分类如表 2-10-1 所示。

表 2-10-1　热分析技术分类

物理性质	技术名称	简称	物理性质	技术名称	简称
	热重法	TG		机械热分析	
	导热系数法	DTG	机械特性	动态热	TMA
质量	逸出气检测法	EGD		机械热	
	逸出气分析法	EGA	声学特性	热发声法	
				热传声法	
温度	差热分析	DTA	光学特性	热光学法	
焓	差示扫描量热法 *	DSC	电学特性	热电学法	
尺度	热膨胀法	TD	磁学特性	热磁学法	

* DSC 分类：功率补偿 DSC 和热流 DSC。

热分析是一类多学科的通用技术，应用范围极广。随着新的学科和材料工业的不断发展，热分析所研究的物质由无机物（金属、矿物、陶瓷材料等）逐步扩展到有机物、高聚物、药物、络合物、液晶和生物高分子、空间技术等。目前热分析已广泛应用于化学、化工、物理、石油、冶金、生物化学、地球化学、陶瓷、玻璃、医药、食品、塑料、土壤、炸药、地质、海洋、电子、能源、生物技术、空间技术等领域中。近年来,热分析的应用主要体现在以下几方面:①成分分析;②材料研制和应用开发;③化学反应的研究;④环境监测;⑤稳定性的测定;⑥微量物证检验。

随着社会生产的发展和科学技术的进步,特别是以计算机科学为先导的信息科学、材料科学和生命科学的日新月异,热分析仪在实验自动化、进样微量化、信号高灵敏化以及多种分析手段联用方面取得较大进展,其发展趋势可以归纳为以下几个方面:①微量化;②自动化;③多元化;④研究领域不断扩展。同时,不断有新的热分析方法出现,如"控制转化速率热分析法"(CRTA 法)、温度调制热分析技术中的 MDSC、DDSC、MTGA 法,μ-热分析等。本章只简单介绍 DTA、DSC 和 TG 等基本原理和技术。

一、差热分析法(DTA)

物质在物理变化和化学变化过程中,往往伴随着热效应。放热或吸热现象反映了物质热焓发生了变化,记录试样温度随时间的变化曲线,可直观地反映出试样是否发生了物理(或化学)变化,这就是经典的热分析法。但该种方法很难显示热效应很小的变化,为此逐步发展形成了差热分析法(Differential Thermal Analysis. 简称 DTA)。

1. DTA 的基本原理

DTA 是在程序控制温度下,测量物质与参比物之间的温度差与温度关系的一种技术。DTA 曲线是描述试样与参比物之间的温差(ΔT)随温度或时间的变化关系。在 DTA 实验中,试样温度的变化是由于相转变或反应的吸热或放热效应引起的,如相转变、熔化、结晶结构的转变、升华、蒸发、脱氢反应、断裂或分解反应、氧化或还原反应、晶格结构的破坏和其他化学反应。一般说来,脱氢还原和一些分解反应产生吸热效应;而结晶、氧化等反应产生放热效应。

一般 DTA 的温度测定范围为 93～2 673 K,分成三个温区:低温区 93～773 K;中温区 298～1 273 K;高温区 298～1 873 K 或者 673～2 673 K。

DTA 的特点:①样品用量少(一般几十毫克到几百毫克);②灵敏度高(0.02 mJ·s^{-1},1 μV·mW^{-1});③得到的信息量比较多。

DTA 的原理如图 2-10-1 所示。将 2 只材质和性能完全相同的热电偶对接(同极相连),其中的一只放在试样坩埚 1 的底部,另外一只放在参比物坩埚 2 的底部,T 测量端测量的是试样的温度;ΔT 测量端测量的是参比物与试样之间的温度差。将试样和参比物分别放入坩埚,置于炉中以一定速率 $v=dT/dt$ 进行程序升温,以 T_s,T_r 表示各自的温度,设试样和参比物(包括容器、温差电偶等)的热容量 C_s,C_r 不随温度而变,则它们的升温曲线如图 2-10-2 所示。若以

$\Delta T = T_s - T_r$ 对 t 作图,所得 DTA 曲线如图 2-10-3 所示,在 0~a 区间,ΔT 大体上是一致的,形成 DTA 曲线的基线。随着温度的增加,试样产生了热效应(如相转变),则与参比物间的温差变大,在 DTA 曲线中表现为峰。显然,温差越大,峰也越大,试样发生变化的次数多,峰的数目也多,所以各种吸热和放热峰的个数、形状和位置与相应的温度可用来定性地鉴定所研究的物质,而峰面积与热量的变化有关。

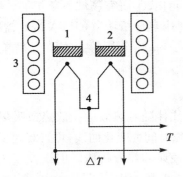 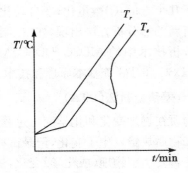

1—试样;2—参比物;3—炉体;4—热电偶

图 2-10-1　差热分析的原理图　　　　图 2-10-2　试样和参比物的升温曲线

DTA 曲线所包围的面积 S 可用下式表示:

$$\Delta H = \frac{gC}{m} \int_{t_2}^{t_1} \Delta T \mathrm{d}t = \frac{gC}{m} S$$

式中,m 是反应物的质量;ΔH 是反应热;g 是仪器的几何形态常数;C 是试样的热传导率;ΔT 是温差;t 是时间;t_1 和 t_2 是 DTA 曲线的积分限。上式是一种最简单的表达式,它是通过运用比例或近似常数 g 和 C 来说明试样反应热与峰面积的关系。这里忽略了微分项和试样的温度梯度,并假设峰面积与试样的比热无关,所以它是一个近似关系式。

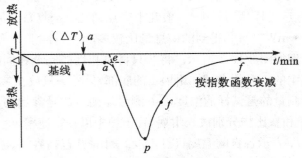

图 2-10-3　DTA 吸热转变曲线

2. DTA 曲线特征点温度和面积的测量

(1)DTA 曲线特征点温度的确定：如图 2-10-3 所示，DTA 曲线的起始温度可取下列任一点温度：曲线偏离基线之点 T_a；曲线陡峭部分切线和基线延长线这两条线交点 T_e（外推始点，extrapolatedonset）。其中 T_a 与仪器的灵敏度有关，灵敏度越高则出现得越早，即 T_a 值越低，故一般重复性较差，T_p 和 T_e 的重复性较好，其中 T_e 最为接近热力学的平衡温度。T_p 为曲线的峰值温度。

从外观上看，曲线回复到基线的温度是 T_f（终止温度），而反应的真正终点温度是 T_f'。由于整个体系的热惰性，即使反应终了，热量仍有一个散失过程，使曲线不能立即回到基线。T_f' 可以通过作图的方法来确定，T_f' 之后，ΔT 即以指数函数降低，因而如以 $\Delta T-(\Delta T)_a$ 的对数对时间作图，可得一直线。当从峰的高温侧的底沿逆查这张图时，则偏离直线的那点，即表示终点 T_f。

(2)DTA 峰面积的确定：DTA 的峰面积为反应前后基线所包围的面积，其测量方法有以下几种：①使用积分仪，可以直接读数或自动记录下差热峰的面积。②如果差热峰的对称性好，可作等腰三角形处理，用峰高乘以半峰宽（峰高 1/2 处的宽度）的方法求面积。③剪纸称重法，若记录纸厚薄均匀，可将差热峰剪下来，在分析天平上称其质量，其数值可以代表峰面积。对于反应前后基线没有偏移的情况，只要联结基线就可求得峰面积，这是不言而喻的。对于基线有偏移的情况，下面两种方法是经常采用的。

①分别作反应开始前和反应终止后的基线延长线，它们离开基线的点分别是 T_a 和 T_f，连接 T_a，T_p，T_f 各点，便得峰面积，这就是 ICTA（国际热分析联合会）所规定的方法（图 2-10-4(1)）。

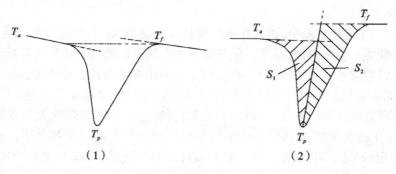

(1)　　　　　　　　　　(2)

图 2-10-4　峰面积求法

②由基线延长线和通过峰顶 T_p 作垂线，与 DTA 曲线的两个半侧所构成的两个近似三角形面积 S_1，S_2（图 2-10-4(2)中以阴影表示）之和 $S=S_1+S_2$ 的方法是认为在 S_1 中丢掉的部分与 S_2 中多余的部分可以得到一定程度的抵消。

3.DTA 的仪器结构

尽管仪器种类繁多,DTA 分析仪内部结构装置大致相同,如图 2-10-5 所示。

DTA 仪器一般由下面几个部分组成:炉子(其中有试样和参比物坩埚、温度敏感元件等)、炉温控制器、微伏放大器、气氛控制、记录仪(或微机)等部分组成。

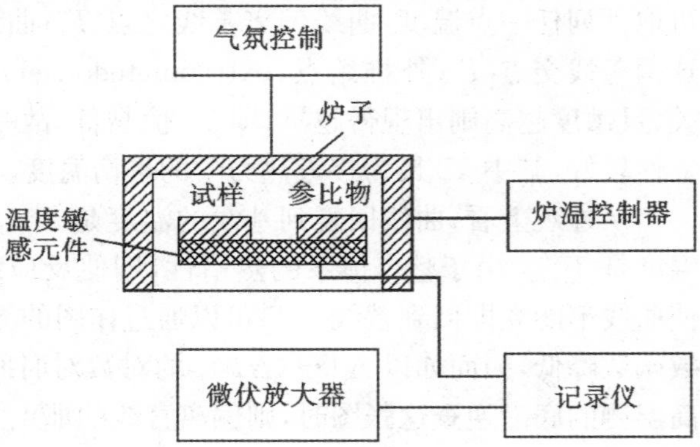

图 2-10-5　DTA 装置简图

(1)炉温控制器:炉温控制系统由程序信号发生器、PID 调节器和可控硅执行元件等几部分组成。

程序信号发生器按给定的程序方式(升温、降温、恒温、循环)给出毫伏信号。若温控热电偶的热电势与程序信号发生器给出的毫伏值有差别时,说明炉温偏离给定值,此偏差值经微伏放大器放大,送入 PID 调节器,再经可控硅触发器导通可控硅执行元件,调整电炉的加热电流,从而使偏差消除,达到使炉温按一定的速度上升、下降或恒定的目的。

(2)差热放大单元:用以放大温差电势,由于记录仪量程为毫伏级,而差热分析中温差信号很小,一般只有几微伏到几十微伏,因此差热信号须经放大后再送入记录仪(或微机)中记录。

(3)信号记录单元:由双笔自动记录仪(或微机)将测温信号和温差信号同时记录下来。

在进行 DTA 过程中,如果升温时试样没有热效应,则温差电势应为常数,DTA 曲线为一直线,称为基线。但是由于两个热电偶的热电势和热容量以及坩埚形态、位置等不可能完全对称,在温度变化时仍有不对称电势产生。此电势随温度升高而变化,造成基线不直,这时可以用斜率调整线路加以调整。CRY 和 CDR 系列差热仪调整方法:坩埚内不放参比物和试样,将差热放大量程置于 $\pm$ 100 μV,升温速度置于 10℃ · min^{-1},用移位旋钮使温差记录笔处于记录纸中部,这时记录笔应画出一条直线。在升温过程中如果基线偏离原来的位置,则主要是由于热电偶不对称电势引起基线漂移。待炉温升到 750℃时,通过斜率调整旋钮校正到原来位置即可。此外,基线漂移还和试样杆的位置、坩埚位置、坩埚的几何尺寸等因素有关。

4.影响差热分析的主要因素

差热分析操作简单,但在实际工作中往往发现同一试样在不同仪器上测量,或不同的人在同一仪器上测量,所得到的差热曲线结果有差异,峰的最高温度、形状、面积和峰值大小都会发生一定变化。其主要原因是因为热量与许多因素有关、传热情况比较复杂所造成的。一般说来,一是仪器,二是试样。虽然影响因素很多,但只要严格控制某种条件,仍可获得较好的重现性。

(1)参比物的选择:要获得平稳的基线,参比物的选择很重要。要求参比物在加热或冷却过程中不发生任何变化,在整个升温过程中参比物的比热、导热系数、粒度尽可能与试样一致或相近,也被称作为热惰性参比物。

常用 α-三氧化二铝(α-Al_2O_3)或煅烧过的氧化镁(MgO)或石英砂作参比物。如分析试样为金属,也可以用金属镍粉作参比物。如果试样与参比物的热性质相差很远,则可用稀释试样的方法解决,主要是减少反应剧烈程度。如果试样加热过程中有气体产生时,可以减少气体大量出现,以免使试样冲出。选择的稀释剂不能与试样有任何化学反应或催化反应,常用的稀释剂有 SiC、铁粉、Fe_2O_3、玻璃珠、Al_2O_3 等。

(2)试样的预处理及用量:试样用量大,易使相邻两峰重叠,降低了分辨力,因此应尽可能减少用量。试样的颗粒度应在 100～200 目,颗粒小可以改善导热条件,但太细可能会破坏试样的结晶度。对易分解产生气体的试样,颗粒应大一些。参比物的颗粒、装填情况及紧密程度应与试样一致,以减少基线的漂移。

(3)升温速率的影响和选择:升温速率不仅影响峰温的位置,而且影响峰面积的大小,一般来说,在较快的升温速率下峰面积变大,峰变尖锐。但是快的升温速率会使试样分解偏离平衡条件的程度也大,因而易使基线漂移,更主要的可能导致相邻两个峰重叠,分辨力下降。较慢的升温速率,基线漂移小,使体系接近平衡条件,得到宽而浅的峰,也能使相邻两峰更好地分离,因而分辨力高。但测定时间长,一些热效应较小的反应不易测定,需要仪器的灵敏度高。一般情况下选择 8～12℃·min^{-1} 为宜。

(4)气氛和压力的选择:气氛和压力可以影响试样化学反应和物理变化的平衡温度、峰形。因此,必须根据试样的性质选择适当的气氛和压力,有的试样易氧化,可以通入 N_2,Ne 等惰性气体。

二、差示扫描量热法(DSC)

在差热分析测量试样的过程中,当试样产生热效应(熔化、分解、相变等)时,由于试样内的热传导,试样的实际温度已不是程序所控制的温度(如在升温时)。由于试样的吸热或放热,促使温度升高或降低,因而进行试样热量的定量测定是困难的。要获得较准确的热效应,可采用差示扫描量热法(Differential Scanning Calorimetry,简称 DSC)。

1.DSC 的基本原理

　　DSC 是在程序控制温度保证参比物与试样温度相同的前提下,测量输给试样和参比物的功率差与温度关系的一种技术。

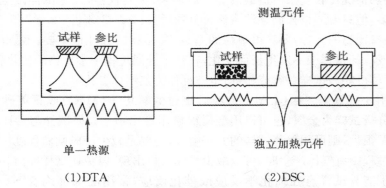

（1）DTA　　　　　　　　　　　　　（2）DSC

图 2-10-6　DTA 和 DSC 加热元件示意图

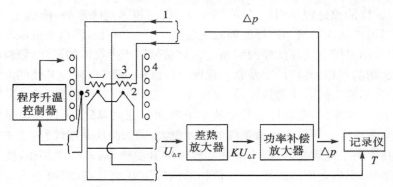

1—温差热电偶；2—补偿电热丝；3—坩埚；4—电炉；5—控温热电偶

图 2-10-7　功率补偿式 DSC 原理图

　　经典 DTA 常用一金属块作为试样保持器以确保试样和参比物处于相同的加热条件下。而 DSC 的主要特点是试样和参比物分别各有独立的加热元件和测温元件,并由两个系统进行监控,其中一个用于控制升温速率,另一个用于补偿试样和惰性参比物之间的温差。图 2-10-6 显示了 DTA 和 DSC 加热部分的不同,图 2-10-7 为常见 DSC 的原理示意图。

　　试样在加热过程中由于热效应与参比物之间出现温差 ΔT 时,通过差热放大电路和差动热量补偿放大器,使流入补偿电热丝的电流发生变化:当试样吸热时,补偿放大器使试样一边的电流立即增大;反之,当试样放热时则使参比物一边的电流增大,直到两边热量平衡,温差 ΔT 消失为止。换句话说,试样在热反应时发生的热量变化,由于及时输入电功率而得到补偿,所以实际记录的是试样和参比物下面两只电热补偿的热功率之差随时间 t 的变化 $\mathrm{d}H/\mathrm{d}t$-t 关系。如果升温速率恒定,记录的也就是热功率之差随温度 T 的变化 $\mathrm{d}H/\mathrm{d}t$-T 关系,如图 2-10-8 所示。其峰面积 S 正比于热熔的变化:

$$\Delta H_\mathrm{m}=KS$$

式中,K 为与温度无关的仪器常数。

如果事先用已知相变热的试样标定仪器常数,再根据待测试样的峰面积,就可得到 ΔH 的绝对值。仪器常数的标定,可利用测定锡、铅、铟等纯金属的熔化,从其熔化热的文献值即可得到仪器常数。

因此,用差示扫描量热法可以直接测量热量,这是与差热分析的一个重要区别。此外,DSC 与 DTA 相比,

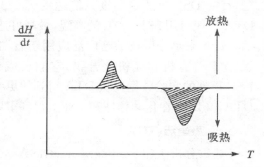

图 2-10-8　DSC 曲线

另一个突出的优点是 DTA 在试样发生热效应时,试样的实际温度已不是程序升温时所控制的温度(如在升温时试样由于放热而一度加速升温)。而 DSC 由于试样的热量变化随时可得到补偿,试样与参比物的温度始终相等,避免了参比物与试样之间的热传递,故仪器的反应灵敏、分辨率高、重现性好。

2. DSC 的仪器结构

CDR 型差动热分析仪(又称差示扫描量热仪),既可做 DTA,也可做 DSC。其结构与 CRY 系列差热分析仪结构相似,只增加了差动热补偿单元,其余装置皆相同。其仪器的操作也与 CRY 系列差热分析仪基本一样,但需注意两点:将"差动"、"差热"的开关置于"差动"位置时,微伏放大器量程开关置于 $\pm100~\mu\mathrm{V}$ 处(不论热量补偿的量程选择在哪一档,在差动测量操作时,微伏放大器的量程开关都放在 $\pm100~\mu\mathrm{V}$ 挡);将热补偿放大单元量程开关放在适当位置。如果无法估计确切的量程,则可放在量程较大位置,先预做一次。

不论是差热分析仪还是差示扫描量热仪,使用时要首先确定测量温度,选择坩埚:500℃ 以下用铝坩埚;500℃ 以上用氧化铝坩埚,还可根据需要选择镍、铂等坩埚。

注意:被测量的试样若在升温过程中能产生大量气体,或能引起爆炸,或具有腐蚀性的都不能用。

3. DTA 和 DSC 应用讨论

DTA 和 DSC 的共同特点是峰的位置、形状和峰的数目与物质的性质有关,故可以定性地用来鉴定物质。从原则上讲,物质的所有转变和反应都应有热效应,因而可以采用 DTA 和 DSC 检测这些热效应,不过有时由于灵敏度等种种原

因的限制,不一定都能观测得出。而峰面积的大小与反应热熵有关,即 $\Delta H = KS$。对 DTA 曲线,K 是与温度、仪器和操作条件有关的比例常数。而对 DSC 曲线,K 是与温度无关的比例常数。这说明在定量分析中 DSC 优于 DTA。为了提高灵敏度,DSC 所用试样容器与电热丝紧密接触。但由于制造技术上的问题,目前 DSC 仪测定温度只能达到 750℃ 左右,温度再高,只能用 DTA 仪了。DTA 一般可用到 1 600℃ 的高温,最高可达到 2 400℃。

近年来热分析技术已广泛应用于石油产品、高聚物、络合物、液晶、生物体系、医药等有机和无机化合物,它们已成为研究有关问题的有力工具。但从 DSC 得到的实验数据比从 DTA 得到的更为定量,并更易于作理论解释。因此,DTA 和 DSC 在化学领域和工业上得到了广泛的应用。

三、热重法(TG)

热重分析法(Thermogravimetric Analysis. 简称 TG)是在程序控制温度下,测量物质质量与温度关系的一种技术。许多物质在加热过程中常伴随质量的变化,这种变化过程有助于研究晶体性质的变化,如熔化、蒸发、升华和吸附等物质的物理现象;也有助于研究物质的脱水、解离、氧化、还原等物质的化学现象。

1. TG 和 DTG 的基本原理与仪器

进行热重分析的基本仪器为热天平。热天平一般包括天平、炉子、程序控温系统、记录系统等部分。有的热天平还配有通入气氛或真空装置。典型的热天平示意图如图 2-10-9。除热天平外,还有弹簧秤。国内已有 TG 和 DTG 联用的示差天平。

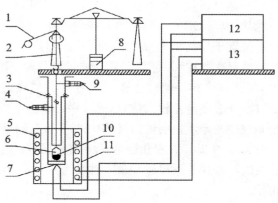

1—机械减码;2—吊挂系统;3—密封管;4—出气口;5—加热丝;6—试样盘;7—热电偶;8—光学读数;9—进气口;10—试样;11—管状电阻炉;12—温度读数表头;13—温控加热单元

图 2-10-9　热天平原理图

热重分析法通常可分为两大类:静态法和动态法。静态法是等压质量变化的测定,是指一物质的挥发性产物在恒定分压下,物质平衡与温度 T 的函数关系。以失重为纵坐标、温度 T 为横坐标作等压质量变化曲线图。等温质量变化的测定是指一物质在恒温下,物质质量变化与时间 t 的依赖关系,以质量变化为纵坐标,以时间为横坐标,获得等温质量变化曲线图。动态法是在程序升温的情况下,测量物质质量的变化对时间的函数关系。

在控制温度下,试样受热后重量减轻,天平(或弹簧秤)向上移动,使变压器内磁场移动输电功能改变;另一方面加热电炉温度缓慢升高时热电偶所产生的电位差输入温度控制器,经放大后由信号接收系统绘出 TG 热分析图谱。

热重法实验得到的曲线称为热重曲线(TG 曲线),如图 2-10-10 曲线 a 所示。TG 曲线以质量作纵坐标,从上向下表示质量减少;以温度(或时间)作横坐标,自左至右表示温度(或时间)增加。从热重法可派生出微商热重法(DTG),它是 TG 曲线对温度(或时间)的一阶导数。以物质的质量变化速率 dm/dt 对温度 T (或时间 t)作图,即得 DTG 曲线,如图 2-10-10 曲线 b 所示。DTG 曲线上的峰代替 TG 曲线上的阶梯,峰面积正比于试样质量。DTG 曲线可以微分 TG

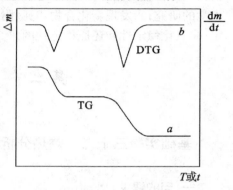

a—TG 曲线;b—DTG 曲线

图 2-10-10　热重曲线图

曲线得到,也可以用适当的仪器直接测得,DTG 曲线比 TG 曲线优越性大,它提高了 TG 曲线的分辨力。

2.影响热重分析的因素

热重分析的实验结果受到许多因素的影响,基本可分两类:一是仪器因素,包括升温速率、炉内气氛、炉子的几何形状、坩埚的材料等。二是试样因素,包括试样的质量、粒度、装样的紧密程度、试样的导热性等。

在 TGA 的测定中,升温速率增大会使试样分解温度明显升高。如升温太快,试样来不及达到平衡,会使反应各阶段分不开。合适的升温速率为 $5\sim10℃\cdot min^{-1}$。

试样在升温过程中,往往会有吸热或放热现象,这样会使温度偏离线性程序升温,从而改变了 TG 曲线位置。试样量越大,这种影响越大。对于受热产生气体的试样,试样量越大,气体越不易扩散。再则,试样量大时,试样内温度梯度也大,将影响 TG 曲线位置。总之实验时应根据天平的灵敏度,尽量减小试样量。

试样的粒度不能太大,否则将影响热量的传递;粒度也不能太小,否则开始分解的温度和分解完毕的温度都会降低。

3.热重分析的应用

热重分析法的重要特点是定量性强,能准确地测量物质的质量变化及变化的速率。可以说,只要物质受热时发生重量的变化,就可以用热重法来研究其变化过程。目前,热重分析法已在下述诸方面得到应用:①无机物、有机物及聚合物的热分解;②金属在高温下受各种气体的腐蚀过程;③固态反应;④矿物的煅烧和冶炼;⑤液体的蒸馏和汽化;⑥煤、石油和木材的热解过程;⑦含水量、挥发物及灰分含量的测定;⑧升华过程;⑨脱水和吸湿;⑩爆炸材料的研究;⑪反应动力学的研究;⑫发现新化合物;⑬吸附和解吸;⑭催化活度的测定;⑮表面积的测定;⑯氧化稳定性和还原稳定性的研究;⑰反应机制的研究。

第二节　基础实验

基础实验三十二　差热分析法绘制 $CuSO_4 \cdot 5H_2O$ 的热谱图

一、目的要求

(1)了解热电偶的测温原理。

(2)掌握差热分析法的基本原理及方法,了解差热分析仪的工作原理,学会正确控制实验条件。

(3)用差热分析仪对 $CuSO_4 \cdot 5H_2O$ 进行差热分析。

二、实验原理

许多物质在加热或冷却过程中,当达到某一温度时,往往会发生熔化、凝固、晶型转变、分解、化合、吸附、脱附等物理或化学变化,并伴随有焓的改变,因而产生热效应,其表现为该物质与外界环境之间产生温度差。差热分析就是通过测定温度差来鉴别物质,确定其结构、组成或测定其转化温度、热效应等物理化学性质。

差热分析仪的简单装置原理如图 2-10-11 所示。它包括带有控温装置的加热炉、放置试样和参比物的坩埚、用以盛放坩埚并使其温度均匀的保持器、测温热电偶、差热信号放大器和信号接收系统(记录仪或微机等)。差热图的绘制是通过两支型号相同的热电偶,分别插入试样和参比物中,并将其相同端连接在一起(即并联)。A,B 两端测定记录炉温信号;A,C 端测定记录差热信号。若试样不发生任何变化,试样和参比物的温度相同,两支热电偶产生的热电势大小相等,方向相反,所以 $\Delta U_{AC}=0$,此时记录结果为一条直线,如图2-10-12中的 OA,CD 等段,视为基线。反之,试样发生伴随热效应的物理、化学变化时,$\Delta U_{AC}\neq0$,记录下差热峰,如图 2-10-12 中 ABC 所示,向下的峰对应于吸热反应,向上的峰对应于放热反应。所记录下来的温度-温差图就称为差热图,或称为热谱图。

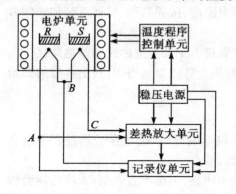

图 2-10-11　差热分析原理图　　　　图 2-10-12　理想的差热曲线

　　在实际测定中,由于试样与参比物间往往存在着比热、导热系数、粒度、装填紧密程度等方面的差异,再加上试样在测定过程中可能发生收缩或膨胀,差热曲线就会产生漂移,其基线不再平行于时间轴,峰的前后基线也不在一条直线上,差热峰可能比较平坦,使 A,B,C,D 等转折点不明显,这时可以通过作切线的方法来确定转折点,进而确定峰面积。

　　差热峰的位置代表发生变化的温度;峰的面积代表热效应的大小;峰的方向表明系统发生热效应的正负性;峰的形状则与反应的动力学有关。虽然获得上述信息是有用的,但要弄清楚变化的机理,还必须配合如热重、X 射线物相分析及气相色谱等手段,才能作出较为可靠的判断。

三、仪器试剂

(1)仪器:CRY-2P 型差热分析仪 1 套。

(2)试剂:$CuSO_4\cdot 5H_2O$(A. R.);参比物 $\alpha\text{-}Al_2O_3$(A. R.)。

四、实验步骤

(1)准备工作:

①开启仪器各电源开关,仪器需预热 20~30 min。开启计算机和打印机。

②通水和通气 接通冷却水,保持冷却水流量为 200~300 mL·min^{-1};根据需要通入保护气体。

③调节基线位置和斜率,差热量程选择±50 μV 或±100 μV。

④设置温控程序:升温速度设定为 $10℃ \cdot min^{-1}$,升温至 300℃。

(2)差热测量:

①将待测试样放入一只坩埚中(约 5 mg),在另一只坩埚中放入重量基本相等的参比物,如 $α\text{-}Al_2O_3$。然后分别放在试样杆的两个托盘上,盖好保温盖。

②在计算机中输入量程、起始温度、结束温度、试样名称、试样重量和操作者等信息。

③启动电炉开关开始升温。同时在计算机上记录温度曲线和差热曲线。

(3)差热曲线处理:实验结束后,在计算机上处理差热谱图,找出各峰的开始温度、峰谷或峰顶温度及结束温度。

五、注意事项

(1)坩埚一定要清理干净,否则坩垢不仅影响导热,杂质在受热过程中也会发生物理化学变化,影响实验结果的准确性。

(2)试样必须研磨的很细,否则差热峰不明显;但也不宜太细,太细可能会破坏试样的结晶度。一般差热分析试样的颗粒度在 100~200 目为宜。

(3)启动电炉前,有时会出现较高的静电压,此时须放掉静电压,然后才可以打开电炉开关,开始升温;否则开始电流较大,易烧坏电炉丝。

六、数据处理

(1)将差热图中各峰的开始温度、峰谷或峰顶温度及结束温度等数据列表记录。

(2)由 $CuSO_4 \cdot 5H_2O$ 的差热谱图说明各峰代表的可能反应,写出反应方程式。根据无机化学知识和差热峰的面积讨论五个结晶水与 $CuSO_4$ 结合的可能形式。

七、思考题

(1)为什么加热过程中即使试样未发生变化,差热曲线仍会出现较大的漂移?

(2)差热曲线的形状与哪些因素有关?影响差热分析结果的主要因素是什么?

(3)差热分析实验中,若把参比物和试样位置放颠倒,对所测差热图有何影响?

(4)DTA 和简单热分析(步冷曲线法)有何异同?

八、讨论

(1)计算试样的相变热:

试样发生相变时的热效应可按下式计算:

$$\triangle H = \frac{C}{m}\int_a^b \triangle T \mathrm{d}t$$

式中,m 为试样质量;a,b 分别为峰的起始、终止时刻;$\triangle T$ 为时间 t 内试样与参比物的温差;$\int_a^b \triangle T \mathrm{d}t$ 为差热峰面积,可利用三角形法、剪纸称量法等方法计算;C 为仪器常数。

仪器常数与仪器的特性和测定条件有关,同一仪器同样条件测定时,C 可视为常数,可用标定法求之,即称一定量已知热效应的物质,测得其差热峰的面积就可以求得 C。

由于试样和参比物之间往往存在着比热、导热系数、粒度、装填紧密程度等方面的不同,在测定过程中又由于熔化、分解、转晶等物理、化学性质的改变,未知物试样和参比物的比例常数 C 并不相同,所以用它来进行定量计算误差较大。但差热分析可用于鉴别物质,与 X 射线衍射、质谱、色谱、热重法等方法配合可确定物质的组成、结构及动力学等方面的研究。

(2)热分析是一种动态技术,许多因素对所得曲线均有影响,包括测试条件的选择与试样的处理两大方面。

①测试条件的选择:包括升温速率、炉内气氛及参比物的选择等。

一般来说升温速率小,基线漂移小,可以分辨靠得近的差热峰,即分辨力高,但测量时间长。若升温速率大,峰对应的温度偏高,峰的形状尖锐,峰面积也略为增大。

炉内气氛主要是影响化学反应或化学平衡。例如草酸钙吸热分解生成的 CO,在氧化性气氛中会燃烧,在曲线上将出现一个较大的放热峰,将原来的吸热峰完全掩盖。又如,碳酸盐的分解产物 CO_2 如被气流或真空泵带走,将会导致分解吸热峰偏向低温方向。

要选择一种热稳定性好的物质作为参比物,该物质在温度变化的整个过程中不发生任何物理化学变化,不产生任何热效应。参比物的选择应尽量与待测试样的热容、导热系数及粒度相一致。

②试样的处理:包括试样粒度、试样用量及装填情况等。

试样粒度以 200 目左右为宜,粒度大峰形较宽、分辨率也较差,特别是受扩散控制的反应过程与试样粒度的关系更大;但粒度过小可能破坏晶格或分解。对易分解产生气体的试样,颗粒应大一些。

试样用量大,易使相邻两峰重叠,降低了分辨率,基线漂移严重,因此应尽可能减少用量。参比物的颗粒、装填情况及紧密程度应与试样一致,以减少基线的漂移。为了改善试样的导热性、透气性,防止试样烧结,有时在试样中加入参比物或其他热稳定材料作稀释剂。

基础实验三十三　差热-热重分析

一、目的要求

（1）掌握差热-热重分析的原理,依据差热-热重曲线解析样品的差热-热重过程。

（2）了解 ZRY-2P 综合热分析仪的工作原理,学会使用 ZRY-2P 综合热分析仪。

（3）用综合热分析仪测定样品的差热-热重曲线,并通过微机处理差热和热重数据。

二、实验原理

1. 差热原理（见实验三十二）

2. 热重法

物质受热时,发生化学反应,质量也就随之改变,测定物质质量的变化就可研究其变化过程。热重法（TG）是在程序控制温度下,测量物质质量与温度关系的一种技术。热重法实验得到的曲线称为热重曲线（即 TG 曲线）。TG 曲线以质量作纵坐标,从上向下表示质量减少;以温度（或时间）为横坐标,自左至右表示温度（或时间）增加。

热重法的主要特点是定量性强,能准确地测量物质的变化及变化的速率。热重法的实验结果与实验条件有关。但在相同的实验条件下,同种样品的热重数据是重现的。

从热重法派生出微商热重法（DTG）,即 TG 曲线对温度（或时间）的一阶导数。实验时可同时得到 DTG 曲线和 TG 曲线。DTG 曲线能精确地反映出起始反应温度、达到最大反应速率的温度和反应终止的温度。在 TG 上,对应于整个变化过程中各阶段的变化互相衔接而不易区分开,同样的变化过程在 DTG 曲线上能呈现出明显的最大值。故 DTG 能很好地显示出重叠反应,区分各个反应阶段,这是 DTG 的最可取之处。另外,DTG 曲线峰的面积精确地对应着变化了的质量,因而 DTG 能精确地进行定量分析。有些材料由于种种原因不能用DTA 来分析,却可以用 DTG 来分析。

3. ZRY-2P 综合热分析仪

ZRY-2P 综合热分析仪是具有微机处理系统的差热-热重联用的综合热分析仪,见图 2-10-13。它是在程序温度（等速升降温、恒温和循环）控制下,测量物质热化学性质的分析仪器。常用于测定物质在熔融、相变、分解、化合、凝固、脱水、蒸发、升华等特定温度下发生的热量和质量变化,是国防、科研、大专院校、工矿企业等单位研究不同温度下物质物理化学性质的重要分析仪器。

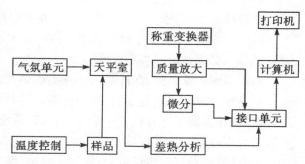

图 2-10-13　ZRY-2P 综合热分析仪原理图

仪器的天平测量系统采用电子称量,在天平的横梁上端加装一片遮光小旗,挡在发光二极管和光敏三极管之间,横梁中间加磁钢和动圈。当支架加入试样时,横梁连同线圈和遮光小旗发生转动,光敏三极管受发光二极管照射的强度增大,质量检测电路则输出电流,线圈的电流在磁钢的作用下产生力矩,使横梁回转,当试样质量产生的力矩与线圈产生的力矩相等时,天平平衡。这样试样的质量就正比于电流,此电信号经放大电路、模/数转换等处理后送入计算机。在试验过程中,微机不断采集试样质量,就可获得一条试样质量随温度变化的热重曲线 TG。质量信号输入微分电路后,微分电路输出端便会得到热重的一次微分曲线 DTG。

差热信号的测量通过样品支架实现,使用点状平板热电偶,四孔氧化铝杆做吊杆,细软的导线作差热输出信号的引线。测试时将参比物(α-氧化铝粉)与试样分别放在两个坩埚内,加热炉以一定速率升温,若试样没有热反应,则它与参比物的温差为零;若试样在某一温度范围有吸热(或放热)反应,则试样温度将停止(或加快)上升,与参比物间产生温差。把温差的热电势放大后经微机实时采集,可得差热的峰型曲线。

ZRY-2P 综合热分析仪由热天平、加热炉、冷却风扇、微机控温单元、天平放大单元、微分单元、差热单元、接口单元、气氛控制单元和 PC 微机等组成。

三、仪器试剂

(1)仪器:综合热分析仪 1 套。

(2)试剂:$CaC_2O_4 \cdot H_2O$(A. R.)或 $CuSO_4 \cdot 5H_2O$(A. R.)。

四、实验步骤

(1)开机预热、设定仪器基本参数:接通仪器的各个控制单元电源,仪器需预热 30 min。开启计算机,进入操作程序。检查计算机与仪器连接与否。设置串口通信参数、基本测量参数(选择仪器的 TG 和 DTG 量程及倍率、DTA 的量程及斜率等)以及各基线的起始位置。若需气氛,接通气路,调节气体流量。

(2)样品称重:用镊子轻轻取出一个空坩埚(样品坩埚),称重,调零。坩埚中加入样品,装样后,在桌子上轻墩几下。再次称重,得出样品重量。打开炉体,放入样品坩埚(参比物坩埚可不更换)。

(3)温控编程及采样:在计算机中或温控单元编制采样的起始温度、终止温度、升温速率及保留时间等参数,并相应输入样品名称、编号、重量、操作人及气氛等其他操作参数于计算机中。单击"确认",系统进入数据采集状态。

(4)数据处理和关闭仪器:

①待计算机数据采集结束后,输入文件名,保存数据。

②在计算机中作数据处理。调出文件谱图,对要分析的曲线找出谱峰的起始位置并标出,作 DTA 分析,计算。将作数据处理后的文件保存。

③数据处理结束后,关闭计算机和综合热处理仪各单元的电源开关;关闭电炉电源开关。炉体冷却后关闭气源。

五、注意事项

(1)坩埚中样品加入量要适当,试样量一般不超过坩埚容积的 4/5,在 1/3～2/3 即可。

(2)选择适当的参数。不同的样品,因其性质不同,操作参数和温控程序应作相应调整。

本实验 ZRY-2P 综合热分析仪参数设定为

①DTA 量程 100 μV;斜率 5。

②TG 单元量程 2 mg;倍率 10。

③DTG 单元量程×0.5。

④气氛单元氮气钢瓶输出压力为 0.2 MPa,流量 30 mL·min^{-1}。

⑤温控程序参数:

$CaC_2O_4 \cdot H_2O$:起始温度 0℃;终止温度 1 000℃;升温速率 10℃·min^{-1};1 000℃保持 50 min。

$CuSO_4 \cdot 5H_2O$:起始温度 0℃;终止温度 500℃;升温速率 10℃·min^{-1}。

(3)样品取量要适当,样品量太大,会使 TG 曲线偏离。

(4)使用温度在 500℃以上,一定要使用气氛,以减少天平误差。实验过程中,气流要保持稳定。

(5)坩埚要轻拿轻放,以减少天平摆动。

六、数据处理

调入所存文件,分别作热重数据处理和差热数据处理。选定每个台阶或峰的起止位置,可求算出各个反应阶段的 TG 失重百分比、失重始温、终温、失重速率最大点温度和 DTA 的峰面积热熔、峰起始点、外推始点、峰顶温度、终点温度、玻璃化温度等。

七、思考题

(1)依据失重百分比,推断反应方程式。

(2)各项实验参数对曲线测定分别有什么作用?

八、讨论

(1)综合热分析仪还可以对差热曲线和热重曲线作动力学的数据处理。以差热曲线为例,可作 Freeman 法动力学计算和 Ozawa 法动力学计算。

①Freeman 法动力学计算:首先输入需要计算的峰数,并对需要计算的峰确定起点位置和终点位置,定出起点温度和终点温度,然后对其作反应动力学(Freeman)处理,即可得到活化能 E_{fr}、反应级数 N 等值。

②Ozawa 法动力学计算:用 Ozawa 法作动力学数据处理时,预先要采集三条不同升温速率的曲线。先设置要计算的峰数,并对需要计算的峰确定起点位置和终点位置,定出起点温度和终点温度,然后对其作反应动力学(Ozawa)处理,出现调用第二条曲线对话框,键入曲线名,调出第二条曲线,再次对曲线确定起点位置和终点位置,定出起点温度和终点温度,然后对其作反应动力学(Ozawa)处理,出现调用第三条曲线对话框,键入曲线名调出第三条曲线,同样对曲线确定起点位置和终点位置,定出起点温度和终点温度,最后对其作反应动力学(Ozawa)处理,即可得活化能 E_{oz} 值。

(2)随着热分析方法的不断发展,差热-热重的应用领域也不断扩大:确定物质的热稳定性、使用寿命以及热分解温度和热分解产物;用于物质升华过程和蒸气压测定;研究一些含水物质的脱水过程及其相关的动力学;研究物质对气体的吸附过程;对已知混合物的各组分的含量作定量分析。另外差热-热重分析还可以用于矿物、土壤、煤炭、建筑材料等行业。

下面以钙镁离子混合液分析作一简要介绍。

由 $CaC_2O_4 \cdot H_2O$ 的 TG 曲线知 226℃~346℃ 时以草酸钙形式存在,420℃~660℃ 时以碳酸钙形式存在,840℃~980℃ 时以氧化钙形式存在。而草酸镁在 500℃ 时已经分解生成高温稳定的氧化镁。根据上述信息可以将钙镁离子混合液用草酸盐沉淀,然后再进行差热-热重分析,根据 500℃ 和 900℃ 时的质量分数就可以计算出混合物中钙镁离子含量。

具体方法如下:把钙镁离子混合草酸盐的 TG 曲线与各自的草酸盐 TG 曲线比较,若以 m 表示取样质量,X、Y 分别代表钙和镁的质量,M、N 分别代表在 500℃ 时($MgO+CaCO_3$)和 900℃ 时($MgO+CaO$)混合物的质量百分数(这可由

TG 曲线上得到），则

$$\frac{100X}{40} + \frac{40.32Y}{24.32} = Mm$$

$$\frac{56X}{40} + \frac{40.32Y}{24.32} = Nm$$

于是

$$X = \frac{M-N}{1.1}m$$

用同样的方法还可以从金属硝酸盐的混合物中测定出铜-银合金。

第三节　设计实验

设计实验二十八　DTA法测定固体分解动力学参数

一、设计要求

(1)采用DTA法测定固体分解动力学参数。

(2)测定草酸钙或 $Ni(OH)_2$ 分解反应的反应活化能、反应级数、指前因子等动力学参数。

二、设计原理

当物质发生热分解反应时，总伴随着热量的变化，Kissinger 法假定差热曲线峰顶温度处的反应速率最大，且反应服从动力学方程式：

$$\frac{d\alpha}{dt} = k(1-\alpha)^n \tag{1}$$

式中，α 为反应的转化率；n 为反应级数；k 为反应速率常数。

根据 Arrhenius 公式当以固定速率 β 升高体系温度时有：

$$k = \frac{A}{\beta}\exp(-\frac{E}{RT}) \tag{2}$$

根据假定——差热曲线峰顶温度处的反应速率最大，则峰顶处有：

$$\ln\frac{\beta}{T_{max}^2} = \ln\frac{RA}{E} - \frac{E}{RT_{max}} \tag{3}$$

根据拐点处二阶导数为 0 的数学知识，在峰顶处无论 n 取何数值都有：

$$\frac{d(\frac{d\alpha}{dt})}{dt} = 0 \tag{4}$$

Kissinger 经过对大量已知反应级数 n 的热分解反应进行 DTA 研究以后，

得出一个结论:随 n 变小,DTA 峰变得越来越不对称即峰形只由反应级数 n 决定,峰的对称性可用峰形指数 I 来表示,其求解方法示意图如图 2-10-14 所示。

I 的具体表达式如下:

$$I = \frac{a}{b}$$

I 与 n 的关系如下:

$$\begin{cases} \text{当 } n \leqslant 1 \text{ 时,} I = 0.63n^2 \\ \text{当 } n > 1 \text{ 时,} I = \dfrac{n^2(1.21+0.21n)}{n^2+1.59} \end{cases}$$

在实验中,可以选用 $5, 10, 15, 20℃ \cdot min^{-1}$ 4 种升温速率,在其他条件相同的情况下得到一组 DTA 曲线。根据不同升温速率得到的分解温度与图形,经一定处理可以得到对应的表观活化能 E、指前因子 A、反应级数 n 等动力学参数。

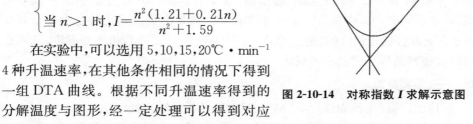

图 2-10-14 对称指数 I 求解示意图

三、参考文献

(1)胡荣祖.热分析动力学[M].北京:科学出版社,2001

(2)张朝晖. ANSYS 8.0 热分析教程与实例解析[M].北京:中国铁道出版社,2005

(3)神户博太郎.刘振海,译.热分析[M].北京:化学工业出版社,1985

(4)蔡正千.热分析[M].北京:高等教育出版社,1993

设计实验二十九　DTA 法测定固体晶型转变温度

一、设计要求

(1)采用 DTA 法测定固体晶型转变温度。

(2)测定 SiO_2 晶型转变温度,根据测定得到的曲线分析样品 SiO_2 的晶相组成。

二、设计原理

许多固体物质如二氧化钛、二氧化锆、二氧化硅、三氧化二铝、硅铝酸盐等在不同的温度条件下存在着不同的晶相,也就是晶格结构不同。不同的晶相在一定的温度条件下发生相转变时,都会伴随着不同程度的热效应,借此可以进行相转变温度的测定。在相转变中有的转变是单方向进行的,称为不可逆相变;有些是可以双向转化的,称为可逆相变。

例如,二氧化钛存在着无定形、板钛矿、锐钛矿、金红石等 4 个晶相,其中板钛矿比较少见,随着温度由低到高二氧化钛的晶相会逐步由无定形转变成为锐钛矿和金红石,其晶相转变温度与试样的制备过程和粒度等其他存在状态有关,不能一概而论。一般认为无定形转变成锐钛矿的温度在 650～950 K,而锐钛矿向金红石的转变在 1 000～1 250 K,前者的热效应大于后者。石英也存在着如低温石英(α-石英)是石英族矿物中分布最广的一个矿物种、高温石英(β-石英)和 α-方石英、β-方石英几种典型的晶相,且 α-石英在 540 K 左右会转变成 β-石英,α-方石英在 740 K 左右转变成 β-方石英。通常市售二氧化硅是由 α-石英和 α-方石英混合物相组成的,通过 DTA 分析不仅可以获得晶相转变温度,同时也可以大概判断样品的晶相组成。

三、参考文献

(1)洪广言. 无机固体化学[M]. 北京:科学出版社,2006
(2)陆佩文. 无机材料科学基础[M]. 武汉:武汉理工大学出版社,2005

第三部分
常用仪器

仪器一　控温仪

物质的物理化学性质,如黏度、密度、蒸气压、表面张力、折光率等都随温度而改变,要测定这些性质必须在恒温条件下进行。一些物理化学常数如平衡常数、速率常数等也与温度有关,这些常数的测定也需恒温,因此,掌握恒温技术非常必要。

控温仪是实验工作中常用的一种以液体或气体为介质的恒温装置。根据温度控制范围,可用以下液体介质:0℃～90℃用水;80℃～160℃用甘油或甘油水溶液;70℃～300℃用液体石蜡、汽缸润滑油、硅油。对于烘箱或马福炉,它们是以气体为介质的恒温装置。

控温仪是由浴槽、电接点温度计、继电器、加热器、搅拌器和温度计组成的,继电器必须和电接点温度计、加热器配套使用。

一、温度计

下面介绍几种常见的温度计。

1. 水银温度计

水银温度计是实验室常用的温度计。它的结构简单,价格低廉,具有较高的精确度,使用方便;但是易损坏,损坏后无法修理。水银温度计适用范围为238.15～633.15 K(水银的熔点为234.45 K,沸点为629.85 K),如果用石英玻璃作管壁,充入氮气或氩气,最高使用温度可达到1 073.15 K。常用的水银温度计刻度间隔有:2 K,1 K,0.5 K,0.2 K,0.1 K等,与温度计的量程范围有关,可根据测定精度选用。

(1)水银温度计的种类和使用范围:

①一般使用-5℃～105℃,150℃,250℃,360℃等等,每分度1℃或0.5℃。

②供量热学使用有9℃～15℃,12℃～18℃,15℃～21℃,18℃～24℃,20℃～30℃等,每分度0.01℃。

③测温差的贝克曼(Beckmann)温度计,是一种移液式的温度计,测量范围为-20℃～150℃,专用于测量温差。

④电接点温度计,可以在某一温度点上接通或断开,与电子继电器等装置配套,可以用来控制温度。

⑤分段温度计,从-10℃～220℃,共有23支。每支温度范围10℃,每分度0.1℃。另外有-40℃～400℃,每隔50℃1支,每分度0.1℃。

(2)使用时应注意以下几点:

①读数校正：以纯物质的熔点或沸点作为标准进行校正。以标准水银温度计为标准，与待校正的温度计同时测定某一体系的温度，将对应值一一记录，作出校正曲线。标准水银温度计由多支温度计组成，各支温度计的测量范围不同，交叉组成—10℃到360℃范围，每支都经过计量部门的鉴定，读数准确。

②露茎校正：水银温度计有"全浸"和"非全浸"两种。非全浸式水银温度计常刻有校正时浸入量的刻度，在使用时若室温和浸入量均与校正时一致，所示温度是正确的。

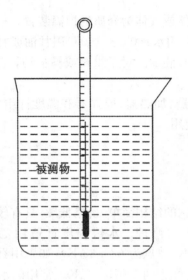

1—被测体系；2—测量温度计；
3—辅助温度计

图 3-1-1　全浸式水银温度计的使用　　　　图 3-1-2　温度计露茎校正

全浸式水银温度计使用时应当全部浸入被测体系中，如图 3-1-1 所示，达到热平衡后才能读数。全浸式水银温度计如不能全部浸没在被测体系中，则因露出部分与体系温度不同，必然存在读数误差，因此必须进行校正，这种校正称为露茎校正，如图 3-1-2 所示。校正公式为

$$\Delta T = \frac{kn}{1-kn}(T_{测}-T_{环})$$

式中，$\Delta T = T_{实} - T_{测}$ 是读数校正值；$T_{实}$ 是温度的正确值；$T_{测}$ 是温度计的读数值；$T_{环}$ 是露出待测体系外水银柱的有效温度（从放置在露出一半位置处的另一支辅助温度计读出）；n 是露出待测体系外部的水银柱长度，称为露茎高度，以温度差值表示；k 是水银对于玻璃的膨胀系数，使用摄氏度时，$k=0.000\ 16$。上式

中 $kn \ll 1$，所以 $\Delta T \approx kn(T_测 - T_环)$。

2.热电阻温度计

大多数金属导体的电阻值都随着它自身温度的变化而变化，并具有正的温度系数。一般是当温度每升高 1℃时，电阻值要增加 $0.4\% \sim 0.6\%$。半导体材料则具有负温度系数，其值（以 20℃为参考点）为温度每升高 1℃时，电阻值要降低 $2\% \sim 6\%$。利用其电阻的温度函数关系，把它们当作一种"温度→电阻"的传感器，作为测量温度的敏感元件，并统称之为电阻温度计。

（1）电阻丝式电阻温度计：电阻温度计广泛地应用于中、低温度（$-200℃ \sim 850℃$）范围的温度测量。随着科学技术的发展，电阻温度计的应用已扩展到 1 ~ 5 K 的超低温领域。同时，研究证明在高温（1 000 $\sim$ 1 200℃）范围内，电阻温度计也表现了足够好的特性。

电阻丝式热电阻温度计比起其他类型的温度计有许多优点。它的性能最为稳定，测量范围较宽而且精确度高，尤其铂电阻性能非常稳定，可以提得很纯。因此，在 1968 年国际温标（IPTS-68）中规定在 $-259.34℃$（13.81 K）$\sim 630.74℃$ 温度范围内以铂电阻温度计作为标准仪器。它对低温的测量更为精确。与热电偶不同，它不需要设置温度参考点，这使它在航空工业及一些工业设备中得到广泛的应用。其缺点是需要给桥路加辅助电源，尤其是热电阻温度计的热容量较大，因而热惯性较大，限制了它在动态测量中的应用。但是目前已研制出小型箔式的铂电阻，动态性能明显改善，同时也降低了成本。为避免工作电流的热效应，流过热电阻的电流应尽量小（一般应小于 5 mA）。

按照上述要求，比较适用的热电阻材料为铂、铜、铁和镍。

铂是一种金属，由于其物理化学性质非常稳定，又可提得很纯，因此，被公认为目前最好的制造热电阻材料。铂电阻在国际实用温标中取其在 $-259.34℃ \sim 630.74℃$ 范围内的复现温标。除此之外，铂也用来做成标准热电阻及工业用热电阻，是实验室最常用的温度传感器。

铜丝可用来制成 $-50℃ \sim 150℃$ 范围内的工业电阻温度计，其特点为价格便宜，易于提纯因而复制性好；在上述温度范围内线性度极好；其电阻温度系数 α 较铂为高，但电阻率较铂小。缺点是易于氧化，只能用于 150℃以下的较低温度，而体积也较大，所以一般只可用于对敏感元件尺寸要求不高之处。

铁和镍这两种金属的电阻温度系数较高，电阻率也较大，因此可以制成体积较小而灵敏度高的热电阻。但它们容易氧化，化学稳定性差，不易提纯，复制性差，非线性较大。

图 3-1-3 为一个典型的电阻温度计的电桥线路。这里热电阻 R_t 作为一个臂接入测量电桥。R_{ref} 与 R_{FS} 为锰铜电阻分别代表电阻温度计之起始温度（如取

为 0℃)及满度温度(如取为 100℃)时的电阻值。首先,将开关 K 接在位置"1"上,调整调零电位器 R_0 使仪表 G 指示为零。然后将开关接在位置"3"上,调整满度电位器 R_F 使仪表 G 满度偏转,如显示 100.0℃。再把开关接在测量位置"2"上,即可进行温度测量。

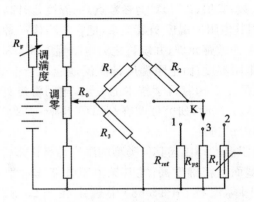

图 3-1-3 典型的电阻温度计的电桥线路

(2)半导体热敏电阻温度计:半导体热敏电阻有很高的负电阻温度系数,其灵敏度较之上述的电阻丝式热电阻高得多。尤其是它的体积可以做得很小,故动态特性很好,特别适于在－100℃～300℃测温。它在自动控制及电子线路的补偿电路中都有广泛的应用。图 3-1-4 是珠形热敏电阻器示意图。

制造热敏电阻的材料,为各种金属氧化物的混合物,如采用锰、镍、钴、铜或铁的氧化物,按一定比例混合后压制而成。其形状是多样的,有球状、圆片状、圆筒状等等。

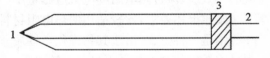

1—用热敏材料作的热敏元;2—引线;3—壳体

图 3-1-4 珠形热敏电阻器示意图

热敏电阻是非线性电阻,它的非线性特性表现在其电阻值与温度间呈指数关系和电流随电压变化不服从欧姆定律。负温度系数热敏电阻的温度系数一般为－0.02℃～－0.06℃。缓变型正温度系数热敏电阻的温度系数为 0.01℃～0.10℃。热敏电阻的 V-A 特性在电流小时近似线性。

随着生产工艺不断改进,我国热敏电阻线性度、稳定性、一致性都达到一定水平。有的厂家已经能够大量生产线性度、长期稳定性都优于±3‰的热敏电阻,这就使得元件小型、廉价和快速测温成为可能。

半导体热敏电阻的测温电路,一般也是桥路。其具体电路和上图所示的热电阻测温电路是相同的,一般半导体点温计就是采用这种测量电路。

3.热电偶温度计

自 1821 年塞贝克(Seebeck)发现热电效应起,热电偶的发展已经历了一个多世纪。据统计,在此期间曾有 300 余种热电偶问世,但应用较广的热电偶仅有 40~50 种。国际电工委员会(IEC)对其中被国际公认、性能优良和产量最大的七种制定标准,即 IEC584-1 和 584-2 中所规定的:S 分度号(铂铑 10-铂);B 分度号(铂铑 30-铂铑 6);K 分度号(镍铬-镍硅);T 分度号(铜-康铜);E 分度号(镍铬-康铜);J 分度号(铁-康铜);R 分度号(铂铑 13-铂)等热电偶。

热电偶是目前工业测温中最常用的传感器,这是由于它具有以下优点:测温点小,准确度高,反应速度快;品种规格多,测温范围广,在 $-270℃\sim2\ 800℃$ 范围内有相应产品可供选用;结构简单,使用维修方便,可作为自动控温检测器等。

(1)工作原理:把两种不同的导体或半导体接成如图 3-1-5 所示的闭合回路。如果将它的两个接点分别置于温度为 T 及 T_0(假定 $T>T_0$)的热源中,则在其回路内就会产生热电动势(简称热电势),这个现象称作热电效应。

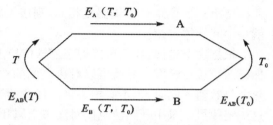

图 3-1-5　热电偶回路热电势分布

在热电偶回路中所产生的热电势由两部分组成:温差电势和接触电势。

①温差电势:在同一导体的两端因其温度不同而产生的一种热电势。由于高温端(T)的电子能量比低温端的电子能量大,因而从高温端跑到低温端的电子数比从低温端跑到高温端的电子数多,结果高温端因失去电子而带正电荷,低温端因得到电子而带负电荷,从而形成一个静电场。此时,在导体的两端便产生一个相应的电势差 $U_T-U_{T_0}$,即为温差电势。图中的 A,B 导体分别都有温差电势,分别用 $E_A(T,T_0)$,$E_B(T,T_0)$ 表示。

②接触电势:接触电势产生的原因是,当两种不同导体 A 和 B 接触时,由于两者电子密度不同(如 $N_A>N_B$),电子在两个方向上扩散的速率就不同,从 A 到 B 的电子数要比从 B 到 A 的多,结果 A 因失去电子而带正电荷,B 因得到电子而带负电荷,在 A,B 的接触面上便形成一个从 A 到 B 的静电场 E,这样在 A,B 之间也形成一个电势差 U_A-U_B,即为接触电势。其数值取决于两种不同导体的性质和接触点的温度,分别用 $E_{AB}(T)$,$E_{AB}(T_0)$ 表示。

这样在热电偶回路中产生的总电势 $E_{AB}(T,T_0)$ 由四部分组成:

$$E_{AB}(T,T_0)=E_{AB}(T)+E_B(T,T_0)-E_{AB}(T_0)-E_A(T,T_0)$$

由于热电偶的接触电势远远大于温差电势,且 $T>T_0$,所以在总电势 E_{AB}

(T,T_0) 中,以导体 A,B 在 T 端的接触电势 $E_{AB}(T)$ 为最大,故总电势 $E_{AB}(T,T_0)$ 的方向取决于 $E_{AB}(T)$ 的方向。因 $N_A > N_B$,故 A 为正极,B 为负极。

热电偶总电势与电子密度及两接点温度有关。电子密度不仅取决于热电偶材料的特性,而且随温度变化而变化,它并非常数。所以当热电偶材料一定时,热电偶的总电势成为温度 T 和 T_0 的函数差。又由于冷端温度 T_0 固定,则对一定材料的热电偶,其总电势 $E_{AB}(T,T_0)$ 就只与温度 T 成单值函数关系:

$$E_{AB}(T,T_0) = f(T) - C$$

每种热电偶都有它的分度表(参考端温度为 0℃),分度值一般取温度每变化 1℃ 所对应的热电势之电压值。

(2)热电偶基本定律:

①中间导体定律:将 A,B 构成的热电偶的 T_0 端断开,接入第三种导体,只要保持第三种导体 C 两端温度相同,则接入导体 C 后对回路总电势无影响。这就是中间导体定律。

根据这个定律,我们可以把第三导体换上毫伏表(一般用铜导线连接),只要保证两个接点温度一样就可以对热电偶的热电势进行测量,而不影响热电偶的热电势数值。同时,也不必担心采用任意的焊接方法来焊接热电偶。同样,应用这一定律可以采用开路热电偶对液态金属和金属壁面进行温度测量。

②标准电极定律:如果两种导体(A 和 B)分别与第三种导体(C)组成热电偶产生的热电势已知,则由这两导体(AB)组成的热电偶产生的热电势,可以由下式计算:

$$E_{AB}(T,T_0) = E_{AC}(T,T_0) - E_{BC}(T,T_0)$$

这里采用的电极 C 称为标准电极,在实际应用中标准电极材料为铂。这是因为铂易得到纯态,物理化学性能稳定,熔点极高。由于采用了参考电极大大地方便了热电偶的选配工作,只要知道一些材料与标准电极相配的热电势,就可以用上述定律求出任何两种材料配成热电偶的热电势。

(3)热电偶电极材料:为了保证在工程技术中应用可靠,并且具有足够精确度,对热电偶电极材料有以下要求:在测温范围内,热电性质稳定,不随时间变化;在测温范围内,电极材料要有足够的物理化学稳定性,不易氧化或腐蚀;电阻温度系数要小,导电率要高;它们组成的热电偶,在测温中产生的电势要大,并希望这个热电势与温度成单值的线性或接近线性关系;材料复制性好,可制成标准分度,机械强度高,制造工艺简单,价格便宜。

最后还应强调一点,热电偶的热电特性仅决定于选用的热电极材料的特性,而与热极的直径、长度无关。

(4)热电偶的结构和制备:在制备热电偶时,热电极的材料、直径的选择,应根据测量范围、测定对象的特点，以及电极材料的价格、机械强度、热电偶的电阻值而定。热电偶的长度应由它的安装条件及需要插入被测介质的深度决定。

　　热电偶接点常见的结构形式如图3-1-6所示。

　　热电偶热接点可以是对焊，也可以预先把两端线绕在一起再焊。应注意绞焊圈不宜超过2～3圈，否则工作端将不是焊点，而向上移动，测量时有可能带来误差。

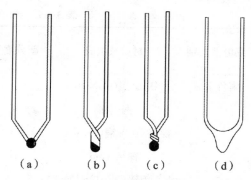

（a）直径一般为 0.5 mm；（b）直径一般为1.5～3 mm；（c）直径一般为3～3.5 mm；（d）直径大于3.5 mm 才使用

图 3-1-6　热电偶接点常见的结构图

　　普通热电偶的热接点可以用电弧、乙炔焰、氢气吹管的火焰来焊接。当没有这些设备时，也可以用简单的点熔装置来代替。用一只调压变压器把市用220 V电压调至所需电压，以内装石磨粉的铜杯为一极，热电偶作为另一极，把已经绞合的热电偶接点处，沾上一点硼砂，熔成硼砂小珠，插入石磨粉中（不要接触铜杯），通电后，使接点处发生熔融，成一光滑圆珠即可。

　　（5）热电偶的校正、使用：图3-1-7 为热电偶的校正、使用装置。使用时一般是将热电偶的一个接点放在待测物体中（热端），而将另一端放在储有冰水的保温瓶中（冷端），这样可以保持冷端的温度恒定。校正一般是通过用一系列温度恒定的标准体系，测得热电势和温度的对应值来得到热电偶的工作曲线。

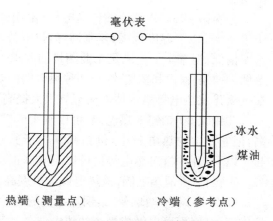

热端（测量点）　　　冷端（参考点）

图 3-1-7　热电偶的校正、使用装置图

　　表 3-1-1 列出热电偶基本参数。热电偶经过一个多世纪的发展，品种繁多，而国际公认、性能优良、产量最大的共有七种，目前在我国常用的有以下几种。

表 3-1-1　热电偶基本参数

热电偶类别	材质及组成	新分度号	旧分度号	使用范围/℃	热电势系数/(mV·K⁻¹)
廉价金属	铁-康铜(CuNi40)		FK	0～+800	0.054 0
	铜-康铜	T	CK	−200～+300	0.042 8
	镍铬 10-考铜(CuNi43)		EA−2	0～+800	0.069 5
	镍铬-镍硅	K	EU-2	0～+130 0	0.041 0
	镍铬-镍铝(NiAl2Si1Mg2)			0～+110 0	0.041 0
贵金属	铂-铂铑 10	S	LB-3	0～+160 0	0.006 4
	铂铑 30-铂铑 6	B	LL-2	0～+180 0	0.000 34

①铂-铂铑 10 热电偶:由纯铂丝和铂铑丝(铂 90％,铑 10％)制成。由于铂和铂铑能得到高纯度材料,故其复制精度和测量的准确性较高,有较高的物理化学稳定性,可用于精密温度测量和作基准热电偶。其主要缺点是热电势较弱,在长期使用后,铂铑丝中的铑分子会产生扩散现象,使铂丝受到污染而变质,从而引起热电特性失去准确性,成本高。该热电偶可在 1 300℃以下温度范围内长期使用。

②镍铬-镍硅(镍铬-镍铝)热电偶:由镍铬与镍硅制成,化学稳定性较高,可用于 900℃以下温度范围;复制性好,热电势大,线性好,价格便宜。虽然其测量精度偏低,但基本上能满足工业测量的要求,是目前工业生产中最常见的一种热电偶。镍铬-镍铝和镍铬-镍硅两种热电偶的热电性质几乎完全一致。由于后者在抗氧化及热电势稳定性方面都有很大提高,因而逐渐代替前者。

③铂铑 30-铂铑 6 热电偶:可以测 1 600℃以下的高温,其性能稳定、精确度高,但它产生的热电势小,价格高。由于其热电势在低温时极小,因而冷端在40℃以下范围时,对热电势值可以不必修正。

④镍铬-考铜热电偶:该热电偶灵敏度高,价廉。测温范围在 800℃以下。

⑤铜-康铜热电偶:铜-康铜热电偶的两种材料易于加工成漆包线,而且可以拉成细丝,因而可以做成极小的热电偶。其测量低温性极好,可达−270℃,测温范围为−270℃～400℃,而且热电灵敏度也高。它是标准型热电偶中准确度最高的一种,在 0℃～100℃范围灵敏度可以达到 0.05℃(对应热电势为 2 μV 左右)。它在医疗方面已得到广泛的应用。由于铜和康铜都可拉成细丝便于焊接,因而时间常数很小为 ms 级。

如前所述,各种热电偶都具有不同的优缺点。因此,在选用热电偶时应根据测温范围、测温状态和介质情况综合考虑。

4. 集成温度计

随着集成技术和传感技术飞速发展，人们已能在一块极小的半导体芯片上集成包括敏感器件、信号放大电路、温度补偿电路、基准电源电路等在内的各个单元。这是所谓的敏感集成温度计，它使传感器和集成电路成功地融为一体，并且极大地提高了测温度的性能。它是目前测温度的发展方向，是实现测温的智能化、小型化（微型化）、多功能化重要途径，同时也提高了灵敏度。它跟传统的热电阻、热电偶、半导体 PN 结等温度传感器相比，具有体积小、热容量小、线性度好、重复性好、稳定性好、输出信号大且规范化等优点。其中尤其以线性度好及输出信号大且规范化、标准化是其他温度计无法比拟的。

它的输出形式可分为电压型和电流型两大类。其中电压型温度系数几乎都是 10 mV·℃$^{-1}$，电流型的温度系数则为 1 μA·℃$^{-1}$。它还具有相当于绝对零度时输出电量为零的特性，因而可以利用这个特性从它的输出电量的大小直接换算而得到绝对温度值。

集成温度计的测温范围通常为 -50℃～150℃，而这个温度范围恰恰是最常见的、最有用的。因此，它广泛应用于仪器仪表、航天航空、农业、科研、医疗监护、工业、交通、通讯、化工、环保、气象等领域。

二、温度控制

恒温控制可分为两类：一类是利用物质的相变点温度来获得恒温，但温度的选择受到很大限制；另外一类是利用电子调节系统进行温度控制，此方法控温范围宽，可以任意调节设定温度。

1. 电接点温度计和温度控制

恒温槽是实验工作中常用的一种以液体为介质的恒温装置，根据温度控制范围，可用以下液体介质：0℃～90℃用水；80℃～160℃用甘油或甘油水溶液；70℃～300℃用液体石蜡、汽缸润滑油、硅油。

恒温槽是由浴槽、电接点温度计、继电器、加热器、搅拌器和温度计组成的，具体装置示意图见图 3-1-8。继电器必须和电接点温度计、加热器配套使用。电接点温度计是一支可以导电的特殊温度计，又称为导电表。图 3-1-9 是它的结构示意图。它有两个电极，一个固定与底部的水银球相连，另一个可调电极 4 是金属丝，由上部伸入毛细管内。顶端有一磁铁，可以旋转螺旋丝杆，用以调节金属丝的高低位置，从而调节设定温度。当温度升高时，毛细管中水银柱上升与一金属丝接触，两电极导通，使继电器线圈中电流断开，加热器停止加热；当温度降低时，水银柱与金属丝断开，继电器线圈通过电流，使加热器线路接通，温度又回升。如此不断反复，使恒温槽控制在一个微小的温度区间波动，被测体系的温度也就限制在一个相应的微小区间内,从而达到恒温的目的。

恒温槽的温度控制装置属于"通""断"类型,当加热器接通后,恒温介质温度上升,热量的传递使水银温度计中的水银柱上升。但热量的传递需要时间,因此常出现温度传递的滞后,往往是加热器附近介质的温度超过设定温度,所以恒温槽的温度超过设定温度。同理,降温时也会出现滞后现象。由此可知,恒温槽控制的温度有一个波动范围,并不是控制在某一固定不变的温度。控温效果可以用灵敏度 ΔT 表示:

$$\Delta T = \pm \frac{T_1 - T_2}{2}$$

式中,T_1 为恒温过程中水浴的最高温度;T_2 为恒温过程中水浴的最低温度。

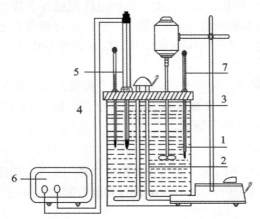
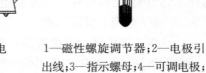
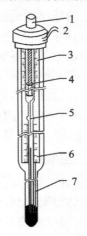

1—浴槽;2—加热器;3—搅拌器;4—温度计;5—电
接点温度计;6—继电器;7—贝克曼温度计

1—磁性螺旋调节器;2—电极引
出线;3—指示螺母;4—可调电极;
5—上标尺;6—下标尺

图 3-1-8   恒温槽的装置示意图   **图 3-1-9   电接点温度计**

从图 3-1-10 可以看出:曲线(a)表示恒温槽灵敏度较高;(b)表示恒温槽灵敏度较差;(c)表示加热器功率太大;(d)表示加热器功率太小或散热太快。

影响恒温槽灵敏度的因素很多,大体有:恒温介质流动性好,传热性能好,控温灵敏度就高;加热器功率要适宜,热容量要小,控温灵敏度就高;搅拌器搅拌速度要足够大,才能保证恒温槽内温度均匀;继电器电磁吸引电键,后者发生机械作用的时间愈短,断电时线圈中的铁芯剩磁愈小,控温灵敏度就高;电接点温度计热容小,对温度的变化敏感,则灵敏度高;环境温度与设定温度的差值越小,控温效果越好。

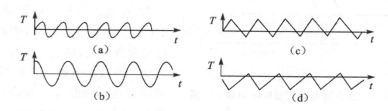

图 3-1-10　控温灵敏度曲线

灵敏度测定步骤如下：

(1)按图 3-1-8 接好线路，经过教师检查无误后，接通电源，使加热器加热，观察温度计读数，到达设定温度时，旋转温度计调节器上端的磁铁，使得金属丝刚好与水银面接触(此时继电器应当跳动，绿灯亮，停止加热)，然后再观察几分钟，如果温度不符合要求，则需继续调节。

(2)作灵敏度曲线：将贝克曼温度计的起始温度读数调节在标尺中部，放入恒温槽。当 0.1 分度温度计读数刚好为设定温度时，立刻用放大镜读取贝克曼温度计读数，然后每隔 30 s 记录一次，连续观察 15 min。也可改变设定温度，重复上述步骤。

(3)结果处理：将时间、温度读数列表；用坐标纸绘出温度-时间曲线；求出该套设备的控温灵敏度并加以讨论。

2.自动控温简介

实验室内都有自动控温设备，如电冰箱、恒温水浴、高温电炉等。现在多数自动控温设备采用电子调节系统进行温度控制，它具有控温范围广、可任意设定温度、控温精度高等优点。电子调节系统种类很多，但从原理上讲，它必须包括三个基本部件，即变换器、电子调节器和执行机构。变换器的功能是将被控对象的温度信号变换成电信号；电子调节器的功能是对来自变换器的信号进行测量、比较、放大和运算，最后发出某种形式的指令，使执行机构进行加热或制冷(见图 3-1-11)。电子调节系统按其自动调节规律可以分为断续式二位置控制和比例-积分-微分控制两种。

(1)断续式二位置控制：实验室常用的电烘箱、电冰箱、高温电炉和恒温水浴等，大多采用这种控制方法。变换器的形式分为：①双

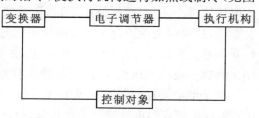

图 3-1-11　电子调节系统的控温原理

金属膨胀式：利用不同金属的线膨胀系数不同，选择线膨胀系数差别较大的两种金属，线膨胀系数大的金属棒在中心，另外一个套在外面，两种金属内端焊接在

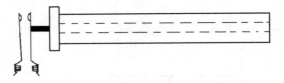

图 3-1-12 双金属膨胀式温度控制器示意图

一起,外套管的另一端固定,见图 3-1-12。在温度升高时,中心金属棒便向外伸长,伸长长度与温度成正比。通过调节触点开关的位置,可使其在不同温度区间内接通或断开,达到控制温度的目的。其缺点是控温精度差,一般有几 K 范围。②若控温精度要求在 1 K 以内,实验室多用导电表或温度控制表(电接点温度计)作变换器。

(2)继电器:

①电子管继电器:由继电器和控制电路两部分组成,其工作原理如下:可以把电子管的工作看成一个半波整流器(图 3-1-13),$R_e \sim C_1$ 并联电路的负载,负载两端的交流分量用来作为栅极的控制电压。当电接点温度计的触点为断路时,栅极与阴极之间由于 R_1 的耦合而处于同位,即栅极偏压为零。这时板流较大,约有 18 mA 通过继电器,能使衔铁吸下,加热器通电加热;当电接点温度计为通路,板极是正半周,这时 $R_e \sim C_1$ 的负端通过 C_2 和电接点温度计加在栅极上,栅极出现负偏压,使板极电流减少到 2.5 mA,衔铁弹开,电加热器断路。

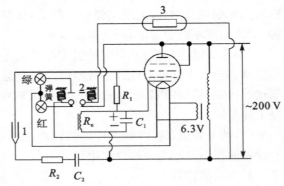

R_e 为 220 V、直流电阻约 2 200 Ω 的电磁继电器
1—电接点温度计;2—衔铁;3—电热器
图 3-1-13 电子继电器线路图

因控制电压是利用整流后的交流分量,R_e 的旁路电流 C_1 不能过大,以免交流电压值过小,引起栅极偏压不足,衔铁吸下不能断开;C_1 太小,则继电器衔铁会颤动,这是因为板流在负半周时无电流通过,继电器会停止工作,并联电容后依靠电容的充放电而维持其连续工作,如果 C_1 太小就不能满足这一要求。C_2 用来调整板极的电压相位,使其与栅压有相同的峰值。R_2 用来防止触电。

电子继电器控制温度的灵敏度很高。通过电接点温度计的电流最大为 30 μA,因而电接点温度计使用寿命很长,故获得普遍使用。

②晶体管继电器:随着科技的发展,电子管继电器中电子管逐渐被晶体管代替,典型线路见图 3-1-14。当温度控制表呈断开时,E 通过电阻 R_b 给 PNP 型三极管的基极 b 通入正向电流 I_b,使三极管导通,电极电流 I_c 使继电器 J 吸下

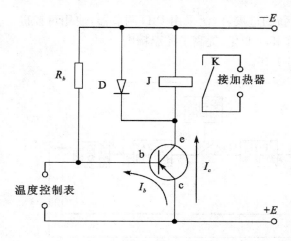

图 3-1-14　晶体管继电器

衔铁,K 闭合,加热器加热。当温度控制表接通时,三极管发射极 e 与基极 b 被短路,三极管截止,J 中无电流,K 被断开,加热器停止加热。当 J 中线圈电流突然减少时会产生反电动势,二极管 D 的作用是将它短路,以保护三极管避免被击穿。

③动圈式温度控制器:由于温度控制表、双金属膨胀类变换器不能用于高温,因而产生了可用于高温控制的动圈式温度控制器。采用能工作于高温的热电偶

作为变换器,其原理见图 3-1-15。热电偶将温度信号变换成电压信号,加于动圈式毫伏计的线圈上,当线圈中因为电流通过而产生的磁场与外磁场相作用时,线圈就偏转一个角度,故称为"动圈"。偏转的角度与热电偶的热电势成正比,并通过指针在刻度板上直接将被测温度指示出来,指针上有一片"铝旗",它随指针左右偏转。另有一个调节设定温度的检测线圈,它分成前后两半,安装在刻度的后面,并且可以通过机械调节机构沿刻度板左右移动。检测线圈的中心位置,通过设定针在刻度板上显示出来。当高温设备的温度未达到设定温度时,铝旗在检测线圈之外,电热器在加热;当温度达到设定温度时,

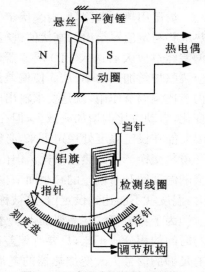

图 3-1-15 动圈式温度控制机构

铝旗全部进入检测线圈,改变了电感量,电子系统使加热器停止加热。为防止当被控对象的温度超过设定温度时,铝旗冲出检测线圈而产生加热的错误信号。在温度控制器内设有挡针。

(3)比例-积分-微分控制(简称 PID):随着科学技术的发展,要求控制恒温和程序升温或降温的范围日益广泛,要求的控温精度也大大提高,在通常温度下,使用上述的断续式二位置控制器比较方便,但是由于只存在通断两个状态,电流大小无法自动调节,控制精度较低,特别在高温时精度更低。20 世纪 60 年

代以来,控温手段和控温精度有了新的进展,广泛采用 PID 调节器,使用可控硅控制加热电流随偏差信号大小而作相应变化,提高了控温精度。

PID 温度调节系统原理见图 3-1-16。

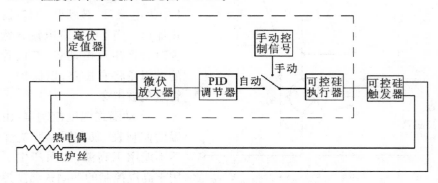

图 3-1-16　PID 温度调节系统方框图

炉温用热电偶测量,由毫伏定值器给出与设定温度相应的毫伏值,热电偶的热电势与定值器给出的毫伏值进行比较,如有偏差,说明炉温偏离设定温度。此偏差经过放大后送入 PID 调节器,再经可控硅触发器推动可控硅执行器,以相应调整炉丝加热功率,从而使偏差消除,炉温保持在所要求的温度控制精度范围内。比例调节作用,就是要求输出电压能随偏差(炉温与设定温度之差)电压的变化,自动按比例增加或减少,但在比例调节时会产生"静差"。要使被控对象的温度能在设定温度处稳定下来,必须使加热器继续给出一定热量,以补偿炉体与环境热交换产生的热量损耗。但由于在单纯的比例调节中,加热器发出的热量会随温度回升时偏差的减小而减少,当加热器发出的热量不足以补偿热量损耗时,温度就不能达到设定值,这被称为"静差"。

为了克服"静差"需要加入积分调节,也就是输出控制电压与偏差信号电压与时间的积分成正比,只要有偏差存在,即使非常微小,经过长时间的积累,就会有足够的信号去改变加热器的电流。当被控对象的温度回升到接近设定温度时,偏差电压虽然很小,加热器仍然能够在一段时间内维持较大的输出功率,因而消除"静差"。

微分调节作用,就是输出控制电压与偏差信号电压的变化速率成正比,而与偏差电压的大小无关。在情况多变的控温系统,如果产生的偏差电压突然变化,微分调节器会减小或增大输出电压,以克服由此而引起的温度偏差,保持被控对象的温度稳定。

PID 控制是一种比较先进的模拟控制方式,适用于各种条件复杂、情况多变的实验系统。目前,已有多种 PID 控温仪可供选用,常用型号一般有 DWK-

720，DWK-703，DDZ-1，DDZ-1，DTL-121，DTL-161，DTL-152，DTL-154 等，其中 DWK 系列属于精密温度自动控制仪。

PID 控制的原理及线路分析比较复杂，请参阅相关文献。

仪器二　真空泵

真空是指压力小于一个大气压的气态空间。真空状态下气体的稀薄程度常以压强值表示，习惯上称作真空度。不同的真空状态，意味着该空间具有不同的分子密度。在现行的国际单位制（SI）中，真空度的单位与压强的单位均为帕斯卡（Pasca），简称帕，符号为 Pa。

在物理化学实验中，通常按真空度的获得和测量方法的不同，将真空区域划分为

粗真空 $10^2 \sim 1$ kPa，以分子相互碰撞为主，分子自由程 $\lambda \ll$ 容器尺寸 d。

低真空 $10^3 \sim 10^{-1}$ Pa，分子相互碰撞和分子与器壁碰撞不相上下，$\lambda \approx d$。

高真空 $10^{-1} \sim 10^{-6}$ Pa，以分子与器壁碰撞为主，$\lambda \gg d$。

超高真空 $10^{-6} \sim 10^{-10}$ Pa，分子与器壁碰撞次数亦减少，形成一个单分子层的时间已达分钟或小时。

极高真空 10^{-10} Pa，分子数目极为稀少，以至统计涨落现象较严重，与经典的统计理论产生偏离。

一、真空的获得

为了获得真空，就必须设法将气体分子从容器中抽出。凡是能从容器中抽出气体，使气体压力降低的装置，均可称为真空泵。真空泵的种类主要有水冲泵、机械泵、扩散泵、分子泵、钛泵、低温泵等。

实验室常用的真空泵为旋片式真空泵，如图 3-2-1 所示。它一般只能产生 $1.333 \sim 0.1333$ Pa 的真空，其极限真空为 $0.1333 \sim 1.333 \times 10^{-2}$ Pa。它主要由泵体和偏心转子组成。经过精密加工的偏心转子下面安装有带弹簧的滑片，由电动机带动，偏心转子紧贴泵腔壁旋转。滑片靠弹簧的压力也紧贴泵腔壁。滑片在泵腔中连续运转，使泵腔被滑片分成的两个不同的容积呈周期性的扩大和缩小。气体从进气嘴进入，被压缩后经过排气阀排出泵体外。如此循环往复，将系统内的压力减小。

旋片式机械泵的整个机件浸在真空油中，这种油的蒸气压很低，既可起润滑作用，又可起封闭微小的漏气和冷却机件的作用。

在使用机械泵时应注意以下几点：

（1）机械泵不能直接抽含可凝性气体的蒸气、挥发性液体等。因为这些气体进入泵后会破坏泵油的品质，降低油在泵内的密封和润滑作用，甚至会导致泵的机件生锈。因而必须在可凝气体进泵前先通过纯化装置。例如，用无水氯化钙、五氧化二磷、分子筛等吸收水分；用石蜡吸收有机蒸气；用活性炭或硅胶吸收其他蒸气等。

（2）机械泵不能用来抽含腐蚀性成分的气体，如氯化氢、氯气、二氧化氮等的气体。因这类气体能迅速侵蚀泵中精密加工的机件表面，使泵漏气，不能达到所要求的真空度。遇到这种情况时，应当使气体在进泵前先通过装有氢氧化钠固体的吸收瓶，以除去有害气体。

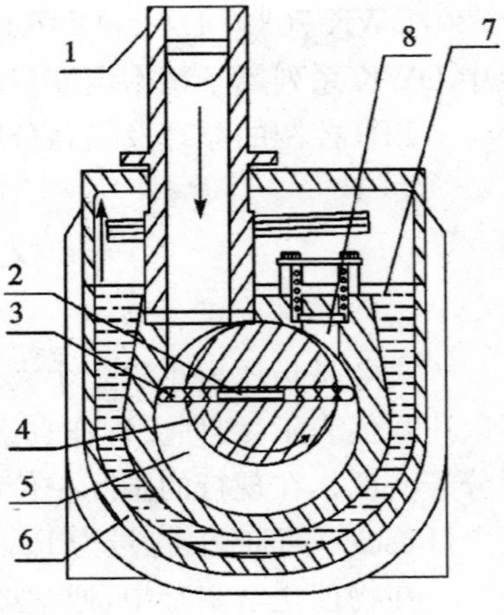

（3）机械泵由电动机带动，使用时应注意马达的电压。若是三相电动机带动的泵，第一次使用时要特别注意三相马达旋转方向是否正确。正常运转时不应有摩擦、金属碰击等异声。运转时电动机温度不能超过 50℃。

1—进气嘴；2—旋片弹簧；3—旋片；4—转子；5—泵体；6—油箱；7—真空泵油；8—排气嘴

图 3-2-1　旋片式真空泵

（4）机械泵的进气口前应安装一个三通活塞。停止抽气时应使机械泵与抽空系统隔开与大气相通，然后再关闭电源。这样既可保持系统的真空度，又避免泵油倒吸。

扩散泵是利用工作物质高速从喷口处喷出，在喷口处形成低压，对周围气体产生抽吸作用而将气体带走的真空泵，其极限真空度可达 10^{-7} Pa。

分子泵是一种纯机械的高速旋转的真空泵，一般可获得小于 10^{-8} Pa 的无油真空。

钛泵的抽气机理通常认为是化学吸附和物理吸附的综合，一般以化学吸附为主，极限真空度为 10^{-8} Pa。

低温泵是能达到极限真空的泵，其原理是靠深冷的表面抽气，它可获 10^{-9} ～10^{-10} Pa 的超高真空或极高真空。

二、真空的测量

真空的测量实际上就是测量低压下气体的压力，常用的测压仪器有 U 型水银压力计、麦氏真空规、热偶真空规、电离真空规和数字式低真空压力测试仪等。

粗真空的测量一般用 U 型水银压力计，对于较高真空度的系统使用真空规。真空规有绝对真空规和相对真空规两种。麦氏真空规称为绝对真空规，即真空度可以用测量到的物理量直接计算而得。而其他如热偶真空规、电离真空规等均称为相对真空规,测得的物理量只能经绝对真空规校正后才能指示相应的真空度。

目前实验室中测量粗真空的水银压力计已被数字式低真空测压仪取代,该仪器是运用压阻式压力传感器原理测定实验系统与大气压之间的压差,消除了汞的污染,对环境保护和人类健康有极大的好处。该仪器的测压接口在仪器后的面板上。使用时,先将仪器按要求连接在实验系统上(注意实验系统不能漏气),再打开电源预热10 min;然后选择测量单位,调节旋钮,使数字显示为零;最后开动真空泵,仪器上显示的数字即为实验系统与大气压之间的压差值。

仪器三　气体钢瓶

一、气体钢瓶的颜色标记

我国气体钢瓶的颜色标记见表 3-3-1。

表 3-3-1　我国气体钢瓶常用的标记

气体类别	瓶身颜色	标字颜色	字样
氮气	黑	黄	氮
氧气	天蓝	黑	氧
氢气	深蓝	红	氢
压缩空气	黑	白	压缩空气
二氧化碳	黑	黄	二氧化碳
氦	棕	白	氦
液氨	黄	黑	氨
氯	草绿	白	氯
乙炔	白	红	乙炔
氟氯烷	铝白	黑	氟氯烷
石油气体	灰	红	石油气
粗氩气体	黑	白	粗氩
纯氩气体	灰	绿	纯氩

二、气体钢瓶的使用

(1)在钢瓶上装上配套的减压阀。检查减压阀是否关紧,方法是逆时针旋转调压手柄至螺杆松动为止。

(2)打开钢瓶总阀门,此时高压表显示出瓶内贮气总压力。

(3)慢慢地顺时针转动调压手柄,至低压表显示出实验所需压力为止。

(4)停止使用时,先关闭总阀门,待减压阀中余气逸尽后,再关闭减压阀。

三、注意事项

(1)钢瓶应存放在阴凉、干燥、远离热源的地方。可燃性气瓶应与氧气瓶分开存放。

(2)搬运钢瓶要小心轻放,钢瓶帽要旋上。

(3)使用时应装减压阀和压力表。可燃性气瓶(如 H_2,C_2H_2)气门螺丝为反丝;不燃性或助燃性气瓶(如 N_2,O_2)为正丝。各种压力表一般不可混用。

(4)不要让油或易燃有机物沾染在气瓶上(特别是气瓶出口和压力表上)。

(5)开启总阀门时,不要将头或身体正对总阀门,防止万一阀门或压力表冲出伤人。

(6)不可把气瓶内气体用光,以防重新充气时发生危险。

(7)使用中的气瓶每三年应检查一次,装腐蚀性气体的钢瓶每两年检查一次,不合格的气瓶不可继续使用。

(8)氢气瓶应放在远离实验室的专用小屋内,用紫铜管引入实验室,并安装防止回火装置。

四、氧气减压阀的工作原理

氧气减压阀的外观及工作原理见图 3-3-1 和图 3-3-2。

氧气减压阀的高压腔与钢瓶连接,低压腔为气体出口,并通往使用系统。高压表的示值为钢瓶内贮存气体的压力。低压表的出口压力可由调节螺杆控制。

使用时先打开钢瓶总开关,然后顺时针转动低压表压力调节螺杆,使其压缩主弹簧并传动薄膜、弹簧垫块和顶杆而将活门打开。这样进口的高压气体由高压室经节流减压后进入低压室,并经出口通往工作系统。转动调节螺杆,改变活门开启的高度,从而调节高压气体的通过量并达到所需的压力值。

减压阀都装有安全阀,它是保护减压阀并使之安全使用的装置,也是减压阀出现故障的信号装置。如果由于活门垫、活门损坏或其他原因,导致出口压力自行上升并超过一定许可值时,安全阀会自动打开排气。

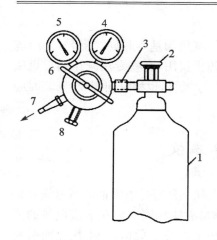

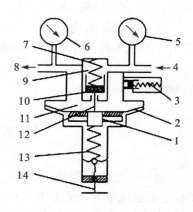

1—钢瓶；2—钢瓶开关；3—钢瓶与减压表连接螺母；4—高压表；5—低压表；6—低压表压力调节螺杆；7—出口；8—安全阀

1—弹簧垫块；2—传动薄膜；3—安全阀；4—进口(接气体钢瓶)；5—高压表；6—低压表；7—压缩弹簧；8—出口(接使用系统)；9—高压气室；10—活门；11—低压气室；12—顶杆；13—主弹簧；14—低压表压力调节螺杆

图 3-3-1　安装在气体钢瓶上的氧气减压阀示意图　**图 3-3-2 氧气减压阀工作原理示意图**

五、氧气减压阀的使用方法

(1)按使用要求的不同,氧气减压阀有许多规格。最高进口压力大多为 150 kg · cm^{-2}(约 150×10^5 Pa),最低进口压力不小于出口压力的 2.5 倍。出口压力规格较多,一般为 0~1 kg · cm^{-2}(1×10^5 Pa),最高出口压力为 40 kg · cm^{-2}(约 40×10^5 Pa)。

(2)安装减压阀时应确定其连接规格是否与钢瓶和使用系统的接头相一致。减压阀与钢瓶采用半球面连接,靠旋紧螺母使二者完全吻合。因此,在使用时应保持两个半球面的光洁,以确保良好的气密效果。安装前可用高压气体吹除灰尘,必要时也可用聚四氟乙烯等材料作垫圈。

(3)氧气减压阀应严禁接触油脂,以免发生火灾事故。

(4)停止工作时,应将减压阀中余气放净,然后拧松调节螺杆以免弹性元件长久受压变形。

(5)减压阀应避免撞击振动,不可与腐蚀性物质相接触。

六、其他气体减压阀

有些气体,如氮气、空气、氩气等永久性气体,可以采用氧气减压阀。但还有一些气体,如氨等腐蚀性气体,则需要专用减压阀。市面上常见的有氮气、空气、氢气、氨、乙炔、丙烷、水蒸气等专用减压阀。

这些减压阀的使用方法及注意事项与氧气减压阀基本相同。但是,还应该指出专用减压阀一般不用于其他气体。为了防止误用,有些专用减压阀与钢瓶之间采用特殊连接口。如氢气和丙烷均采用左牙螺纹,也称反向螺纹,安装时应特别注意。

仪器四　电导率仪

电导是电阻的倒数,因此电导值的测量,实际上是通过电阻值的测量换算来的,也就是说电导的测量方法应该与电阻的测量方法相同。但在溶液电导的测定过程中,当电流通过电极时,由于离子在电极上会发生放电,产生极化而引起误差,故测量电导时要使用频率足够高,以便于测定一般液体和高纯水的电导率,可以直接从表上读取数据,并有 $0\sim10$ mV 讯号输出,可接自动平衡记录仪进行连续记录。

一、测量原理

电导率仪的工作原理如图 3-4-1 所示。把振荡器产生的一个交流电压源 U,送到电导池 R_x 与量程电阻(分压电阻)R_m 的串联回路里,电导池里的溶液电导愈大,R_x 愈小,R_m 获得电压 U_m 也就越大。将 U_m 送至交流放大器放大,再经过信号整流,以获得推动表头的直流信号输出,表头直读电导率。由图 3-4-1 可知:

$$U_m = \frac{UR_m}{(R_m + R_x)} = UR_m \div \left(R_m + \frac{K_{cell}}{\kappa}\right)$$

式中,K_{cell} 为电导池常数。当 U,R_m 和 K_{cell} 均为常数时,电导率 κ 的变化必将引起 U_m 作相应的变化,所以测量 U_m 的大小,也就测得溶液电导率的数值。

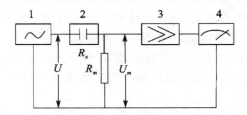

1—振荡器;2—电导池;3—放大器;4—指示器

图 3-4-1　电导率仪测量原理图

本机振荡产生低周(约 140 Hz)及高周(约 1 100 Hz)两个频率,分别作为低电导率测量和高电导率测量的信号源频率。振荡器用变压器耦合输出,因而使信号 U 不随 R_x 变化而改变。因为测量信号是交流电,因而电极极片间及电极引线间均出现了不可忽视的分布电容 C_0 (大约 60 pF),电导池则有电抗存在,这样将电导池视作纯电阻来测量,则存在比较大的误差,特别是在 $0 \sim 0.1\ \mu S \cdot cm^{-1}$ 低电导率范围内时,此项影响较显著,需采用电容补偿消除之,其原理见图 3-4-2。

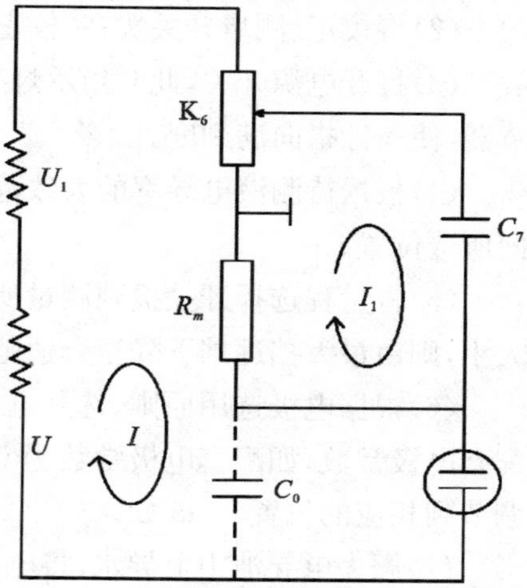

信号源输出变压器的次极有两个输出信号 U_1 及 U,U_1 作为电容的补偿电源。U_1 与 U 的相位相反,所以由 U_1 引起的电流 I_1 流经 R_m 的方向与测量信号 I 流过 R_m 的方向相反。测量信号 I 中包括通过纯电阻 R_x 的电流和流过分布电容 C_0 的电流。调节 K_6 可以使 I_1 与流过 C_0 的电流振幅相等,使它们在 R_m 上的影响大体抵消。

图 3-4-2　电容补偿原理图

二、使用方法

DDS-11A 型电导率仪的面板如图 3-4-3 所示。

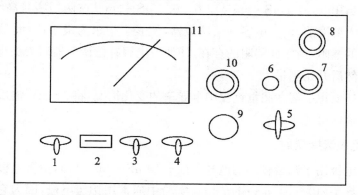

1—电源开关;2—指示灯;3—高周、低周开关;4—校正、测量开关;5—量程选择开关;6—电容补偿调节器;7—电极插口;8—10 mV 输出插口;9—校正调节器;10—电极常数调节器;11—表头

图 3-4-3　DDS-11A 型电导率仪面板图

(1)打开电源开关前,应观察表针是否指零,若不指零时,可调节表头的螺

丝,使表针指零。

(2)将校正、测量开关拨在"校正"位置。

(3)打开电源开关,此时指示灯亮。预热数分钟,待指针稳定后,调节校正调节器,使表针指向满刻度。

(4)根据待测液电导率的大致范围选用低周或高周,并将高周、低周开关拨向所选位置。

(5)将量程选择开关拨到测量所需范围。如预先不知道被测溶液电导率的大小,则由最大挡逐挡下降至合适范围,以防表针打弯。

(6)根据电极选用原则,选好电极并插入电极插口。各类电极要注意调节好配套电极常数,如配套电极常数为 0.95(电极上已标明),则将电极常数调节器调节到相应的位置 0.95 处。

(7)倾去电导池中电导水,将电导池和电极用少量待测液洗涤 2～3 次,再将电极浸入待测液中并恒温。

(8)将校正、测量开关拨向"测量",这时表头上的指示读数乘以量程开关的倍率,即为待测液的实际电导率。如果选用 DJS-10 型铂黑电极时,应将测得的数据乘以 10,即为待测液的电导率。

(9)当量程开关指向黑点时,读表头上刻度($0～1.0$ $\mu S \cdot cm^{-1}$)的数;当量程开关指向红点时,读表头下刻度($0～3.0$ $\mu S \cdot cm^{-1}$)的数值。

(10)当用 $0～0.1$ $\mu S \cdot cm^{-1}$ 或 $0～0.3$ $\mu S \cdot cm^{-1}$ 这两档测量高纯水时,在电极未浸入溶液前,调节电容补偿调节器,使表头指示为最小值(此最小值是电极铂片间的漏阻,由于此漏阻的存在,使调节电容补偿调节器时表头指针不能达到零点),然后开始测量。

(11)如要想了解在测量过程中电导率的变化情况,将 10 mV 输出接到自动平衡记录仪即可。

三、电极选择原则

光亮电极用于测量较小的电导率($0～10$ $\mu S \cdot cm^{-1}$),而铂黑电极用于测量较大的电导率($10～10^5$ $\mu S \cdot cm^{-1}$)。实验中通常用铂黑电极,因为它的表面比较大,这样降低了电流密度,减少或消除了极化。但在测量低电导率溶液时,铂黑对电解质有强烈的吸附作用,出现不稳定的现象,这时宜用光亮铂电极。电极选择原则列在表 3-4-1 中。

表 3-4-1　电极选择

量程	电导率/($\mu S \cdot cm^{-1}$)	测量频率	配套电极
1	0～0.1	低周	DJS-1 型光亮电极
2	0～0.3	低周	DJS-1 型光亮电极
3	0～1	低周	DJS-1 型光亮电极
4	0～3	低周	DJS-1 型光亮电极
5	0～10	低周	DJS-1 型光亮电极
6	0～30	低周	DJS-1 型铂黑电极
7	0～10^2	低周	DJS-1 型铂黑电极
8	0～3×10^2	低周	DJS-1 型铂黑电极
9	0～10^3	高周	DJS-1 型铂黑电极
10	0～3×10^3	高周	DJS-1 型铂黑电极
11	0～10^4	高周	DJS-1 型铂黑电极
12	0～10^5	高周	DJS-10 型铂黑电极

四、注意事项

（1）电极的引线不能潮湿，否则测不准。

（2）高纯水应迅速测量，否则空气中 CO_2 溶入水中变为 CO_3^{2-}，使电导率迅速增加。

（3）测定一系列浓度待测液的电导率，应注意按浓度由小到大的顺序测定。

（4）盛待测液的容器必须清洁，没有离子玷污。

（5）电极要轻拿轻放，切勿触碰铂黑。

仪器五　电位差计

原电池电动势一般是用直流电位差计并配以饱和式标准电池和检流计来测量的。电位差计可分为高阻型和低阻型两类，使用时可根据待测系统的不同选用不同类型的电位差计。通常高电阻系统选用高阻型电位差计，低电阻系统选用低阻型电位差计。但不管电位差计的类型如何，其测量原理都是一样的。此外，随着电子技术的发展，一种新型的电子电位差计也得到了广泛应用。下面具体以 UJ-25 型电位差计和 SDC-1 型数字电位差计为例，分别说明其原理及使用方法。

一、UJ-25 型电位差计

UJ-25 型直流电位差计属于高阻电位差计,它适用于测量内阻较大的电源电动势,以及较大电阻的电压降等。由于工作电流小,线路电阻大,故在测量过程中工作电流变化很小,因此需要高灵敏度的检流计。它的主要特点是测量时几乎不损耗被测对象的能量,测量结果稳定、可靠,而且有很高的准确度,因此为教学、科研部门广泛使用。

1. 测量原理

电位差计是按照对消法测量原理而设计的一种平衡式电学测量装置,能直接给出待测电池的电动势值(以伏特表示)。图 3-5-1 是对消法测量电动势原理示意图。从图可知电位差计由三个回路组成:工作电流回路、标准回路和测量回路。

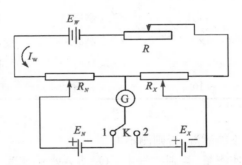

E_W—工作电源;E_N—标准电池;E_x—待测电池;R—调节电阻;R_x—待测电池电动势补偿电阻;K—转换电键;R_N—标准电池电动势补偿电阻;G—检流计

图 3-5-1　对消法测量原理示意图

(1)工作电流回路,也叫电源回路:从工作电源正极开始,经电阻 R_N,R_x,再经工作电流调节电阻 R,回到工作电源负极。其作用是借助于调节 R 使在补偿电阻上产生一定的电位降。

(2)标准回路:从标准电池的正极开始(当换向开关 K 扳向"1"一方时),经电阻 R_N,再经检流计 G 回到标准电池负极。其作用是校准工作电流回路以标定补偿电阻上的电位降。通过调节 R 使 G 中电流为零,此时 R_N 产生的电位降与标准电池的电动势 E_N 相对消,也就是说大小相等而方向相反。校准后的工作电流 I_W 为某一定值,即 $I_W = E_N/R_N$。

(3)测量回路。从待测电池的正极开始(当换向开关 K 扳向"2"一方时),经检流计 G 再经电阻 R_x,回到待测电池负极。在保证校准后的工作电流 I_W 不变,即固定 R 的条件下,调节电阻 R_x,使得 G 中电流为零。此时 R_x 产生的电位降与待测电池的电动势 E_X 相对消,即 $E_X = I_w \cdot R_X$,则 $E_X = (E_N/R_N) \cdot R_X$。

所以当标准电池电动势 E_N 和标准电池电动势补偿电阻 R_N 两数值确定时,只要测出待测电池电动势补偿电阻 R_X 的数值,就能测出来待测电池电动势 E_X。

从以上工作原理可见,用直流电位差计测量电动势时,有两个明显的优点:

(1)在两次平衡中检流计都指零,没有电流通过,也就是说电位差计既不从标准电池中吸取能量,也不从被测电池中吸取能量,表明测量时没有改变被测对象的状态,因此在被测电池的内部就没有电压降,测得的结果是被测电池的电动势,而不是端电压。

(2)被测电动势 E_X 的值是由标准电池电动势 E_N 和电阻 R_N,R_X 来决定的。由于标准电池的电动势的值十分准确,并且具有高度的稳定性,而电阻元件也可以制造得具有很高的准确度,所以当检流计的灵敏度很高时,用电位差计测量的准确度就非常高。

2.使用方法

UJ-25 型电位差计面板如图 3-5-2 所示。电位差计使用时都配用灵敏检流计和标准电池以及工作电源。UJ-25 型电位差计测电动势的范围上限为 600 V,下限为 0.000 001 V,但当测量高于 1.911 110 V 以上电压时,就必须配用分压箱来提高上限。下面说明测量 1.911 110 V 以下电压的方法。

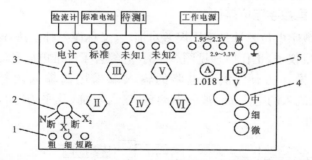

1—电计按钮(共 3 个);2—转换开关;3—电势测量旋钮(共 6 个);4—工作电流调节旋钮(共 4 个);5—标准电池温度补偿旋钮

图 3-5-2　UJ-25 型电位差计面板图

(1)连接线路:先将 (N,X_1,X_2) 转换开关放在断的位置,并将左下方三个电计按钮(粗、细、短路)全部松开,然后依次将工作电源、标准电池、检流计以及被测电池按正、负极性接在相应的端钮上。

(2)调节工作电压:将室温时的标准电池电动势值算出,调节温度补偿旋钮 (A,B),使数值为校正后的标准电池电动势。

将(N, X₁, X₂)转换开关放在 N(标准)位置上,按"粗"电计旋钮,旋动右下方(粗、中、细、微)四个工作电流调节旋钮,使检流计示零。然后再按"细"电计按钮,重复上述操作。注意按电计按钮时,不能长时间按住不放,需要"按"和"松"交替进行。

(3)测量未知电动势:将(N, X₁, X₂)转换开关放在 X₁ 或 X₂(未知)的位置,按下电计"粗",由左向右依次调节六个测量旋钮,使检流计示零。然后再按下电计"细"按钮,重复以上操作使检流计示零。读出六个旋钮下方小孔示数的总和即为电池的电动势。

3.注意事项

(1)测量过程中,若发现检流计受到冲击时,应迅速按下短路按钮,以保护检流计。

(2)由于工作电源的电压会发生变化,故在测量过程中要经常微调。另外,新制备的电池电动势也不够稳定,应隔数分钟测一次,最后取平均值。

(3)测定时电计按钮按下的时间应尽量短,以防止电流通过而改变电极表面的平衡状态。

(4)若在测定过程中,检流计一直往一边偏转,找不到平衡点,这可能是电极的正负号接错、线路接触不良、导线有断路、工作电源电压不够等原因引起,应该进行检查。

二、SDC-1 型数字电位差计

SDC-1 型数字电位差计是采用误差对消法(又称误差补偿法)测量原理设计的一种电压测量仪器,工作原理见图 3-5-3。它综合了标准电压和测量电路于一体,测量准确,操作方便。测量电路的输入端采用高输入阻抗器件(阻抗 $\geqslant 1\ 014\ \Omega$),故流入的电流 I = 被测电动势/输入阻抗(几乎为零),不会影响待测电动势的大小。

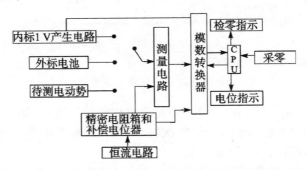

图 3-5-3 SDC-1 型数字电位差计工作原理图

1. 测量原理

SDC-1 型数字电位差计由 CPU 控制,将标准电压产生电路、补偿电路和测量电路紧密结合,内标 1 V 产生电路由精密电阻及元器件产生标准 1 V 电压。此电路具有低温漂性能,内标 1 V 电压稳定、可靠。

当测量开关置于内标时,拨动精密电阻箱电阻,通过恒流电路产生电位,经模数转换电路送入 CPU,由 CPU 显示电位,使得电位显示为 1 V。这时,精密电阻箱产生的电压信号与内标 1 V 电压送至测量电路,由测量电路测量出误差信号,经模数转换电路送入 CPU,由检零显示误差值,由采零按钮控制,并记忆误差值,以便测量待测电动势时进行误差补偿,消除电路误差。

当测量开关置于外标时,由外标标准电池提供标准电压,拨动精密电阻箱和补偿电位器产生电位显示和检零显示。

测量电路经内标或外标电池标定后,将测量开关置于待测电动势,CPU 对采集到的信号进行误差补偿,拨动精密电阻箱和补偿电位器,使得检零指示为零。此时,说明电阻箱产生的电压与被测电动势相等,电位显示值为待测电动势。

2. 测量说明

本仪器测量电路的输入端采用高输入阻抗器件(阻抗$\geqslant$1 014 Ω),故流入的电流 $I=$被测电动热/输入阻抗(几乎为零),不会影响待测电动势的大小。若想精密测量电动势,将测量选择开关置于"内标"或"外标",让待测电动势电路与仪器断开,拨动面板旋钮。测量时,再将选择开关置于"测量"即可。

三、其他配套仪器及设备

1. 盐桥

当原电池存在两种电解质界面时,便产生液体接界电势,它干扰电池电动势的测定。减小液体接界电势的办法常用盐桥。盐桥是在 U 型玻璃管中灌满盐桥溶液,用捻紧的滤纸塞紧管两端,把管插入两个互相不接触的溶液,使其导通。

一般盐桥溶液用正、负离子迁移速率都接近于 0.5 的饱和盐溶液,比如饱和氯化钾溶液等。这样当饱和盐溶液与另一种较稀溶液相接界时,主要是盐桥溶液向稀溶液扩散,从而减小了液接电势。应注意盐桥溶液不能与两端电池溶液产生反应。如果实验中使用硝酸银溶液,则盐桥溶液就不能用氯化钾溶液,而选择硝酸铵溶液较为合适。

2. 标准电池

标准电池是电化学实验中基本校验仪器之一,其构造如图 3-5-4 所示。电池由一 H 型管构成,负极为含镉 12.5%的镉汞齐,正极为汞和硫酸亚汞的糊状

物,两极之间盛以硫酸镉的饱和溶液,管的顶端加以密封。电池反应如下:

负极:$Cd(汞齐) \longrightarrow Cd^{2+} + 2e$

正极:$Hg_2SO_4(s) + 2e \longrightarrow 2Hg(l) + SO_4^{2-}$

电池反应:$Cd(汞齐) + Hg_2SO_4(s) +$

$\dfrac{8}{3}H_2O \Longrightarrow 2Hg(l) + CdSO_4 \cdot \dfrac{8}{3}H_2O$

标准电池的电动势很稳定,重现性好,20℃时 $E_0 = 1.018\ 6\ V$,其他温度下 E_t 可按下式算得:

$E_t = E_0 - 4.06 \times 10^{-5}(t-20) - 9.5 \times 10^{-7}(t-20)^2$

使用标准电池时应注意以下几点:

(1)使用温度为 4℃~40℃。

(2)正负极不能接错。

(3)不能振荡,不能倒置,携取要平稳。

(4)不能用万用表直接测量标准电池。

(5)标准电池只是校验器,不能作为电源使用,测量时间必须短暂,间歇按键,以免电流过大,损坏电池。

(6)电池若未加套直接暴露于日光下,会使硫酸亚汞变质,电动势下降。

(7)按规定时间,需要对标准电池进行计量校正。

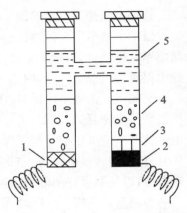

1—含 Cd12.5%的镉汞齐;2—汞;
3—硫酸亚汞的糊状物;4—硫酸镉晶体;5—硫酸镉饱和溶液

图 3-5-4　标准电池

3. 常用电极

(1)甘汞电极:甘汞电极是实验室中常用的参比电极,它具有装置简单、可逆性高、制作方便、电势稳定等优点。其构造形状很多,但不管哪一种形状,在玻璃容器的底部皆装入少量的汞,然后装汞和甘汞的糊状物,再注入氯化钾溶液,将作为导体的铂丝插入,即构成甘汞电极。甘汞电极表示形式如下:

$$Hg\text{-}Hg_2Cl_2(s) \mid KCl(a)$$

电极反应为 $Hg_2Cl_2(s) + 2e \longrightarrow 2Hg(l) + 2Cl^-(a_{Cl^-})$

$$\varphi_{甘汞} = \varphi^{\circ}_{甘汞} - \frac{RT}{F}\ln a_{Cl^-}$$

由上式可见甘汞电极的电势随氯离子活度的不同而改变。不同氯化钾溶液浓度的 $\varphi_{甘汞}$ 与温度的关系见表 3-5-1。

表 3-5-1　不同氯化钾溶液浓度的 $\varphi_{甘汞}$ 与温度的关系

氯化钾溶液浓度/(mol·dm^{-3})	电极电势 $\varphi_{甘汞}$/V
饱和	$0.241\ 2-7.6\times10^{-4}(t-25)$
1.0	$0.280\ 1-2.4\times10^{-4}(t-25)$
0.1	$0.333\ 7-7.0\times10^{-5}(t-25)$

各文献上列出的甘汞电极的电势数据常不相符合,这是因为接界电势的变化对甘汞电极电势有影响,由于所用盐桥的介质不同,而影响甘汞电极电势的数据。

使用甘汞电极时应注意:由于甘汞电极在高温时不稳定,故甘汞电极一般适用于 70℃ 以下的测量;甘汞电极不宜用在强酸、强碱性溶液中,因为此时的液体接界电位较大,而且甘汞可能被氧化;如果被测溶液中不允许含有氯离子,应避免直接插入甘汞电极,这时应使用双液接甘汞电极;应注意甘汞电极的清洁,不得使灰尘或局外离子进入该电极内部;当电极内氯化钾溶液太少时应及时补充。

(2)铂黑电极:在铂片上镀一层颗粒较小的黑色金属铂所组成的电极,这是为了增大铂电极的表面积。

电镀前一般需进行铂表面处理。对新制作的铂电极,可放在热的氢氧化钠乙醇溶液中,浸洗 15 min 左右,以除去表面油污,然后在浓硝酸中煮几分钟,取出用蒸馏水冲洗。长时间用过的老化的铂黑电极可浸在 40~50℃ 的混酸中(硝酸:盐酸:水=1:3:4),经常摇动电极,洗去铂黑,再经过浓硝酸煮 3~5 min 以去氯,最后用水冲洗。

以处理过的铂电极为阴极,另一铂电极为阳极,在 0.5 mol·dm^{-3} 的硫酸中电解 10~20 min,以消除氧化膜。观察电极表面出氢是否均匀,若有大气泡产生则表明有油污,应重新处理。

在处理过的铂片上镀铂黑,一般采用电解法,电解液的配制为 3 g 氯铂酸(H_2PtCl_6)+0.08 g 醋酸铅($PbAc_2\cdot3H_2O$)+100 mL 蒸馏水。

电镀时将处理好的铂电极作为阴极,另一铂电极作为阳极。阴极电流密度 15 mA·cm^{-2} 左右,电镀约 20 min。如所镀的铂黑一洗即落,则需重新处理。铂黑不宜镀得太厚,但太薄又易老化和中毒。

4. 检流计

检流计灵敏度很高,常用来检查电路中有无电流通过,主要用在平衡式直流电测量仪器,如电位差计、电桥作示零仪器。另外在光-电测量、差热分析等实验中可测量微弱的直流电流。目前实验室中使用最多的是磁电式多次反射光点检流计,它可以和分光光度计及 UJ-25 型电位差计配套使用。

(1)工作原理:磁电式检流计结构如图 3-5-5 所示。当检流计接通电源后,由灯泡、透镜和光栏构成的光源发射出一束光,投射到平面镜上,又反射到反射镜上,最后成像在标尺上。

被测电流经悬丝通过动圈时,使动圈发生偏转,其偏转的角度与电流的强弱有关。因平面镜随动圈而转动,所以在标尺上光点移动距离的大小与电流的大小成正比。

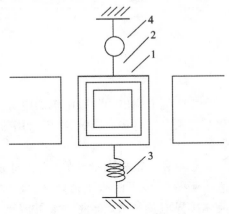

1—动圈;2—悬丝;3—电流引线;
4—反射小镜

图 3-5-5　磁电式检流计结构示意图

电流通过动圈时,产生的磁场与永久磁铁的磁场相互作用,产生转动力矩,使动圈偏转。但动圈的偏转又使悬丝的扭力产生反作用力矩,当二力矩相等时,动圈就停在某一偏转角度上。

(2)AC15 型检流计使用方法:AC15 型检流计仪器面板如图3-5-6所示。

①首先检查电源开关所指示的电压是否与所使用的电源电压一致,然后接通电源。

②旋转零点调节器,将光点准线调至零位。

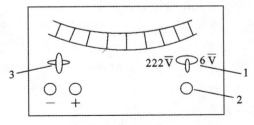

1—电源开关;2—零点调节器;3—分流器开关

图 3-5-6　AC15 型检流计面板图

③用导线将输入接线柱与电位差计"电计"接线柱接通。

④测量时先将分流器开关旋至最低灵敏度档(0.01 档),然后逐渐增大灵敏度进行测量("直接"档灵敏度最高)。

⑤在测量中如果光点剧烈摇晃时,可按电位差计短路键,使其受到阻尼作用而停止。

⑥实验结束时或移动检流计时,应将分流器开关置于"短路",以防止损坏检流计。

仪器六　酸度计

一、仪器工作原理

酸度计是用来测定溶液 pH 值的最常用仪器之一,其优点是使用方便、测量迅速。酸度计主要由参比电极、指示电极和测量系统三部分组成。参比电极常用的是饱和甘汞电极,指示电极则通常是一支对 H^+ 具有特殊选择性的玻璃电极。组成的电池可表示如下:

玻璃电极|待测溶液‖饱和甘汞电极

在 298K 时,电极电势为

$$E = \varphi_{甘汞} - \varphi_{玻} = 0.241\ 2 - (\varphi_{玻}^{\circ} - \frac{RT}{F}2.303\ \text{pH})$$

$$= 0.241\ 2 - (\varphi_{玻}^{\circ} - 0.059\ 16\ \text{pH})$$

移项整理得

$$\text{pH} = \frac{E - 0.241\ 2 - \varphi_{玻}^{\circ}}{0.059\ 16}$$

式中,$\varphi_{玻}^{\circ}$ 对某给定的玻璃电极是常数,所以只要测得电池的电动势,即可求出溶液的 pH 值。

鉴于由玻璃电极组成的电池内阻很高,在常温时达几百兆欧,因此不能用普通的电位差计来测量电池的电动势。

酸度计的种类很多,其基本工作原理图如图 3-6-1 所示。

图 3-6-1　酸度计基本工作原理图

酸度计的基本工作原理是利用 pH 电极和甘汞电极对被测溶液中不同的酸度产生的直流电位,通过前置 pH 放大器输入到 A/D 转换器中,以达到显示 pH 值数字的目的。同样,在配上适当的离子选择电极作电位滴定分析时,以达到显示终点电位的目的。其测量范围为 pH:0～14;mV:0～±1 400 mV。

1.电极系统

电极系统通常由玻璃电极和甘汞电极组成,当一对电极形成的电位差等于零时,被测溶液的 pH 值即为零电位 pH 值,它与玻璃电极内溶液有关,通常选用零电位 pH 值为 7 的玻璃电极。

2.前置 pH 放大器

由于玻璃电极的内阻很高,约 $5 \times 10^3\ \Omega$,因此,本放大器是一个高输入的直流放大器,由于电极把 pH 值变为毫伏值是与被测溶液的温度有关的,因此放大器还有一个温度补偿器。

3. A/D 转换器

A/D 转换器应用双积分原理实现模数转换,通过对被测溶液的信号电压和基准电压的二次积分,将输入的信号电压换成与其平均值成正比的精确时间间隔,用计数器测出这个时间间隔内脉冲数目,即可得到被测信号电压的数值。

二、仪器使用

酸度计型号较多,下面以 pHS-3C 为例说明其使用方法,其他型号仪器可参阅有关说明书。

1. pH 值的测定

(1)将玻璃电极和饱和甘汞电极分别接入仪器的电极插口内,应注意必须使玻璃电极底部比甘汞电极陶瓷芯端稍高些,以防碰坏玻璃电极。

(2)接通电源,按下"pH"或"mV"键,预热 10 min。

(3)仪器的标定:拔出测量电极插头,按下"mV"键,调节"零点"电位器使仪器读数在±0 之间。插入电极,按下"pH"键,斜率调节器调节在 100% 位置。将温度补偿调节器调节到待测溶液温度值。在烧杯内放入已知 pH 值的缓冲溶液,将二电极浸入溶液中,待溶液搅拌均匀后,调节"定位"调节器使仪器读数为该缓冲溶液的 pH 值。

(4)测量:将二电极用蒸馏水洗净头部,用滤纸吸干,然后浸入被测溶液中,将溶液搅拌均匀后,测定该溶液的 pH 值。

2. mV 值的测定

(1)拔出离子选择电极插头,按下"mV"键,调节"零点"电位器使仪器读数在±0 之间。

(2)接入离子选择电极,将二电极浸入溶液中,待溶液搅拌均匀后,即可读出该离子选择电极的电极电位(mV 值)。

注:mV 测量时,温度补偿调节器和斜率调节器均不起作用。

仪器七　恒电位仪

一、基本原理

恒电位仪是电化学测试中的重要仪器,用它可控制电极电位为指定值,以达到恒电位极化的目的。若给恒电位仪以指令信号,则可使电极电位自动跟踪指令信号而变化。例如,将恒电位仪配以方波、三角波或正弦波发生器,就可使电极电位按照给定的波形发生变化,从而研究电化学体系的各种暂态行为。如果配以慢的线性扫描信号或阶梯波信号,则可自动进行稳态或准稳态极化曲线的测量。恒电位仪不但可用于各种电化学测试中,而且还可用于恒电位电解、电镀以及阴极(或阳极)保护等生产实践中,还可用来控制恒电流或进行各种电流波形的极化测量。

经典的恒电位电路如图 3-7-1(a)所示。它是用大功率蓄电池(E_a)并联低阻值滑线电阻(R_a)作为极化电源,测量时要用手动或机电调节装置来调节滑线电阻,使给定电位维持不变。此时工作电极 W 和辅助电极 C 间的电位恒定,测量工作电极 W 和参比电极 r 组成的原电池电动势的数值 E,即可知工作电极 W 的电位值,工作电极 W 和辅助电极 C 间的电流数值可从电流表 I 中读出。

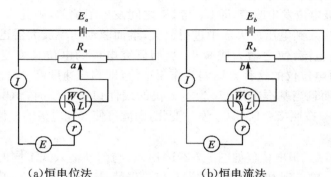

(a)恒电位法　　　　　　(b)恒电流法

E_a—低压直流稳压电源(几伏);E_b—高压直流稳压电源(几十伏到 100 伏);R_a—低电阻(几欧姆);R_b—高电阻(几十千欧姆到 100 千欧姆);I—精密电流表;E—高阻抗毫伏计;L—鲁金毛细管;C—辅助电极;W—工作电极;r—参比电极

图 3-7-1　恒电位和恒电流测量原理图

经典的恒电流电路如图 3-7-1(b)所示。它是利用一组高电压直流电源(E_b)串联一高阻值可变电阻(R_b)构成,由于电解池内阻的变化相对于这一高阻值电阻来说是微不足道的,即通过电解池的电流主要由这一高电阻控制,因此,当此串联电阻调定后,电流即可维持不变。工作电极 W 和辅助电极 C 间的电流大小可从电流表 I 中读出,此时工作电极 W 的电位值,可通过测量工作电极 W 和参比电极 r 组成的原电池电动势的数值 E 得出。

二、恒电位仪工作原理

恒电位仪的电路结构多种多样,但从原理上可分为差动输入式和反相串联式。

　　差动输入式原理如图 3-7-2(a)所示,电路中包含一个差动输入的高增益电压放大器,其同相输入端接基准电压,反相输入端接参比电极,而研究电极接公共地线。基准电压 U_2 是稳定的标准电压,可根据需要进行调节,所以也叫给定电压。参比电极与研究电极的电位之差 $U_1 = \varphi_参 - \varphi_研$,与基准电压 U_2 进行比较,恒电位仪可自动维持 $U_1 = U_2$。如果由于某种原因使两者发生偏差,则误差信号 $U_e = U_2 - U_1$ 便输入到电压放大器进行放大,进而控制功率放大器,及时调节通过电解池的电流,维持 $U_1 = U_2$。例如,欲控制研究电极相对于参比电极的电位为 -0.5 V,即 $U_1 = \varphi_参 - \varphi_研 = +0.5$ V,则需调基准电压 $U_2 = +0.5$ V,这样恒电位仪便可自动维持研究电极相对于参比电极的电位为 -0.5 V。因参比电极的电位稳定不变,故研究电极的电位被维持恒定。如果取参比电极的电位为零伏,则研究电极的电位被控制在 -0.5 V。如果由于某种原因(如电极发生钝化)使电极电位发生改变,即 U_1 与 U_2 之间发生了偏差,则此误差信号 $U_e = U_2 - U_1$ 便输入到电压放大器中进行放大,继而驱动功率放大器迅速调节通过研究电极的电流,使之增大或减小,从而研究电极的电位又恢复到原来的数值。由于恒电位仪的这种自动调节作用很快,即响应速度高,因此不但能维持电位恒定,而且当基准电压 U_2 为不太快的线性扫描电压时,恒电位仪也能使 $U_1 = \varphi_参 - \varphi_研$ 按照指令信号 U_2 发生变化,因此可使研究电极的电位发生线性变化。

　　反相串联式恒电位仪如图 3-7-2(b)所示,与差动输入式不同的是 U_1 与 U_2 是反相串联,输入到电压放大器的误差信号仍然是 $U_e = U_2 - U_1$,其他工作过程并无区别。

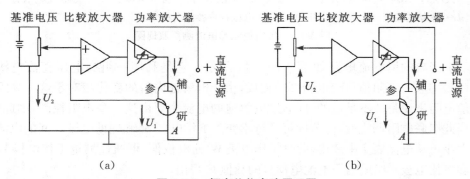

图 3-7-2　恒电位仪电路原理图

三、恒电流仪工作原理

　　恒电流控制方法和仪器多种多样,而且恒电位仪通过适当的接法就可作为恒电流仪使用。图 3-7-3 为两种恒电流仪器电路原理图。

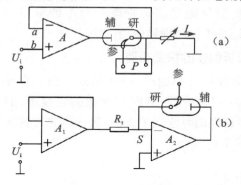

图 3-7-3(a)中，a，b 两点电位相等，即 $U_a = U_b$。因 $U_b = U_i$，而 U_a 等于电流 I 流经取样电阻 R_I 上的电压降，即 $U_a = I \cdot R_I$，所以 $I = U_i/R_I$。因集成运算放大器的输入偏置电流很小，故电流 I 就是流经电解池的电流。当 U_i 和 R_I 调定后，则流经电解池的电流就被恒定了；或者说，电流 I 可随指令信号 U_i 的变化而变化。这样，流经电解池的电流 I，只取决于指令信号电压 U_i

图 3-7-3　恒电流仪电路原理图

和取样电阻 R_I，而不受电解池内阻变化的影响。在这种情况下，虽然 R_I 上的电压降由 U_i 决定，但电流 I 却不是取自 U_i 而是由运算放大器输出端提供。当需要输出大电流时，必须增加功率放大级。

这种电路的缺点是，当输出电流很小时（如小于 5 μA）误差较大。因为，即使基准电压 U_i 为零时，也会输出这样大小的电流。解决方法是用对称互补功率放大器，并提高运算放大器的输入阻抗，这样不但可使电流接近于零，而且可得到正负两种方向的电流。这种电路的另一缺点是负载（电解池）必须接地。因此，研究电极以及电位测量仪器也要接地，只能用无接地端的差动输入式电位测量仪器来测量或记录电位。另外，这种电路要求运算放大器有良好的共模抑制比和宽广的共模电压范围。

对于图 3-7-3(b)所示的恒电流电路，运算放大器 A_1 组成电压跟踪器，因结点 S 处于虚地，只要运算放大器 A_2 的输入电流足够小，则通过电解池的电流 $I = U_i/R_I$，因而电流可以按照指令信号 U_i 的变化规律而变化。研究电极处于接地，便于电极电位的测量。在低电流的情况下，使用这种电路具有电路简单而性能良好的优点。

从图 3-7-3 不难看出，这类恒电流仪实质上是用恒电位仪来控制取样电阻 R_I 上的电压降，从而起到恒电流的作用。因此，除了专用的恒电流仪外，通常把恒电位控制和恒电流控制设计为统一的系统。

仪器八　阿贝折射仪

折射率是物质的重要物理常数之一，许多纯物质都具有一定的折射率，如果其中含有杂质则折射率将发生变化，出现偏差，杂质越多，偏差越大。因此通过

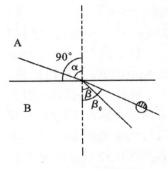

图 3-8-2　光的折射

折射率的测定,可以测定物质的浓度、鉴定液体的纯度。而阿贝折射仪则是测定物质折射率的常用仪器。下面介绍其工作原理和使用方法。

一、阿贝折射仪的构造原理

阿贝折射仪的外形如图 3-8-1 所示。当一束单色光从介质 A 进入介质 B(两种介质的密度不同)时,光线在通过界面时改变了方向,这一现象称为光的折射,如图 3-8-2 所示。

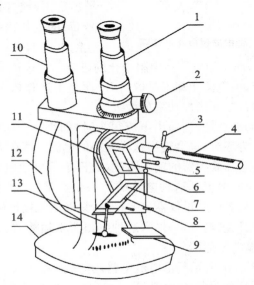

1—测量望远镜;2—消色散手柄;3—恒温水入口;4—温度计;5—测量棱镜;6—铰链;7—辅助棱镜;8—加液槽;9—反射镜;10—读数望远镜;11—转轴;12—刻度盘罩;13.锁钮;14.底座

图 3-8-1　阿贝折射仪外形图

光的折射现象遵从折射定律:

$$\frac{\sin\alpha}{\sin\beta}=\frac{n_B}{n_A}=n_{A,B} \tag{1}$$

式中 α 为入射角;β 为折射角;n_A,n_B 为交界面两侧两种介质的折射率;$n_{A,B}$ 为介质 B 对介质 A 的相对折射率。

若介质 A 为真空,因规定 $n=1.000\ 0$,故 $n_{A,B}=n_1$ 为绝对折射率。但介质 A 通常为空气,空气的绝对折射率为 1.000 29,这样得到的各物质的折射率称为

常用折射率,也称作对空气的相对折射率。同一物质两种折射率之间的关系为

$$绝对折射率＝常用折射率×1.000\ 29$$

根据式(1)可知,当光线从一种折射率小的介质 A 射入折射率大的介质 B 时($n_A < n_B$),入射角一定大于折射角($\alpha > \beta$)。当入射角增大时,折射角也增大。设当入射角 $\alpha = 90°$ 时,折射角为 β_0,我们将此折射角称为临界角。因此,当在两种介质的界面上以不同角度射入光线时(入射角 α 从 $0° \sim 90°$),光线经过折射率大的介质后,其折射角 $\beta \leqslant \beta_0$。其结果是大于临界角的部分无光线通过,成为暗区;小于临界角的部分有光线通过,成为亮区。临界角成为明暗分界线的位置,如图 3-8-2 所示。

根据(1)式可得

$$n_A = n_B \frac{\sin\beta_0}{\sin\alpha} = n_B \sin\beta_0 \tag{2}$$

因此在固定一种介质时,临界折射角 β_0 的大小与被测物质的折射率是简单的函数关系,阿贝折射仪就是根据这个原理而设计的。

二、阿贝折射仪的结构

阿贝折射仪的光学示意图如图 3-8-3 所示,它的主要部分由两个折射率为 1.75 的玻璃直角棱镜所构成,上部为测量棱镜,是光学平面镜,下部为辅助棱镜,其斜面是粗糙的毛玻璃,两者之间有 0.1~0.15 mm 的厚度空隙,用于装待测液体,并使液体展开成一薄层。当从反射镜反射来的入射光进入辅助棱镜至粗糙表面时,产生漫散射,以各种角度透过待测液体,而从各个方向进入测量棱镜而发生折射。其折射角都落在临界角 β_0 之内,因为棱镜的折射率大于待测液体的折射率,因此入射角从 $0° \sim 90°$ 的光线都通过测量棱镜发生折射。具有临界角 β_0 的光线从测量棱镜出来反射到目镜上,此时若将目镜十字线调节到适当位置,则会看到目镜上呈半明半暗状态。折射光都应落在临界角 β_0 内,成为亮区,其他部分为暗区,构成了明暗分界线。

根据式(2)可知,只要已知棱镜的折射率 $n_{棱}$,通过测定待测液体的临界角 β_0,就能求得待测液体的折射率 $n_{液}$。实际上测定 β_0 值很不方便,当折射光从棱镜出来进入空气又产生折射,折射角为 β_0'。$n_{液}$ 与 β_0' 之间的关系为

$$n_{液} = \sin r \sqrt{n_{液}^2 - \sin^2 \beta_0'} - \cos r \sin\beta_0' \tag{3}$$

式中,r 为常数;$n_{棱} = 1.75$。测出 β_0' 即可求出 $n_{液}$。因为在设计折射仪时已将 β_0' 换算成 $n_{液}$ 值,故从折射仪的标尺上可直接读出液体的折射率。

在实际测量折射率时,我们使用的入射光不是单色光,而是使用由多种单色光组成的普通白光,因不同波长的光的折射率不同而产生色散,在目镜中看到一条彩色的光带,而没有清晰的明暗分界线,为此,在阿贝折射仪中安置了一套消

色散棱镜(又叫补偿棱镜)。通过调节消色散棱镜,使测量棱镜出来的色散光线消失,明暗分界线清晰,此时测得的液体的折射率相当于用单色光钠光 D 线所测得的折射率 n_D。

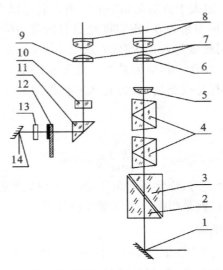

1—反射镜;2—辅助棱镜;3—测量棱镜;4—消色散棱镜;5—物镜;6—分划板;7,8—目镜;
9—分划板;10—物镜;11—转向棱镜;12—照明度盘;13—毛玻璃;14—小反光镜

图 3-8-3 阿贝折射仪光学系统示意图

三、阿贝折射仪的使用方法

(1)仪器安装:将阿贝折射仪安放在光亮处,但应避免阳光的直接照射,以免液体试样受热迅速蒸发。将超级恒温槽与其相连接使恒温水通入棱镜夹套内,检查棱镜上温度计的读数是否符合要求,一般选用(20.0±0.1)℃或(25.0±0.1)℃。

(2)加样:旋开测量棱镜和辅助棱镜的闭合旋钮,使辅助棱镜的磨砂斜面处于水平位置,若棱镜表面不清洁,可滴加少量丙酮,用擦镜纸顺单一方向轻擦镜面(不可来回擦)。待镜面洗净干燥后,用滴管滴加数滴试样于辅助棱镜的毛镜面上,迅速合上辅助棱镜,旋紧闭合旋钮。若液体易挥发,动作要迅速,或先将两棱镜闭合,然后用滴管从加液孔中注入试样(注意切勿将滴管折断在孔内)。

(3)对光:转动手柄,使刻度盘标尺上的示值为最小,然后调节反射镜,使入射光进入棱镜组。同时,从测量望远镜中观察,使示场最亮。调节目镜,使示场准丝最清晰。

（4）粗调：转动手柄，使刻度盘标尺上的示值逐渐增大，直至观察到视场中出现彩色光带或黑白分界线为止。

（5）消色散：转动消色散手柄，使视场内呈现一清晰的明暗分界线。

（6）精调：再仔细转动手柄，使分界线正好处于准丝交点上。

（7）读数：从读数望远镜中读出刻度盘上的折射率数值。常用的阿贝折射仪可读至小数点后的第四位，为了使读数准确，一般应将试样重复测量三次，每次相差不能超过 0.000 2，然后取平均值。

（8）仪器校正：折射仪刻度盘上的标尺的零点有时会发生移动，须加以校正。校正的方法是用一种已知折射率的标准液体，一般是用纯水，按上述的方法进行测定，将平均值与标准值比较，其差值即为校正值。纯水在 20℃ 时的折射率为 1.332 5，在 15℃~30℃ 的温度系数为 $-0.000\ 1℃^{-1}$。在精密的测量工作中，需在所测范围内用几种不同折射率的标准液体进行校正，并画出校正曲线，以供测试时对照校核。

四、阿贝折射仪的使用注意事项

（1）使用时要注意保护棱镜，清洗时只能用擦镜纸而不能用滤纸等。加试样时不能将滴管口触及镜面。对于酸碱等腐蚀性液体不得使用阿贝折射仪。

（2）每次测定时，试样不可加得太多，一般只需加 2~3 滴即可。

（3）要注意保持仪器清洁，保护刻度盘。每次实验完毕，要在镜面上加几滴丙酮，并用擦镜纸擦干。最后用两层擦镜纸夹在两棱镜镜面之间，以免镜面损坏。

（4）读数时，有时在目镜中观察不到清晰的明暗分界线，而是畸形的，这是由于棱镜间未充满液体；若出现弧形光环，则可能是由于光线未经过棱镜而直接照射到聚光透镜上。

（5）若待测试样折射率不在 1.3~1.7 范围内，则阿贝折射仪不能测定，也看不到明暗分界。

五、数字阿贝折射仪

数字阿贝折射仪的工作原理与上面讲的完全相同，都是基于测定临界角。它由角度-数字转换系统将角度量转换成数字量，再输入微机系统进行数据处理，而后数字显示出被测样品的折光率。下面介绍一种 WAY-S 型数字阿贝折射仪，其外形结构如图 3-8-4 所示。该仪器的使用颇为方便，内部具有恒温结构，并装有温度传感器，按下温度显示按钮即可显示温度，按下测量显示按钮即可显示折光率。

六、仪器的维护与保养

（1）仪器应放在干燥、空气流通和温度适宜的地方，以免仪器的光学零件受潮。

（2）仪器使用前后及更换试样时，必须先清洗擦净折射棱镜的工作表面。

（3）被测液体试样中不可含有固体杂质，测试固体样品时应防止折射镜工作表面拉毛或产生压痕，严禁测试腐蚀性较强的样品。

（4）仪器应避免强烈振动或撞击，防止光学零件震碎、松动而影响精度。

（5）仪器不用时应用塑料罩将仪器盖上或放入箱内。

（6）使用者不得随意拆装仪器，如发生故障或达不到精度要求时，应及时送修。

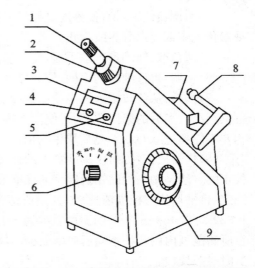

图 3-8-4　WAY-S 数字阿贝折射仪结构示意图

仪器九　旋光仪

一、基本原理

1. 旋光现象、旋光度和比旋光度

一般光源发出的光，其光波在垂直于传播方向的一切方向上振动，这种光称为自然光，或称非偏振光；而只在一个方向上有振动的光称为平面偏振光。当一束平面偏振光通过某些物质时，其振动方向会发生改变，此时光的振动面旋转一定的角度，这种现象称为物质的旋光现象，这个角度称为旋光度，以 α 表示。物质的这种使偏振光的振动面旋转的性质叫做物质的旋光性。凡有旋光性的物质均称为旋光物质。

偏振光通过旋光物质时，我们对着光的传播方向看，如果使偏振面向右（即顺时针方向）旋转的物质，叫做右旋性物质；如果使偏振面向左（逆时针）旋转的物质，叫做左旋性物质。

物质的旋光度是旋光物质的一种物理性质，除主要决定于物质的立体结构外，还因实验条件的不同而有很大的不同。因此，人们又提出"比旋光度"的概念作为量度物质旋光能力的标准。规定以钠光 D 线作为光源,温度为293.15 K时,一根 10 cm 长的样品管中,装满每立方厘米溶液中含有 1 g 旋光物质溶液后所产生的旋光度,称为该溶液的比旋光度,即

$$[\alpha]_D^t = \frac{10\alpha}{lc} \tag{1}$$

式中,D 表示光源,通常为钠光 D 线;t 为实验温度;α 为旋光度;l 为液层厚度,单位为厘米;c 为被测物质的浓度(以每毫升溶液中含有样品的克数表示)。为区别右旋和左旋,常在左旋光度前加"一"号,如蔗糖$[\alpha]_D^t = 52.5°$表示蔗糖是右旋物质。而果糖的比旋光度为$[\alpha]_D^t = -91.9°$,表示果糖为左旋物质。

2.旋光仪的构造和测试原理

旋光度是由旋光仪进行测定的,旋光仪的主要元件是两块尼柯尔棱镜。尼柯尔棱镜是由两块方解石直角棱镜沿斜面用加拿大树脂黏合而成的,如图 3-9-1 所示。

当一束单色光照射到尼柯尔棱镜时,分解为两束相互垂直的平面偏振光,一束折射率为 1.658 的寻常光,一束折射率为 1.486 的非寻常光,这两束光线到达加拿大树脂黏合面时,折射率大的寻常光(加拿大树脂的折射率为1.550)被全反射到底面上的墨色涂层被吸收,而折射率小的非寻常光则通过

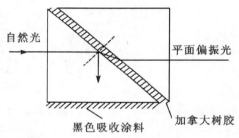

图 3-9-1 尼柯尔棱镜

棱镜,这样就获得了一束单一的平面偏振光。用于产生平面偏振光的棱镜称为起偏镜,如让起偏镜产生的偏振光照射到另一个透射面与起偏镜透射面平行的尼柯尔棱镜,则这束平面偏振光也能通过第二个棱镜,如果第二个棱镜的透射面与起偏镜的透射面垂直,则由起偏镜出来的偏振光完全不能通过第二个棱镜。如果第二个棱镜的透射面与起偏镜的透射面之间的夹角 θ 在 0°～90°,则光线部分通过第二个棱镜,此第二个棱镜称为检偏镜。通过调节检偏镜,能使透过的光线强度在最强和零之间变化。如果在起偏镜与检偏镜之间放有旋光性物质,则由于物质的旋光作用,使来自起偏镜的光的偏振面改变了某一角度,只有检偏镜也旋转同样的角度,才能补偿旋光线改变的角度,使透过的光的强度与原来相同。旋光仪就是根据这种原理设计的。旋光仪构造如图3-9-2所示。

通过检偏镜用肉眼判断偏振光通过旋光物质前后的强度是否相同是十分困难的,这样会产生较大的误差,为此设计了一种在视野中分出三分视界的装置,

原理是在起偏镜后放置一块狭长的石英片,由起偏镜透过来的偏振光通过石英片时,由于石英片的旋光性,使偏振旋转了一个角度 Φ,通过镜前观察,光的振动方向如图 3-9-3 所示。

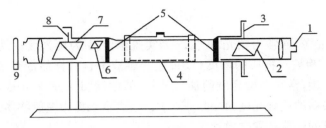

1—目镜;2—检偏棱镜;3—圆形标尺;4—样品管;5—窗口;6—半暗角器件;7—起偏棱镜;8—半暗角调节;9—灯

图 3-9-2　旋光仪构造示意图

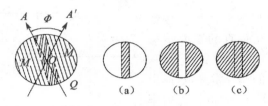

图 3-9-3　三分视野示意图

A 是通过起偏镜的偏振光的振动方向,A' 是又通过石英片旋转一个角度后的振动方向,此两偏振方向的夹角 Φ 称为半暗角($\Phi=2°\sim3°$)。如果旋转检偏镜使透射光的偏振面与 A' 平行时,在视野中将观察到:中间狭长部分较明亮,而两旁较暗,这是由于两旁的偏振光不经过石英片,如图 3-9-3(b)所示。如果检偏镜的偏振面与起偏镜的偏振面平行(即在 A 的方向时),在视野中将是中间狭长部分较暗而两旁较亮,如图 3-9-3(a)。当检偏镜的偏振面处于 $\Phi/2$ 时,两旁直接来自起偏镜的光偏振面被检偏镜旋转了 $\Phi/2$,而中间被石英片转过角度 Φ 的偏振面对被检偏镜旋转角度 $\Phi/2$,这样中间和两边的光偏振面都被旋转了 $\Phi/2$,故视野呈微暗状态,且三分视野内的暗度是相同的,如图 3-9-3(c),将这一位置作为仪器的零点,在每次测定时,调节检偏镜使三分视界的暗度相同,然后读数。

3.影响旋光度的因素

(1)浓度的影响:由(1)式可知,对于具有旋光性物质的溶液,当溶剂不具旋光性时,旋光度与溶液浓度和溶液厚度成正比。

(2)温度的影响:温度升高会使旋光管膨胀而长度加长,从而导致待测液体的密度降低。另外,温度变化还会使待测物质分子间发生缔合或离解,使旋光度

发生改变。通常温度对旋光度的影响,可用下式表示:

$$[\alpha]^t_\lambda = [\alpha]^t_D + Z(t-20) \tag{2}$$

式中,t 为测定时的温度;Z 为温度系数。

不同物质的温度系数不同,一般在 $-(0.01\sim0.04)\text{℃}^{-1}$ 之间。为此在实验测定时必须恒温,旋光管上装有恒温夹套,与超级恒温槽连接。

(3)浓度和旋光管长度对比旋光度的影响:在一定的实验条件下,常将旋光物质的旋光度与浓度视为成正比,因为将比旋光度作为常数。而旋光度和溶液浓度之间并不是严格地呈线性关系,因此严格讲比旋光度并非常数,在精密的测定中比旋光度和浓度间的关系可用下面的三个方程之一表示:

$$[\alpha]^t_\lambda = A + Bq \tag{3}$$

$$[\alpha]^t_\lambda = A + Bq + Cq^2 \tag{4}$$

$$[\alpha]^t_\lambda = A + \frac{Bq}{C+q} \tag{5}$$

式中,q 为溶液的百分浓度;A,B,C 为常数,可以通过不同浓度的几次测量来确定。

旋光度与旋光管的长度成正比。旋光管通常有 $10 \text{ cm}, 20 \text{ cm}, 22 \text{ cm}$ 三种规格。经常使用的是 10 cm 长度的。但对旋光能力较弱或者较稀的溶液,为提高准确度、降低读数的相对误差,需用 20 cm 或 22 cm 长度的旋光管。

二、圆盘旋光仪的使用方法

(1)调节望远镜焦距:打开钠光灯,稍等几分钟,待光源稳定后,从目镜中观察视野,如不清楚可调节目镜焦距。

(2)仪器零点校正:选用合适的样品管并洗净,充满蒸馏水(应无气泡),放入旋光仪的样品管槽中,调节检偏镜的角度使三分视野消失,读出刻度盘上的刻度并将此角度作为旋光仪的零点。

(3)旋光度测定:零点确定后,将样品管中蒸馏水换成待测溶液,按同样方法测定,此时刻度盘上的读数与零点时读数之差即为该样品的旋光度。

三、使用注意事项

(1)旋光仪在使用时,需通电预热几分钟,但钠光灯使用时间不宜过长。

(2)旋光仪是比较精密的光学仪器,使用时,仪器金属部分切忌沾污酸碱,防止腐蚀。

(3)光学镜片部分不能与硬物接触,以免损坏镜片。

(4)不能随便拆卸仪器,以免影响精度。

四、自动指示旋光仪结构及测试原理

WZZ 型自动数字显示旋光仪,其结构原理如图 3-9-4 所示。

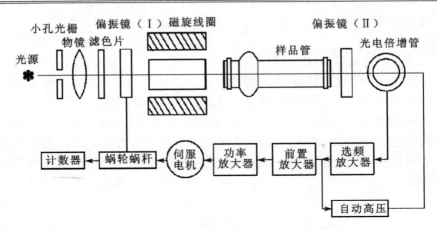

小孔光栅　偏振镜（Ⅰ）磁旋线圈　　　　　　偏振镜（Ⅱ）
物镜 滤色片　　　　　　　　　样品管　　光电倍增管
光源

计数器　蜗轮蜗杆　伺服电机　功率放大器　前置放大器　选频放大器

自动高压

图 3-9-4　WZZ 型自动数字显示旋光仪结构原理图

　　该仪器用 20 W 钠光灯为光源，并通过可控硅自动触发恒流电源点燃。光线通过聚光镜、小孔光柱和物镜后形成一束平行光，然后经过起偏镜后产生平行偏振光，这束偏振光经过有法拉第效应的磁旋线圈时，其振动面产生 50 Hz 的一定角度的往复振动，该偏振光线通过检偏镜透射到光电倍增管上，产生交变的光电讯号。当检偏镜的透光面与偏振光的振动面正交时，即为仪器的光学零点，此时出现平衡指示。而当偏振光通过一定旋光度的测试样品时，偏振光的振动面转过一个角度 α，此时光电讯号就能驱动工作频率为 50 Hz 的伺服电机，并通过涡轮杆带动检偏镜转动 α 角而使仪器回到光学零点，此时读数盘上的示值即为所测物质的旋光度。

仪器十　分光光度计

一、吸收光谱原理

　　物质中分子内部的运动可分为电子的运动、分子内原子的振动和分子自身的转动，因此分子具有电子能级、振动能级和转动能级。

　　当分子被光照射时，将吸收能量引起能级跃迁，即从基态能级跃迁到激发态能级。而三种能级跃迁所需的能量是不同的，需用不同波长的电磁波去激发。电子能级跃迁所需的能量较大，一般在 1～20 eV，吸收光谱主要处于紫外及可见光区，这种光谱称为紫外及可见光谱。如果用红外线（能量为 1～0.025 eV）照射分子，此能量不足以引起电子能级的跃迁，而只能引发振动能级和转动能级的跃迁，得到的光谱为红外光谱。若以能量更低的远红外线（0.025～

0.003 eV)照射分子,只能引起转动能级的跃迁,这种光谱称为远红外光谱。由于物质结构不同对上述各能级跃迁所需能量都不一样,因此对光的吸收也就不一样。各种物质都有各自的吸收光带,因而就可以对不同物质进行鉴定分析,这是光度法进行定性分析的基础。

根据朗伯-比耳定律:当入射光波长、溶质、溶剂以及溶液的温度一定时,溶液的光密度和溶液层厚度及溶液的浓度成正比,若液层的厚度一定,则溶液的光密度只与溶液的浓度有关:

$$T=\frac{I}{I_0}, E=-\lg T=\lg \frac{1}{T}=\varepsilon \, lc$$

式中,c 为溶液浓度;E 为某一单色波长下的光密度(又称吸光度);I_0 为入射光强度;I 为透射光强度;T 为透光率;ε 为摩尔消光系数;l 为液层厚度。

在待测物质的厚度 l 一定时,光密度与被测物质的浓度成正比,这就是光度法定量分析的依据。

二、分光光度计的构造原理

1. 分光光度计的类型及概略系统图

(1)单光束分光光度计:单光束分光光度计示意图见图 3-10-1。每次测量只能允许参比溶液或样品溶液的一种进入光路中。这种仪器的特点是结构简单,价格便宜,主要适用于定量分析。其缺点是测量结果受电源的波动影响较大,容易给定量结果带来较大误差。此外,这种仪器操作麻烦,不适于作定性分析。

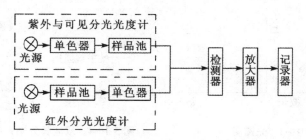

图 3-10-1　单光束分光光度计系统图

(2)双光束分光光度计:双光束分光光度计示意图见图 3-10-2。由于两光束同时分别通过参比溶液和样品溶液,因而可以消除光源强度变化带来的误差。目前较高档仪器都采用这种。

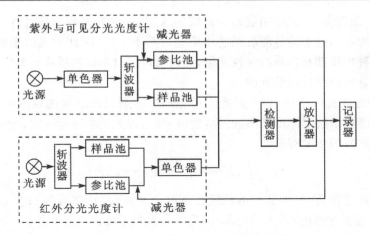

图 3-10-2　双光束分光光度计系统图

以上两类仪器测的光谱图，见图 3-10-3

（3）双波长分光光度计：双波长分光光度计示意图见图 3-10-4。在可见-紫外类单光束和双光束分光光度计中，就测量波长而言，都是单波长的，它们测得参比溶液和样品溶液吸光度之差。而双波长分光光度计由同一光源发出的光被分成两束，分别经过两个单色器，从而可以同时得到两个不同波长（λ_1 和 λ_2）的单色光。它们交替地照射同一液体，得到的信号是两波长处吸光度之差 ΔA，$\Delta A = A_{\lambda_1} - A_{\lambda_2}$。当两个波长保持 1～2 nm 同时扫描时，得到的信号将是一阶导数，即吸光度的变化率曲线。

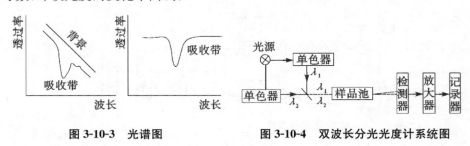

图 3-10-3　光谱图　　　　　　**图 3-10-4　双波长分光光度计系统图**

用双波长法测量时，可以消除因吸收池的参数不同、位置不同、污垢以及制备参比液等带来的误差。它不仅能测量高浓度试样、多组分试样、而且能测定一般分光光度计不宜测定的浑浊的试样。测定相互干扰的混合试样时，其操作简单且精度高。

2. 光学系统的各部分简述

分光光度计种类很多，由于篇幅限制在这就不能一一列举，我们只把光学系统中的几个重要部件介绍一下。

（1）光源：对光源的要求是，对整个测定波长领域要有均一且平滑的连续的强度分布，不随时间而变化，光散射后到达监测器的能量又不能太弱。一般可见区域为钨灯，紫外区域为氘或氢灯，红外区域为硅碳棒或能斯特灯。

（2）单色器：单色器是将复合光分出单色光的装置，一般可用滤光片、棱镜、光栅、全息栅等元件。现在比较常用的是棱镜和光栅。单色器材料：可见分光光度计为玻璃，紫外分光光度计为石英，而红外分光光度计为 LiF，CaF_2 及 KBr 等材料。

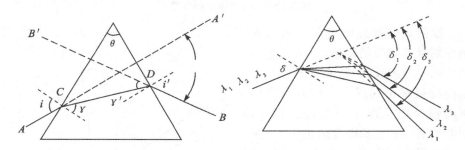

图 3-10-5　棱镜的折射　　　图 3-10-6　不同波长的光在棱镜中的色散

①棱镜：光线通过一个顶角为 θ 的棱镜，从 AC 方向射向棱镜，如图 3-10-5所示，在 C 点发生折射。光线经过折射后在棱镜中沿 CD 方向到达棱镜的另一个界面上，在 D 点又一次发生折射，最后光在空气中 DB 方向行进。这样光线经过此棱镜后，传播方向从 AA' 变为 BB'，两方向的夹角 δ 称为偏向角。偏向角与棱镜的顶角 θ、棱镜材料的折射率以及入射角 i 有关。如果平行的入射光由 λ_1，λ_2，λ_3 三色光组成，且 $\lambda_1 < \lambda_2 < \lambda_3$，通过棱镜后，就分成三束不同方向的光，且偏向角不同，波长越短，偏向角越大，如图 3-10-6所示，$\delta_1 > \delta_2 > \delta_3$，这即为棱镜的分光作用，又称光的色散。棱镜分光器就是根据此原理设计的。

棱镜是分光的主要元件之一，一般是三角柱体。棱镜单色器示意图如图3-10-7所示。

②光栅：单色器还可以用光栅作为色散元件，反射光栅是由磨平的金属表面上刻划许多平行的、等距离的槽构成的。辐射由每一刻槽反射，反射光束之间的干涉造成色散。

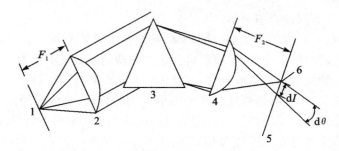

1—入射狭缝;2—准直透镜;3—色散元件;4—聚焦透镜;5—焦面;6—出射狭缝

图 3-10-7 棱镜单色器示意图

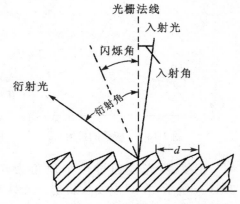

反射式衍射光栅是在衬底上周期地刻划很多微细的刻槽,一系列平行刻槽的间隔与波长相当,光栅表面涂上一层高反射率金属膜。光栅沟槽表面反射的辐射相互作用产生衍射和干涉。对某波长,在大多数方向消失,只在一定的有限方向出现,这些方向确定了衍射级次。如图 3-10-8 所示,光栅刻槽垂直辐射入射平面,辐射与光栅法线入射角为 α,衍射角为 β,衍射级次为 m,d 为刻槽间距,在下述条件下得到干涉的极大值:

图 3-10-8 光栅截面高倍放大示意图

$$m\lambda = d(\sin\alpha + \sin\beta)$$

定义 φ 为入射光线与衍射光线夹角的一半,即 $\varphi = (\alpha - \beta)/2$;$\theta$ 为相对与零级光谱位置的光栅角,即 $\theta = (\alpha + \beta)/2$,得到更方便的光栅方程:

$$m\lambda = 2d\cos\varphi\sin\theta$$

从该光栅方程可看出:对一给定方向 β,可以有几个波长与级次 m 相对应 λ 满足光栅方程。比如 600 nm 的一级辐射和 300 nm 的二级辐射、200 nm 的三级辐射有相同的衍射角。衍射级次 m 可正可负。对相同级次的多波长在不同的 β 分布开。含多波长的辐射方向固定,旋转光栅,改变 α,则在 $\alpha + \beta$ 不变的方向得到不同的波长。

当一束复合光线进入光谱仪的入射狭缝,首先由光学准直镜准直成平行光,再通过衍射光栅色散为分开的波长(颜色)。利用不同波长离开光栅的角度不同,由聚焦反射镜再成像于出射狭缝(图 3-10-9)。通过电脑控制可精确地改变出射波长。

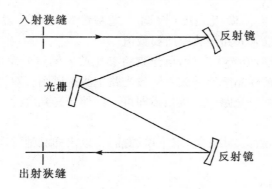

图 3-10-9　一个简单的光栅单色器

（3）斩波器：其功能是将单束光分成两路光。

（4）样品池：在紫外及可见分光光度法中，一般使用液体试液，对样品池的要求主要是能透过有关辐射线。通常，可见区域可以用玻璃样品池，紫外区域用石英样品池，而上述两种材料都在红外区域有吸收，因此不能用其作透光材料，一般选用 NaCl，KBr 及 KRS-5 等材料，因此红外区域测的液体样品中不能有水。

（5）减光器：减光器分为楔形和光圈形两种。目前绝大多数采用楔形减光器。减光器是为了当样品在光路中发生吸收时平衡能量用的，要求减少光束强度时要均匀且呈线性变化。

（6）狭缝：狭缝放在分光系统的入口和出口，开启间隔（狭缝宽度）直接影响分辨率。狭缝大，光的能量增加，但分辨率下降。

（7）监测器：在紫外与可见分光光度计中一般灵敏度要求低的用光电管，较高的用光电倍增管，在红外分光光度计则用高真空管热电偶、测热辐射计、高莱池、光电导检测器以及热释电检测器。

三、操作步骤

分光光度计的型号非常多，操作不尽相同，在这只能把测量时的基本步骤列一下：

（1）开启电源，预热仪器。

（2）选择测量纵坐标方式，一般为吸光度或透光率。

（3）选择测试波长，自动扫描仪选择扫描范围，手动选择单一波长。

（4）选择合适的样品池，加入参比和样品溶液并放入样品池室的支架上。

（5）手动分光光度计使用时，打开样品池室的箱盖，用调"0"电位器校正电表显示"0"位，以消除暗电流。将参比拉入光路中，盖上比色皿室的箱盖。做透光率时，调节光密度旋钮电位器校正电表显示"100"，如果显示不到"100"，可适当增加灵敏度的挡数。做吸光度时,调节光密度旋钮电位器,使数字显示为"000.0"。将样品推入光路中读取所要数值。

(6)自动扫描型分光光度计,单光束将参比放入测量光路中,在扫描范围内测其基线。然后把样品溶液并放入测量光路中测得谱图。双光束将参比和样品溶液分别放入两测量光路中直接扫描即可。红外分光光度计一般用空气作为参比。

(7)测量完毕后,关闭开关,取下电源插头,取出样品池洗净、放好,盖好比色皿室箱盖和仪器。

四、注意事项

(1)正确选择样品池材质。

(2)不能用手触摸比色皿的光面。

(3)仪器配套的比色皿不能与其他仪器的比色皿单个调换。如需增补,应经校正后方可使用。

(4)开关样品室盖时,应小心操作,防止损坏光门开关。

(5)不测量时,应使样品室盖处于开启状态,否则会使光电管疲劳、数字显示不稳定。

(6)当光线波长调整幅度较大时,需稍等数分钟才能工作。因光电管受光后,需有一段响应时间。

(7)仪器要保持干燥、清洁。

(8)仪器使用半年或搬动后,要检查波长的精确性。

附 录

附录 1 一些物理和化学的基本常数

量	符号	数值	单位	相对不确定度 (1×10⁶)
光速	c	299792458	$\mathrm{m \cdot s^{-1}}$	定义值
真空磁导率	μ_0	4π	$10^{-7}\mathrm{N \cdot A^{-2}}$	定义值
真空电容率,$1/(\mu_0 C^2)$	ε_0	8.854187817…	$10^{-12}\mathrm{F \cdot m^{-1}}$	定义值
牛顿引力常数	G	6.67259(85)	$10^{-11}\mathrm{m^3 \cdot kg^{-1} \cdot s^{-2}}$	128
普郎克常数	h	6.6260755(40)	$10^{-34}\mathrm{J \cdot s}$	0.60
$h/2\pi$	h	1.05457266(63)	$10^{-34}\mathrm{J \cdot s}$	0.60
基本电荷	e	1.60217733(49)	$10^{-19}\mathrm{C}$	0.30
电子质量	m_e	0.91093897(54)	$10^{-30}\mathrm{kg}$	0.59
质子质量	m_p	1.6726231(10)	$10^{-27}\mathrm{kg}$	0.59
质子-电子质量比	m_p/m_e	1836.152701(37)		0.020
精细结构常数	α	7.29735308(33)	10^{-3}	0.045
精细结构常数的倒数	α^{-1}	137.0359895(61)		0.045
里德伯常数	R_∞	10973731.534(13)	$\mathrm{m^{-1}}$	0.0012
阿伏加德罗常数	L, N_A	6.0221367(36)	$10^{23}\mathrm{mol^{-1}}$	0.59
法拉第常数	F	96485.309(29)	$\mathrm{C \cdot mol^{-1}}$	0.30
摩尔气体常数	R	8.314510(70)	$\mathrm{J \cdot mol^{-1} \cdot K^{-1}}$	8.4
玻尔兹曼常数,R/L_A	k	1.380658(12)	$10^{-23}\mathrm{J \cdot K^{-1}}$	8.5
斯式藩-玻尔兹曼常数	σ	5.67051(12)	$10^{-8}\mathrm{W \cdot m^{-2} \cdot K^{-4}}$	34

（续表）

量	符号	数值	单位	相对不确定度 (1×10^6)
$\pi^2 k^4 / 60 h^3 c^2$				
电子伏,$(e/C)J = \{e\}J$	eV	1.60217733(49)	10^{-19} J	0.30
(统一)原子质量单位				
原子质量常数	m_u	1.6605402(10)	10^{-27} kg	0.59
$1/12m(^{12}C)$				

附录 2　常用的单位换算

单位	名称	符号折合 SI	单位名称	符号	折合 SI
力的单位			功能单位		
1 千克力	kgf	$=9.806\ 65$ N	1 千克力·米	kgf·m	$=9.806\ 65$ J
1 达因	dyn	$=10^{-5}$ N	1 尔格	erg	$=10^{-7}$ J
黏度单位			1 升·大压	l·atm	$=101.328$ J
			1 瓦特·小时	W·h	$=3\ 600$ J
泊	P	$=0.1$ N·S·m^{-2}	1 卡	cal	$=4.186\ 8$ J
厘泊	CP	$=10^{-3}$ N·S·m^{-2}			
压力单位			功率单位		
毫巴	mbar	$=100$ N·m^{-2}(Pa)	1 千克力·米·秒$^{-1}$	kgf·m·s^{-1}	$=9.806\ 65$ W
1 达因·厘米$^{-2}$	dyn·cm^{-2}	$=0.1$ N·m^{-2}(Pa)	1 尔格·秒$^{-1}$	erg·s^{-1}	$=10^{-7}$ W
1 千克力·厘米$^{-2}$	kgf·cm^{-2}	$=98\ 066.5$ N·m^{-2}(Pa)	1 大卡·小时$^{-1}$	kcal·h^{-1}	$=1.163$ W
1 工程大气压	af	$=980\ 66.5$ N·m^{-2}(Pa)	1 卡·秒$^{-1}$	cal·s^{-1}	$=4.186\ 8$ W
标准大气压	atm	$=101\ 324.7$ N·m^{-2}(Pa)	电磁单位		
1 毫米水柱	mmH_2O	$=9.80\ 665$ N·m^{-2}(Pa)			
1 毫米汞柱	mmHg	$=133.322$ N·m^{-2}(Pa)	1 伏·秒	V·s	$=1$ Wb
比热单位			1 安·小时	A·h	$=3\ 600$ C
			1 德拜	D	$=3.334 \times 10^{-30}$ C·m
1 卡·克$^{-1}$·度$^{-1}$	cal·g^{-1}·$℃^{-1}$	$=418\ 6.8$ J·kg^{-1}·$℃^{-1}$	1 高斯	G	$=10^{-4}$ T
1 尔格·克$^{-1}$·度$^{-1}$	erg·g^{-1}·$℃^{-1}$	$=10^{-4}$ J·kg^{-1}·$℃^{-1}$	奥斯特	Oe	$=79.577\ 5$ A·m^{-1}

附录 3　国际单位制(SI)

SI 的基本单位

名称	符号	名称	符号
长度	l	米	m
质量	m	千克	kg
时间	t	秒	s
电流	I	安[培]	A
热力学温度	T	开[尔文]	K
物质的量	n	摩[尔]	mol
发光强度	I_v	坎[德拉]	cd

SI 的一些导出单位

名称	符号	名称	符号	表达式
频率	ν	赫[兹]	Hz	s^{-1}
能量	E	焦[耳]	J	$kg \cdot m^2 \cdot s^{-2}$
力	F	牛[顿]	N	$kg \cdot m \cdot s^{-2} = J \cdot m^{-1}$
压力	p	帕[斯卡]	Pa	$kg \cdot m^{-1} \cdot s^{-2} = N \cdot m^{-2}$
功率	P	瓦[特]	W	$kg \cdot m^2 \cdot s^{-3} = J \cdot s^{-1}$
电量;电荷	Q	库[仑]	C	$A \cdot s$
电位;电压;电动势	U	伏[特]	V	$kg \cdot m^2 \cdot s^{-3} \cdot A^{-1} = J \cdot A^{-1} \cdot s^{-1}$
电阻	R	欧[姆]	Ω	$kg \cdot m^2 \cdot s^{-3} \cdot A^{-2} = V \cdot A^{-1}$
电导	G	西[门子]	S	$kg^{-1} \cdot m^{-2} \cdot s^3 \cdot A^2 = \Omega^{-1}$
电容	C	法[拉]	F	$A^2 \cdot s^4 \cdot kg^{-1} \cdot m^{-2} = A \cdot s \cdot V^{-1}$
磁通量密度(磁感应强度)	B	特[斯拉]	T	$kg \cdot s^{-2} \cdot A^{-1} = V \cdot s$
电场强度	E	伏特每米	$V \cdot m^{-1}$	$m \cdot kg \cdot s^{-3} \cdot A^{-1}$
黏度	η	帕斯卡秒	$Pa \cdot s$	$m^{-1} \cdot kg \cdot s^{-1}$
表面张力	σ	牛顿每米	$N \cdot m^{-1}$	$kg \cdot s^{-2}$
密度	ρ	千克每立方米	$kg \cdot m^{-3}$	$kg \cdot m^{-3}$
比热	c	焦耳每千克每开	$J/(kg \cdot K)$	$m^2 \cdot s^{-2} \cdot K^{-1}$
热容量;熵	S	焦耳每开	$J \cdot K^{-1}$	$m^2 \cdot kg \cdot s^{-2} \cdot k^{-1}$

附录 4 不同温度下水的蒸气压

t /℃	0.0	0.2	0.4	0.6	0.8	t /℃	0.0	0.2	0.4	0.6	0.8
−13	225. 45	221. 98	218. 25	214. 78	211. 32	20	2 337. 80	2 366. 87	2 396. 33	2 426. 06	2 456. 06
−12	244. 51	240. 51	236. 78	233. 05	229. 31	21	2 486. 46	2 517. 12	2 548. 18	2 579. 65	2 611. 38
−11	264. 91	260. 64	256. 51	252. 38	248. 38	22	2 643. 38	2 675. 77	2 708. 57	2 741. 77	2 775. 10
−10	286. 51	282. 11	277. 84	273. 31	269. 04	23	2 808. 83	2 842. 96	2 877. 49	2 912. 42	2 947. 75
−9	310. 11	305. 17	300. 51	295. 84	291. 18	24	2 983. 35	3 019. 48	3 056. 01	3 092. 80	3 129. 37
−8	335. 17	329. 97	324. 91	319. 84	314. 91	25	3 167. 20	3 204. 93	3 243. 19	3 281. 99	3 321. 32
−7	361. 97	356. 50	351. 04	345. 70	340. 37	26	3 360. 91	3 400. 91	3 441. 31	3 481. 97	3 523. 27
−6	390. 77	384. 90	379. 03	373. 30	367. 57	27	2 564. 90	3 607. 03	3 649. 56	3 629. 49	3 735. 82
−5	421. 70	415. 30	409. 17	402. 90	396. 77	28	3 779. 55	3 823. 67	3 868. 34	3 913. 53	3 959. 26
−4	454. 63	447. 83	441. 16	434. 50	428. 10	29	4 005. 39	4 051. 92	4 098. 98	4 146. 58	4 194. 44
−3	489. 69	482. 63	475. 56	468. 49	461. 43	30	4 242. 84	4 291. 77	4 341. 10	4 390. 83	4 441. 22
−2	527. 42	519. 69	512. 09	504. 62	497. 29	31	4 492. 28	4 544. 28	4 595. 74	4 648. 14	4 701. 07
−1	567. 69	559. 42	551. 29	543. 29	535. 42	32	4 754. 66	4 808. 66	4 863. 19	4 918. 38	4 973. 98
−0	610. 48	601. 68	593. 02	584. 62	575. 95	33	5 030. 11	5 086. 90	5 144. 10	5 201. 96	5 260. 49
0	610. 48	619. 35	628. 61	637. 95	647. 28	34	5 319. 28	5 378. 74	5 439. 00	5 499. 67	5 560. 86
1	656. 74	666. 34	675. 94	685. 81	685. 81	35	5 622. 86	5 685. 38	5 748. 44	5 812. 17	5 876. 57
2	705. 81	716. 94	726. 20	736. 60	747. 27	36	5 941. 23	6 006. 69	6 072. 68	6 139. 48	6 206. 94
3	757. 94	768. 73	779. 67	790. 73	801. 93	37	6 275. 07	6 343. 73	6 413. 05	6 483. 05	6 553. 71
4	713. 40	824. 86	836. 46	848. 33	860. 33	38	6 625. 04	6 696. 90	6 769. 29	6 842. 49	6 916. 61
5	872. 33	884. 59	896. 99	909. 52	922. 19	39	6 991. 67	7 067. 22	7 143. 39	7 220. 19	7 297. 65
6	934. 99	948. 05	961. 12	974. 45	988. 05	40	7 375. 91	7 454. 0	7 534. 0	7 614. 0	7 695. 3
7	1 001. 65	1 015. 51	1 029. 51	1 043. 64	1 058. 04	41	7 778. 0	7 860. 7	7 943. 3	8 028. 7	8 114. 0
8	1 072. 58	1 087. 24	1 102. 17	1 117. 24	1 132. 44	42	8 199. 3	8 284. 6	8 372. 6	8 460. 6	8 548. 6
9	1 147. 77	1 163. 50	1 179. 23	1 195. 23	1 211. 36	43	8 639. 3	8 729. 9	8 820. 6	8 913. 9	9 007. 2
10	1 227. 76	1 244. 29	1 260. 96	1 277. 89	1 295. 09	44	9 100. 6	9 195. 2	9 291. 2	9 387. 2	9 484. 5
11	1 312. 42	1 330. 02	1 347. 75	1 365. 75	1 383. 88	45	9 583. 2	9 681. 8	9 780. 5	9 881. 8	9 983. 2
12	1 402. 28	1 420. 95	1 439. 74	1 458. 68	1 477. 87	46	10 085. 8	10 189. 8	10 293. 8	10 399. 1	10 505. 8
13	1 497. 34	1 517. 07	1 536. 94	1 557. 20	1 577. 60	47	10 612. 4	10 720. 4	10 829. 1	10 939. 1	11 048. 4
14	1 598. 13	1 619. 06	1 640. 13	1 661. 46	1 683. 06	48	11 160. 4	11 273. 7	11 388. 4	11 503. 0	11 617. 7
15	1 704. 92	1 726. 92	1 749. 32	1 771. 85	1 794. 65	49	11 735. 0	11 852. 3	11 971. 0	12 091. 0	12 211. 0
16	1 817. 71	1 841. 04	1 864. 77	1 888. 64	1 912. 77	50	12 333. 6	12 465. 6	12 585. 6	12 705. 6	12 838. 9
17	1 937. 17	1 961. 83	1 986. 90	2 012. 10	2 037. 69	51	12 958. 9	13 092. 2	13 212. 2	13 345. 5	13 478. 9
18	2 063. 42	2 089. 56	2 115. 95	2 142. 62	2 169. 42	52	13 610. 8	13 745. 5	13 878. 8	14 012. 1	14 158. 8
19	2 196. 75	2 224. 48	2 252. 34	2 280. 47	2 309. 00	53	14 292. 1	14 425. 4	14 572. 1	14 718. 7	14 852. 1

(续表)

$t/℃$	0.0	0.2	0.4	0.6	0.8	$t/℃$	0.0	0.2	0.4	0.6	0.8
54	15 000.1	15 145.4	15 292.0	15 438.7	15 585.3	78	43 636.3	43 996.3	44 369.0	44 742.9	45 089.5
55	15 737.3	15 878.7	16 038.6	16 198.6	16 345.3	79	45 462.8	45 836.1	46 209.4	46 582.7	46 956.0
56	16 505.3	16 665.3	16 825.2	16 985.2	17 145.2	80	47 342.6	47 729.3	48 129.2	48 502.5	48 902.5
57	17 307.9	17 465.2	17 638.5	17 798.5	17 958.5	81	49 289.1	49 675.8	50 075.7	50 502.4	50 902.3
58	18 142.5	18 305.1	18 465.1	18 651.7	18 825.1	82	51 315.6	51 728.3	52 155.6	52 582.2	52 982.2
59	19 011.7	19 185.0	19 358.4	19 545.0	19 731.7	83	53 408.8	53 835.4	54 262.1	54 688.7	55 142.0
60	19 915.6	20 091.6	20 278.3	20 464.9	20 664.9	84	55 568.6	56 021.9	56 475.2	56 901.8	57 355.1
61	20 855.6	21 038.2	21 238.2	21 438.2	21 638.2	85	57808.4	58 261.7	58 715.0	59 195.0	59 661.6
62	21 834.1	22 024.8	22 238.1	22 438.1	22 638.1	86	60 114.9	60 581.5	61 061.5	61 541.4	62 021.4
63	22 848.7	23 051.4	23 264.7	23 478.0	23 691.3	87	62 488.0	62 981.3	63 461.3	63 967.9	64 447.9
64	23 906.0	24 117.9	24 331.3	24 557.9	24 771.2	88	64 941.1	65 461.1	65 954.4	66 461.0	66 954.3
65	25 003.2	25 224.5	25 451.2	25 677.8	25 904.5	89	67 474.3	67 994.2	68 514.2	69 034.1	69 567.4
66	26 143.1	26 371.1	26 597.7	26 837.7	27 077.7	90	70 095.4	70 630.0	71 167.3	71 708.0	72 253.9
67	27 325.7	27 571.0	27 811.0	28 064.3	28 304.3	91	72 800.5	73 351.1	73 907.1	74 464.3	75 027.0
68	28 553.6	28 797.6	29 064.3	29 317.5	29 570.8	92	75 592.4	76 161.5	76 733.5	77 309.4	77 889.4
69	29 328.1	30 090.8	30 357.4	30 624.1	30 890.7	93	78 473.3	79 059.9	79 650.6	80 245.2	80 843.8
70	31 157.4	31 424.0	31 690.6	31 9 57.3	32 237.3	94	81 446.4	82 051.7	82 661.0	83 274.3	83 891.5
71	32 517.2	32 797.2	33 090.5	33 370.5	33 650.5	95	84 512.8	85 138.1	85 766.0	86 399.3	87 035.3
72	33 943.8	34 237.1	34 580.4	34 823.7	35 117.0	96	87 675.2	88 319.2	88 967.1	89 619.0	90 275.0
73	35 423.7	35 730.3	36 023.6	36 343.6	36 636.9	97	90 934.9	91 597.5	92 265.5	92 938.3	93 614.7
74	36 956.9	37 250.2	37 570.1	37 890.1	38 210.1	98	94 294.7	94 978.6	95 666.5	96 358.5	97 055.7
75	38 543.4	38 863.4	39 196.7	39 516.6	39 836.6	99	97 757.0	98 462.3	99 171.6	99 884.8	100 602.1
76	40 183.3	40 503.2	40 849.9	41 183.2	41 516.5	100	101 324.7	102 051.3	102 781.9	103 516.5	104 257.8
77	41 876.4	42 209.7	42 556.4	42 929.7	43 276.3	101	105 000.4	105 748.3	106 500.3	107 257.5	108 018.8

摘自：印永嘉. 物理化学简明手册[M]. 北京：高等教育出版社，1988

附录 5　有机化合物的蒸气压*

名称	分子式	温度范围/℃	A	B	C
四氯化碳	CCl_4		6.879 26	1 212.021	226.41
氯仿	$CHCl_3$	$-30\sim150$	6.903 28	1 163.03	227.4
甲醇	CH_4O	$-14\sim65$	7.897 50	1 474.08	229.13
1,2-二氯乙烷	$C_2H_4Cl_2$	$-31\sim99$	7.025 3	1 271.3	222.9

（续表）

名称	分子式	温度范围/℃	A	B	C
醋酸	$C_2H_4O_2$	0～36	7.803 07	1 651.2	225
		36～170	7.188 07	1 416.7	211
乙醇	C_2H_6O	−2～100	8.321 09	1 718.10	237.52
丙酮	C_3H_6O	−30～150	7.024 47	1 161.0	224
异丙醇	C_3H_8O	0～101	8.117 78	1 580.92	219.61
乙酸乙酯	$C_4H_8O_2$	−20～150	7.098 08	1 238.71	217.0
正丁醇	$C_4H_{10}O$	15～131	7.476 80	1 362.39	178.77
苯	C_6H_6	−20～150	6.905 61	1 211.033	220.790
环己烷	C_6H_{12}	20～81	6.841 30	1 201.53	222.65
甲苯	C_7H_8	−20～150	6.954 64	1 344.80	219.482
乙苯	C_8H_{10}	26～164	6.957 19	1 424.255	213.21

* 表中各化合物的蒸气压 p 可用 $\lg p = A - \dfrac{B}{(C+t)} + D$ 计算。式中，A,B,C 为三常数；t 为温度（℃）；D 为压力单位的换算因子，其值为 2.1249，单位：Pa。

摘自：JohnA. Dean, Lange's Handbook of Chemistry[M]. New York：McGraw－Hill Book Company Inc,1979

附录 6　有机化合物的密度

化合物	ρ_0	α	β	γ	温度范围/℃
四氯化碳	1.632 55	−1.911 0	−0.690		0～40
氯仿	1.526 43	−1.856 3	−0.530 9	−8.81	−53～55
乙醚	0.736 29	−1.113 8	−1.237		0～70
乙醇	0.785 06（$t_0 = 25$℃）	−0.859 1	−0.56	−5	
醋酸	1.0724	−1.122 9	0.005 8	−2.0	9～100
丙酮	0.812 48	−1.100	−0.858		0～50
异丙醇	0.801 4	−0.809	−0.27		0～25
正丁醇	0.823 90	−0.699	−0.32		0～47
乙酸甲酯	0.959 32	−1.271 0	−0.405	−6.00	0～100
乙酸乙酯	0.924 54	−1.168	−1.95	20	0～40
环己烷	0.797 07	−0.887 9	−0.972	1.55	0～65
苯	0.900 05	−1.063 8	−0.037 6	−2.213	11～72

* 表中有机化合物的密度可用方程式 $\rho_t = \rho_0 + 10^{-3}\alpha(t-t_0) + 10^{-6}\beta(t-t_0)^2 + 10^{-9}\gamma(t-$

$t_0)^3$ 计算。式中，ρ_0 为 $t=0$℃ 时的密度，单位：g・cm^{-3}；1g・cm$^{-3}=10^3$kg・m^{-3}

摘自：International Critical Tables of Numerical Data，Physics，Chemistry and Technology[M]. New York：McGraw-Hill Book Company Inc，1928

附录7　水的密度

$t/$℃	$10^{-3}\rho/($kg・m$^{-3})$	$t/$℃	$10^{-3}\rho/($kg・m$^{-3})$	$t/$℃	$10^{-3}\rho/($kg・m$^{-3})$
0	0.999 87	20	0.998 23	40	0.992 24
1	0.999 93	21	0.998 02	41	0.991 86
2	0.999 97	22	0.997 80	42	0.991 47
3	0.999 99	23	0.997 56	43	0.991 07
4	1.000 00	24	0.997 32	44	0.990 66
5	0.999 99	25	0.997 07	45	0.990 25
6	0.999 97	26	0.996 81	46	0.989 82
7	0.999 97	27	0.996 54	47	0.989 40
8	0.999 88	28	0.996 26	48	0.988 96
9	0.999 78	29	0.995 97	49	0.988 52
10	0.999 73	30	0.995 67	50	0.988 07
11	0.999 63	31	0.995 37	51	0.987 62
12	0.999 52	32	0.995 05	52	0.987 15
13	0.999 40	33	0.994 73	53	0.986 69
14	0.999 27	34	0.994 40	54	0.986 21
15	0.999 13	35	0.994 06	55	0.985 73
16	0.998 97	36	0.993 71	60	0.983 24
17	0.998 80	37	0.993 36	65	0.980 59
18	0.998 62	38	0.992 99	70	0.977 81
19	0.998 43	39	0.992 62	75	0.974 89

摘自：International Critical Tables of Numerical Data，Physics，Chemistry and Technology[M]. New York：McGraw-Hill Book Company Inc，1928

附录 8　乙醇水溶液的混合体积与浓度的关系*

乙醇的质量分数/%	$V_混$/mL	乙醇的质量分数/%	$V_混$/mL
20	103.24	60	112.22
30	104.84	70	115.25
40	106.93	80	118.56
50	109.43		

* 温度为 20℃，混合物的质量为 100 g

摘自：傅献彩，等. 物理化学（上册）[M]. 北京：人民教育出版社，1979

附录 9　25℃下某些液体的折射率

名称	n_D^{25}	名称	n_D^{25}
甲醇	1.326		
乙醚	1.352	四氯化碳	1.459
丙酮	1.357	乙苯	1.493
乙醇	1.359	甲苯	1.494
醋酸	1.370	苯	1.498
乙酸乙酯	1.370	苯乙烯	1.545
正己烷	1.372	溴苯	1.557
1-丁醇	1.397	苯胺	1.583
氯仿	1.444	溴仿	1.587

摘自：Robert C Weast. CRC Handbook of Chemistry and Physics[M]. U. S. A.：CRC Press，Inc. 63th，E-375（1982～1983）

附录 10　水在不同温度下的折射率、黏度和介电常数

t/℃	n_D	$10^3\eta/(kg \cdot m^{-1} \cdot s^{-1})$ *	ε
0	1.333 95	1.770 2	87.74
5	1.333 88	1.510 8	85.76
10	1.333 69	1.303 9	83.83

（续表）

$t/℃$	n_D	$10^3 \eta/(kg \cdot m^{-1} \cdot s^{-1})$ *	ε
15	1.333 39	1.137 4	81.95
17	1.333 24	1.082 8	
19	1.333 07	1.029 9	
20	1.333 00	1.001 9	80.10
21	1.332 90	0.976 4	79.73
22	1.332 80	0.953 2	79.38
23	1.332 71	0.931 0	79.02
24	1.332 61	0.910 0	78.65
25	1.332 50	0.890 3	78.30
26	1.332 40	0.870 3	77.94
27	1.332 29	0.851 2	77.60
28	1.332 17	0.832 8	77.24
29	1.332 06	0.814 5	76.90
30	1.331 94	0.797 3	76.55
35	1.331 31	0.719 0	74.83
40	1.330 61	0.652 6	73.15
45	1.329 85	0.597 2	71.51
50	1.329 04	0.546 8	69.91

* 黏度单位:每平方米秒牛顿,即 $N \cdot s \cdot m^{-2}$ 或 $kg \cdot m^{-1} \cdot s^{-1}$ 或 $Pa \cdot s$(帕·秒)

摘自:John A Dean. Lange's Handbook of Chemistry[M]. New York:McGraw-Hill Book Company Inc,1985

附录 11　不同温度下水的表面张力

$t/℃$	$10^3 \times \sigma/$ $(N \cdot m^{-1})$	$t/℃$	$10^3 \times \sigma/$ $(N \cdot m^{-1})$	$t/℃$	$10^3 \times \sigma/$ $(N \cdot m^{-1})$	$t/℃$	$10^3 \times \sigma/$ $(N \cdot m^{-1})$
0	75.64	15	73.59	22	72.44	29	71.35
5	74.92	16	73.34	23	72.28	30	71.18
10	74.22	17	73.19	24	72.13	35	70.38
11	74.07	18	73.05	25	71.97	40	69.56
12	73.93	19	72.90	26	71.82	45	68.74
13	73.78	20	72.75	27	71.66	50	67.91
14	73.64	21	72.59	28	71.50	60	66.18

（续表）

$t/℃$	$10^3 \times \sigma/$ $(\mathrm{N \cdot m^{-1}})$	$t/℃$	$10^3 \times \sigma/$ $(\mathrm{N \cdot m^{-1}})$	$t/℃$	$10^3 \times \sigma/$ $(\mathrm{N \cdot m^{-1}})$	$t/℃$	$10^3 \times \sigma/$ $(\mathrm{N \cdot m^{-1}})$
70	64.42	90	60.75	110	56.89	130	52.84
80	62.61	100	58.85	120	54.89		

摘自：John A Dean. Lange's Handbook of Chemistry[M]. New York：McGraw-Hill Book Company Inc，1973

附录 12　几种溶剂的冰点下降常数

溶剂	纯溶剂的凝固点/℃	K_f *
水	0	1.853
醋酸	16.6	3.90
苯	5.533	5.12
对二氧六环	11.7	4.71
环己烷	6.54	20.0

* K_f 是指 1 mol 溶质溶解在 1 000 g 溶剂中的冰点下降常数。

摘自：John A Dean. Lange's Handbook of Chemistry[M]. New York：McGraw-Hill Book Company Inc，1985

附录 13　金属混合物的熔点（℃）

金属		金属（Ⅱ）质量分数×100									
Ⅰ	Ⅱ	0	10	20	30	40	50	60	70	80	90	100
Pb	Sn	326	295	276	262	240	220	190	185	200	216	232
	Sb	326	250	275	330	395	440	490	525	560	600	632
Sb	Bi	632	610	590	575	555	540	520	470	405	330	268
	Zn	632	555	510	540	570	565	540	525	510	470	419

摘自：Robert C Weast. CRC Handbook of Chemistry and Physics[M]. U. S. A.：CRC Press，66th，D183(1985~1986)

附录 14　无机化合物的脱水温度

水合物	脱水	$t/℃$
$CuSO_4 \cdot 5H_2O$	$-2H_2O$	85
	$-4H_2O$	115
	$-5H_2O$	230
$CaCl_2 \cdot 6H_2O$	$-4H_2O$	30
	$-6H_2O$	200
$CaSO_4 \cdot 2H_2O$	$-1.5H_2O$	128
	$-2H_2O$	163
$Na_2B_4O_7 \cdot 10H_2O$	$-8H_2O$	60
	$-10H_2O$	320

摘自:印永嘉. 大学化学手册[M]. 济南:山东科学技术出版社,1985

附录 15　常压下共沸物的沸点和组成

共沸物		各组分的沸点/℃		共沸物的性质	
甲组分	乙组分	甲组分	乙组分	沸点/℃	组成(组分甲的质量分数)/ %
苯	乙醇	80.1	78.3	67.9	68.3
环己烷	乙醇	80.8	78.3	64.8	70.8
正己烷	乙醇	68.9	78.3	58.7	79.0
乙酸乙酯	乙醇	77.1	78.3	71.8	69.0
乙酸乙酯	环己烷	77.1	80.7	71.6	56.0
异丙醇	环己烷	82.4	80.7	69.4	32.0

摘自:Robert C Weast. CRC Handbook of Chemistry and Physics[M]. U. S. A. : CRC Press,66th,D12(1985~1986)

附录 16　无机化合物的标准溶解热 *

化合物	$\Delta_{sol} H_m/(kJ \cdot mol^{-1})$	化合物	$\Delta_{sol} H_m/(kJ \cdot mol^{-1})$
$AgNO_3$	22.47	KI	20.50
$BaCl_2$	−13.22	KNO_3	34.73
$Ba(NO_3)_2$	40.38	$MgCl_2$	−155.06
$Ca(NO_3)_2$	−18.87	$Mg(NO_3)_2$	−85.48
$CuSO_4$	−73.26	$MgSO_4$	−91.21
KBr	20.04	$ZnCl_2$	−71.46
KCl	17.24	$ZnSO_4$	−81.38

* 25℃,标准状态下 1 mol 纯物质溶于水生成 1 mol·dm^{-3}的理想溶液过程的热效应。

摘自:日本化学会,化学便览(基础编Ⅱ)[M].东京:丸善株式会社,昭和 41 年 9 月.

* 此溶解热是指 1 mol KCl 溶于 200 mol 的水。

摘自:吴肇亮,等.物理化学实验[M].北京:石油大学出版社,1990

附录 17　18℃～25℃下难溶化合物的溶度积

化合物	K_{sp}	化合物	K_{sp}
AgBr	$4.95×10^{-13}$		
AgCl	$1.77×10^{-10}$	$BaSO_4$	$1.1×10^{-10}$
AgI	$8.3×10^{-17}$	$Fe(OH)_3$	$4×10^{-38}$
Ag_2S	$6.3×10^{-52}$	$PbSO_4$	$1.6×10^{-8}$
$BaCO_3$	$5.1×10^{-9}$	CaF_2	$2.7×10^{-11}$

摘自:顾庆超等.化学用表[M].南京:江苏科学技术出版社,1979

附录 18　有机化合物的标准摩尔燃烧焓

名称	化学式	$t/℃$	$-\Delta_c H_m^{\ominus}/(kJ \cdot mol^{-1})$
甲醇	$CH_3OH(l)$	25	726.51
乙醇	$C_2H_5OH(l)$	25	1 366.8
甘油	$(CH_2OH)_2CHOH(l)$	20	1 661.0

（续表）

名称	化学式	$t/℃$	$-\Delta_c H_m^{\ominus}/(kJ \cdot mol^{-1})$
苯	$C_6H_6(l)$	20	3 267.5
己烷	$C_6H_{14}(l)$	25	4 163.1
苯甲酸	$C_6H_5COOH(s)$	20	3 226.9
樟脑	$C_{10}H_{16}O(s)$	20	5 903.6
萘	$C_{10}H_8(s)$	25	5 153.8
尿素	$NH_2CONH_2(s)$	25	631.7

摘自：Robert C Weast. CRC Handbook of Chemistry and Physics[M]. U. S. A：CRC Press，66th，D12(1985~1986)

附录 19　18℃下水溶液中阴离子的迁移数

电解质	$c/(mol \cdot dm^{-3})$					
	0.01	0.02	0.05	0.1	0.2	0.5
NaOH			0.81	0.82	0.82	0.82
HCl	0.167	0.166	0.165	0.164	0.163	0.160
KCl	0.504	0.504	0.505	0.506	0.506	0.510
KNO_3(25℃)	0.491 6	0.491 3	0.490 7	0.489 7	0.488 0	
H_2SO_4	0.175		0.172	0.175		0.175

摘自：Б. А 拉宾诺维奇，等，尹永烈，等，译. 简明化学手册[M]. 北京：化学工业出版社，1983

附录 20　均相反应的速率常数

（1）蔗糖水解的速率常数

$c_{HCl}/(mol \cdot dm^{-3})$	$10^3 k/min^{-1}$		
	298.2 K	308.2 K	318.2 K
0.413 7	4.043	17.00	60.62
0.900 0	11.16	46.76	
1.214	17.455	75.97	148.8

（2）乙酸乙酯皂化反应的速率常数与温度的关系：$lgk = -1\ 780T^{-1} + 0.007\ 54T + 4.53$（$k$ 的单位为 $dm^3 \cdot mol^{-1} \cdot min^{-1}$）。

(3)丙酮碘化反应的速率常数 $k(25℃)＝1.71×10^{-3}\,dm^3 \cdot mol^{-1} \cdot min^{-1}$；$k(35℃)＝5.284×10^{-3}\,dm^3 \cdot mol^{-1} \cdot min^{-1}$。

摘自：International Critical Tables of Numerical D, Chemisata. Physicstry and Technology [M]. New York：McGraw-Hill Book Company Inc，1930，7：146

附录 21　25℃下醋酸在水溶液中的电离度和离解常数

$c/(mol \cdot m^{-3})$	α	$10^2 K_c/(mol \cdot m^{-3})$
0.218 4	0.247 7	1.751
1.028	0.123 8	1.751
2.414	0.082 9	1.750
3.441	0.070 2	1.750
5.912	0.054 01	1.749
9.842	0.042 23	1.747
12.83	0.037 10	1.743
20.00	0.029 87	1.738
50.00	0.019 05	1.721
100.00	0.013 50	1.695
200.00	0.009 49	1.645

摘自：陶坤，译. 苏联化学手册(第三册)[M]. 北京：科学出版社，1963

附录 22　不同浓度不同温度下 KCl 溶液的电导率

$t/℃$	$c/(mol \cdot dm^{-3})$ $10^{-2}K/(S \cdot m^{-1})$			
	1.000	0.100 0	0.020 0	0.010 0
0	0.065 41	0.007 15	0.001 521	0.000 776
5	0.074 14	0.008 22	0.001 752	0.000 896
10	0.083 19	0.009 33	0.001 994	0.001 020
15	0.092 52	0.010 48	0.002 243	0.001 147
20	0.102 07	0.011 67	0.002 501	0.001 278
25	0.111 80	0.012 88	0.002 765	0.001 413
26	0.113 77	0.013 13	0.002 819	0.001 441

（续表）

t/℃	c/(mol·dm⁻³) $10^{-2}K/(S·m^{-1})$			
	1.000	0.100 0	0.020 0	0.010 0
27	0.11574	0.013 37	0.002 873	0.001 468
28		0.013 62	0.002 927	0.001 496
29		0.013 87	0.002 981	0.001 524
30		0.014 12	0.003 036	0.001 552
35		0.015 39	0.003 312	

摘自：复旦大学等. 物理化学实验[M]. 2 版. 北京：高等教育出版社，1995

附录 23　高分子化合物特性黏度与分子量关系式中的参数

高聚物	溶剂	t/℃	$10^3K/(dm^3·kg^{-1})$	α	分子量范围 $M×10^{-4}$
聚丙烯酰胺	水	30	6.31	0.80	2～50
聚丙烯酰胺	水	30	68	0.66	1～20
聚丙烯酰胺	1 mol·dm⁻³ NaNO₃	30	37.3	0.66	1～20
聚丙烯腈	二甲基甲酰胺	25	16.6	0.81	5～27
聚甲基丙烯酸甲酯	丙酮	25	7.5	0.70	3～93
聚乙烯醇	水	25	20	0.76	0.6～2.1
聚乙烯醇	水	30	66.6	0.64	0.6～16
聚己内酰胺	40％H₂SO₄	25	59.2	0.69	0.3～1.3
聚酯酸乙烯酯	丙酮	25	10.8	0.72	0.9～2.5

摘自：印永嘉. 大学化学手册[M]. 济南：山东科学技术出版社，1985

附录 24　无限稀释离子的摩尔电导率

离子	$10^4\lambda/(s·m^2·mol^{-1})$				$\alpha\left[\alpha=\dfrac{1}{\lambda_i}\left(\dfrac{d\lambda_i}{dt}\right)\right]$
	0℃	18℃	25℃	50℃	
H⁺	225	315	349.8	464	0.014 2
K⁺	40.7	63.9	73.5	114	0.017 3

（续表）

离子	$10^4 \lambda/(s \cdot m^2 \cdot mol^{-1})$				$\alpha\left[\alpha=\dfrac{1}{\lambda_i}\left(\dfrac{d\lambda_i}{dt}\right)\right]$
	0℃	18℃	25℃	50℃	
Na^+		42.8	50.1		0.018 8
NH_4^+	26.5	63.9	74.5	82	0.018 8
Ag^+	40.2	53.5	61.9	115	0.017 4
$1/2Ba^{2+}$	33.1	54.6	63.6	101	0.020 0
$1/2Ca^{2+}$	34.0	50.7	59.8	104	0.020 4
$1/2Pb^{2+}$	31.2	60.5	69.5	96.2	0.019 4
OH^-	37.5	171	198.3		0.018 6
Cl^-	105	66.0	76.3	(284)	0.020 3
NO_3^-	41.0	62.3	71.5	(116)	0.019 5
$C_2H_3O^{2-}$	40.0	32.5	40.9	(104)	0.024 4
$1/2SO_4^{2-}$	20.0	68.4	80.0	(67)	0.020 6
F^-	41	47.3	55.4	(125)	0.022 8

摘自：印永嘉. 物理化学简明手册[M]. 北京：高等教育出版社，1988. 159

附录 25　几种胶体的 ζ 电位

水溶胶				有机溶胶		
分散相	ζ/V	分散相	ζ/V	分散相	分散介质	ζ/V
As_2S_3	−0.032	Bi	0.016	Cd	$CH_3COOC_2H_5$	−0.047
Au	−0.032	Pb	0.018	Zn	CH_3COOCH_3	−0.064
Ag	−0.034	Fe	0.028	Zn	$CH_3COOC_2H_5$	−0.087
SiO_2	−0.044	$Fe(OH)_3$	0.044	Bi	$CH_3COOC_2H_5$	−0.091

摘自：天津大学物理化学教研室. 物理化学（下册）[M]. 北京：人民教育出版社，1979

附录 26　25℃ 下标准电极电势及温度系数

电极	电极反应	Φ/V	$d\varphi/dT/(mV \cdot K^{-1})$
Ag^+,Ag	$Ag^+ + e = Ag$	0.799 1	−1.000
$AgCl,Ag,Cl^-$	$AgCl + e = Ag + Cl^-$	0.222 4	−0.658

（续表）

电极	电极反应	Φ/V	$d\varphi/dT/(mV \cdot K^{-1})$
AgI, Ag, I^-	$AgI+e=Ag+I^-$	-0.151	-0.284
Cd^{2+}, Cd	$Cd^{2+}+2e=Cd$	-0.403	-0.093
Cl_2, Cl^-	$Cl_2+2e=2Cl^-$	$1.359\,5$	-1.260
Cu^{2+}, Cu	$Cu^{2+}+2e=Cu$	0.337	0.008
Fe^{2+}, Fe	$Fe^{2+}+2e=Fe$	-0.440	0.052
Mg^{2+}, Mg	$Mg^{2+}+2e=Mg$	-2.37	0.103
Pb^{2+}, Pb	$Pb^{2+}+2e=Pb$	-0.126	-0.451
$PbO_2, PbSO_4, SO_4^{2-}, H^+$	$PbO_2+SO_4^{2-}+4H^++2e=$ $PbSO_4+2H_2O$	1.685	-0.326
OH^-, O_2	$O_2+2H_2O+4e=4OH^-$	0.401	-1.680
Zn^{2+}, Zn	$Zn^{2+}+2e=Zn$	-0.7628	0.091

摘自：印永嘉. 物理化学简明手册[M]. 北京：高等教育出版社，1988

附录27 25℃不同质量摩尔浓度下一些强电解质的活度因子

电解质	$m/(mol \cdot kg^{-1})$				
	0.01	0.1	0.2	0.5	1.0
$AgNO_3$	0.90	0.734	0.657	0.536	0.429
$CaCl_2$	0.732	0.518	0.472	0.448	0.500
$CuCl_2$		0.508	0.455	0.411	0.417
$CuSO_4$	0.40	0.150	0.104	0.062\,0	0.042\,3
HCl	0.906	0.796	0.767	0.757	0.809
HNO_3		0.791	0.754	0.720	0.724
H_2SO_4	0.545	0.265\,5	0.209\,0	0.155\,7	0.131\,6
KCl	0.732	0.770	0.718	0.649	0.604
KNO_3		0.739	0.663	0.545	0.443
KOH		0.798	0.760	0.732	0.756
NH_4Cl		0.770	0.718	0.649	0.603
NH_4NO_3		0.740	0.677	0.582	0.504
$NaCl$	0.903\,2	0.778	0.735	0.681	0.657
$NaNO_3$		0.762	0.703	0.617	0.548

（续表）

电解质	$m/(\text{mol} \cdot \text{kg}^{-1})$				
	0.01	0.1	0.2	0.5	1.0
NaOH		0.766	0.727	0.690	0.678
$ZnCl_2$	0.708	0.515	0.462	0.394	0.339
$Zn(NO_3)_2$		0.531	0.489	0.474	0.535
$ZnSO_4$	0.387	0.150	0.140	0.063 0	0.043 5

摘自：复旦大学，等. 物理化学实验[M]. 2 版. 北京：高等教育出版社，1995

附录 28　几种化合物的磁化率

无机物	T/K	质量磁化率 $10^9 \chi_m/(\text{m}^3 \cdot \text{kg}^{-1})$	摩尔磁化率 $10^9 \chi_M/(\text{m}^3 \cdot \text{mol}^{-1})$
$CuBr_2$	292.7	38.6	8.614
$CuCl_2$	289	100.9	13.57
CuF_2	293	129	13.19
$Cu(NO_3)_2 \cdot 3H_2O$	293	81.7	19.73
$CuSO_4 \cdot 5H_2O$	293	73.5(74.4)	18.35
$FeCl_2 \cdot 4H_2O$	293	816	162.1
$FeSO_4 \cdot 7H_2O$	293.5	506.2	140.7
H_2O	293	-9.50	-0.163
$Hg[Co(CNS)_4]$	293	206.6	
$K_3Fe(CN)_6$	297	87.5	28.78
$K_4Fe(CN)_6$	室温	4.699	-1.634
$K_4Fe(CN)_6 \cdot 3H_2O$	室温		-2.165
$NH_4Fe(SO_4)_2 \cdot 12H_2O$	293	378	182.2
$(NH_4)_2Fe(SO_2)_2 \cdot 6H_2O$	293	397(406)	155.8

摘自：复旦大学，等. 物理化学实验[M]. 2 版. 北京：高等教育出版社，1995

附录 29　液体的分子偶极矩 μ、介电常数 ε 与极化度 P

物质	$\mu/(10^{-30}\text{C}\cdot\text{m})$		$t/℃$						
			0	10	20	25	30	40	50
水	6.14	ε	87.83	83.86	80.08	78.25	76.47	73.02	69.73
		P_∞							
氯仿	3.94	ε	5.19	5.00	4.81	4.72	4.64	4.47	4.31
		P_∞	51.1	50.0	49.7	47.5	48.8	48.3	17.5
四氯化碳	0	ε			2.24	2.23			2.13
		P_∞				28.2			
乙醇	5.57	ε	27.88	26.41	25.00	24.25	23.52	22.16	20.87
		P_∞	74.3	72.2	70.2	69.2	68.3	66.5	64.8
丙酮	9.04	ε	23.3	22.5	21.4	20.9	20.5	19.5	18.7
		P_∞	184	178	173	170	167	162	158
乙醚	4.07	ε	4.80	4.58	4.38	4.27	4.15		
		P_∞	57.4	56.2	55.0	54.5	54.0		
苯	0	ε		2.30	2.29	2.27	2.26	2.25	2.22
		P_∞				26.6			
环己烷	0	ε			2.023	2.015			
		P_∞							
氯苯	5.24	ε	6.09		5.65	5.63		5.37	5.23
		P_∞	85.5		81.5	82.0		77.8	76.8
硝基苯	13.12	ε		37.85	35.97		33.97	32.26	30.5
		P_∞		365	354	348	339	320	316
正丁醇	5.54	ε							
		P_∞							

摘自：H·M·巴龙，等.物理化学数据简明手册[M].2 版.上海：上海科学技术出版社，1959

参考文献

[1] 傅献彩,沈文霞,姚天扬,侯文华. 物理化学[M]. 5 版. 北京:高等教育出版社,2005

[2] 印永嘉,奚正楷. 物理化学简明教程[M]. 4 版. 北京:高等教育出版社,2006

[3] 韩德刚,高执棣,高盘良. 物理化学[M]. 北京:高等教育出版社,2004

[4] 朱传征,许海涵. 物理化学[M]. 北京:科学出版社,2000

[5] 刁兆玉,等. 物理化学[M]. 济南:山东教育出版社,1994

[6] 李荻. 电化学原理(修订版)[M]. 北京:北京航空航天大学出版社,2002

[7] 杨辉,卢文庆. 应用电化学[M]. 北京:科学出版社,2002

[8] 屈松生,谢昌礼. 化学热力学基础[M]. 武汉:武汉大学出版社,1985

[9] 顾菡珍,叶于浦. 相平衡和相图基础[M]. 北京:北京大学出版社,1991

[10] 黄子卿. 电解质溶液理论导论(修订版)[M]. 北京:科学出版社,1964

[11] 复旦大学,等. 蔡显鄂,项一非,刘衍光,修订. 物理化学实验[M]. 北京:高等教育出版社,1998

[12] 东北师范大学,等. 物理化学实验[M]. 北京:高等教育出版社,2004

[13] 武汉大学. 物理化学实验[M]. 武汉:武汉大学出版社,2004

[14] Gao Zi. Experiments Physical Chemistry[M]. Shanghai:Higher Education Press,2005

[15] H. W. Salzberg, et al. Physical Chemistry Laboratory. Principles and Experiments[M]. New York:Macmillan Publishing Press,1978

[16] 夏海涛. 物理化学实验[M]. 哈尔滨:哈尔滨工业大学出版社,2004

[17] 李元高. 物理化学实验研究方法[M]. 北京:中南大学出版社,2003

[18] 雷群芳. 中级实验化学[M]. 北京:科学出版社,2005

[19] 顾月姝. 物理化学实验[M]. 北京:化学工业出版社,2004

[20] 东北师范大学. 物理化学实验[M]. 2 版. 北京:高等教育出版社,1998

[21] 成都科学技术大学物理化学教研室,罗澄源. 物理化学实验[M]. 北京:高等教育出版社,1991

[22] 吴子生,严忠. 物理化学实验指导书[M]. 长春:东北师范大学出版社,1995

[23] 孙尔康,徐维清,邱金恒. 物理化学实验[M]. 南京:南京大学出版社,1998

［24］罗澄源，向明礼.物理化学实验［M］.4版.北京：高等教育出版社，2004

［25］北京大学化学学院物理化学实验教学组.物理化学实验［M］.4版.北京：北京大学出版社，2002

［26］广西师范大学，等.物理化学实验［M］.4版.桂林：广西师范大学出版社，1986

［27］陈同云.工科化学实验［M］.4版.北京：化学工业出版社，2003

［28］清华大学物理化学实验组.物理化学实验［M］.4版.北京：清华大学出版社，1991

［29］王秋长，赵鸿喜，张守民，李一峻.基础化学实验［M］.4版.北京：科学出版社，2003

［30］何广平，南俊民，孙艳辉.物理化学实验［M］.北京：化学工业出版社，2007

［31］顾月姝，宋淑娥.基础化学实验（Ⅲ）—物理化学实验［M］.2版.北京：化学工业出版社，2007

［32］刘道杰.大学实验化学［M］.青岛：青岛海洋大学出版社，2000

［33］刘健平，郑玉斌.高分子科学与材料工程实验［M］.北京：化学工业出版社，2005

［34］韩哲文.高分子科学实验［M］.上海：华东理工大学出版社，2004

［35］浙江大学，杜志强.综合化学实验［M］.北京：科学出版社，2005

［36］王尊本.综合化学实验［M］.北京：科学出版社，2003

［37］浙江大学，南京大学，北京大学，兰州大学.综合化学实验［M］.北京：高等教育出版社，2001